"十三五"江苏省高等学校重点教材

高等职业院校技能应用型教材·软件技术系列

MySQL 数据库应用项目化微课教程

卢 扬　周 欢　田永晔　主　编
张光桃　施 俊　王常春　副主编

电子工业出版社
Publishing House of Electronics Industry
北京·BEIJING

内 容 简 介

本书采用项目引导结合任务驱动的模式进行编写。全书分为两部分：示范篇和实训篇。

示范篇以"学生成绩管理系统"数据库项目为主线，将该数据库项目分解为多个任务，每个任务按照"知识目标"→"能力目标"→"任务情境"→"任务描述"→"任务分析"→"知识导读"→"任务实施"→"任务总结"的形式进行编排，详细讲述了数据库的设计、MySQL数据库的创建与管理、MySQL数据库表数据的操作、MySQL数据库数据的程序式处理、MySQL数据库的运行与维护。

实训篇以"社区书房管理系统"数据库项目为主线，包括数据库的设计、数据库和表的管理、表数据的更新、表数据的查询、索引的应用、视图的应用、存储过程和存储函数的应用、触发器的应用、数据库的安全管理共9个实训任务，重点培养学生提出问题、分析问题和解决问题的综合能力。

本书以培养学生的数据库设计、应用和管理能力为目标，内容新颖，通俗易懂，实用性强，可作为高等院校、高等职业院校数据库相关课程的教材，也可作为广大技术人员及自学者参考用书。

未经许可，不得以任何方式复制或抄袭本书之部分或全部内容。
版权所有，侵权必究。

图书在版编目（CIP）数据

MySQL数据库应用项目化微课教程 / 卢扬，周欢，田永晔主编. -- 北京：电子工业出版社，2024.11.
ISBN 978-7-121-49594-6

Ⅰ. TP311.132.3

中国国家版本馆CIP数据核字第2025BH8589号

责任编辑：薛华强　　文字编辑：马学政
印　　刷：山东华立印务有限公司
装　　订：山东华立印务有限公司
出版发行：电子工业出版社
　　　　　北京市海淀区万寿路173信箱　　邮编　100036
开　　本：787×1 092　1/16　　印张：16　　字数：430千字
版　　次：2024年11月第1版
印　　次：2024年11月第1次印刷
定　　价：55.00元

凡所购买电子工业出版社图书有缺损问题，请向购买书店调换。若书店售缺，请与本社发行部联系，联系及邮购电话：（010）88254888，88258888。
质量投诉请发邮件至zlts@phei.com.cn，盗版侵权举报请发邮件至dbqq@phei.com.cn。
本书咨询联系方式：（010）88254569，xuehq@phei.com.cn。

前　　言

数据库技术是现代信息科学与技术的重要组成部分，也是计算机数据处理与信息管理系统的核心。数据库技术可以有效地组织和存储计算机信息处理过程中的大量数据，减少数据存储冗余，实现数据共享，保障数据安全，并且可以高效地查询处理数据。随着信息技术的发展，数据库技术在各行各业中得到了广泛的应用。因此，社会需要大量的高素质、技能型的专业人才来应用数据库技术。为了适应社会的发展，我们总结了多年数据库教学与应用的经验，组织编写了这本以职业能力为主、突出实践技能培养、充分体现职业教育理念的教材。

本书遵循"项目引导，任务驱动"的教学理念，将全书分为两部分：示范篇和实训篇。示范篇以"学生成绩管理系统"数据库项目为主线，根据数据库管理和应用工作过程，将该数据库项目分解为 5 个工作任务，分别为数据库的设计、MySQL 数据库的创建与管理、MySQL 数据库表数据的操作、MySQL 数据库数据的程序式处理、MySQL 数据库的运行与维护。

在编排时一改传统的学科体系内容编排形式，以工作过程为参照体系，将 5 个工作任务又细分为若干任务，并按照"知识目标"→"能力目标"→"任务情境"→"任务描述"→"任务分析"→"知识导读"→"任务实施"→"任务总结"的形式进行编排。首先，通过生动的"任务情境"对话，非常形象地引出任务的缘由和应用背景，引人入胜，使读者"知其然"，又"知其所以然"；然后，通过"任务描述"和"任务分析"部分，布置具体的任务内容，分析解决任务的方法；之后，在"知识导读"部分介绍相应的理论知识；接着，在"任务实施"部分给出完整的任务实施过程；最后，在"任务总结"部分归纳知识要点。学生在阅读本书并完成任务时，可以轻松地学习 MySQL 数据库的理论知识并进行实践操作，完成任务的过程既是学习的过程，也是工作的过程，教、学、做三位一体，将理论和实践相结合，充分体现了职业教育的特点。

实训篇以"社区书房管理系统"数据库项目为主线。在完成示范篇对应任务的学习和操作的基础上，结合教师的适当引导，要求学生自行设计完成任务的方案，并且实施该方案，培养学生提出问题、分析问题和解决问题的能力，使学生掌握知识，并且运用知识解决实际问题。

本书由扬州市职业大学卢扬、周欢、田永晔任主编；由扬州市职业大学张光桃、施俊、山东经贸职业学院王常春任副主编。本书在编写过程中，扬州市职业大学陈思维、陈倩参与了校稿和微课视频制作工作，还得到了扬州国脉通信发展有限责任公司等合作企业的大力支持，参考和引用了相关文献的内容，在此对所参考的文献作者及合作企业有关人员表示诚挚的谢意！

本书赠送同步微课视频，读者可扫描下方二维码进行学习。

微课视频

特别说明：为保证书中软件界面截图与软件功能按钮的一致性，本书对软件界面截图中的功能按钮"其它"不进行修改，其正确写法应为"其他"。由于编者水平有限，书中疏漏之处在所难免，敬请读者批评指正。

编　者

目　　录

第一篇　示范篇——学生成绩管理系统

工作任务一　数据库的设计 ⋯⋯⋯⋯⋯⋯⋯⋯⋯⋯⋯⋯⋯⋯⋯⋯⋯⋯⋯⋯⋯⋯⋯⋯⋯ 002
1.1　初识数据库系统 ⋯⋯⋯⋯⋯⋯⋯⋯⋯⋯⋯⋯⋯⋯⋯⋯⋯⋯⋯⋯⋯⋯⋯⋯⋯⋯⋯ 002
　　1.1.1　数据库系统的基本概念 ⋯⋯⋯⋯⋯⋯⋯⋯⋯⋯⋯⋯⋯⋯⋯⋯⋯⋯⋯⋯⋯ 003
　　1.1.2　数据库系统的基本特点 ⋯⋯⋯⋯⋯⋯⋯⋯⋯⋯⋯⋯⋯⋯⋯⋯⋯⋯⋯⋯⋯ 006
　　1.1.3　数据库系统的内部体系结构 ⋯⋯⋯⋯⋯⋯⋯⋯⋯⋯⋯⋯⋯⋯⋯⋯⋯⋯⋯ 006
1.2　"学生成绩管理系统"数据库设计概述与需求分析 ⋯⋯⋯⋯⋯⋯⋯⋯⋯⋯⋯⋯⋯ 010
　　1.2.1　数据库设计概述 ⋯⋯⋯⋯⋯⋯⋯⋯⋯⋯⋯⋯⋯⋯⋯⋯⋯⋯⋯⋯⋯⋯⋯⋯ 011
　　1.2.2　数据抽象过程 ⋯⋯⋯⋯⋯⋯⋯⋯⋯⋯⋯⋯⋯⋯⋯⋯⋯⋯⋯⋯⋯⋯⋯⋯⋯ 012
　　1.2.3　数据库设计的需求分析 ⋯⋯⋯⋯⋯⋯⋯⋯⋯⋯⋯⋯⋯⋯⋯⋯⋯⋯⋯⋯⋯ 012
1.3　"学生成绩管理系统"数据库概念设计 ⋯⋯⋯⋯⋯⋯⋯⋯⋯⋯⋯⋯⋯⋯⋯⋯⋯⋯ 021
　　1.3.1　概念模型 ⋯⋯⋯⋯⋯⋯⋯⋯⋯⋯⋯⋯⋯⋯⋯⋯⋯⋯⋯⋯⋯⋯⋯⋯⋯⋯⋯ 022
　　1.3.2　概念模型的表示方法 ⋯⋯⋯⋯⋯⋯⋯⋯⋯⋯⋯⋯⋯⋯⋯⋯⋯⋯⋯⋯⋯⋯ 023
　　1.3.3　E-R 模型的设计 ⋯⋯⋯⋯⋯⋯⋯⋯⋯⋯⋯⋯⋯⋯⋯⋯⋯⋯⋯⋯⋯⋯⋯⋯ 024
1.4　"学生成绩管理系统"数据库逻辑设计 ⋯⋯⋯⋯⋯⋯⋯⋯⋯⋯⋯⋯⋯⋯⋯⋯⋯⋯ 026
　　1.4.1　关系模型的基本术语 ⋯⋯⋯⋯⋯⋯⋯⋯⋯⋯⋯⋯⋯⋯⋯⋯⋯⋯⋯⋯⋯⋯ 027
　　1.4.2　关系的定义和性质 ⋯⋯⋯⋯⋯⋯⋯⋯⋯⋯⋯⋯⋯⋯⋯⋯⋯⋯⋯⋯⋯⋯⋯ 028
　　1.4.3　关键码 ⋯⋯⋯⋯⋯⋯⋯⋯⋯⋯⋯⋯⋯⋯⋯⋯⋯⋯⋯⋯⋯⋯⋯⋯⋯⋯⋯⋯ 029
　　1.4.4　E-R 模型到关系模型的转换 ⋯⋯⋯⋯⋯⋯⋯⋯⋯⋯⋯⋯⋯⋯⋯⋯⋯⋯⋯ 029
　　1.4.5　关系模式的规范化 ⋯⋯⋯⋯⋯⋯⋯⋯⋯⋯⋯⋯⋯⋯⋯⋯⋯⋯⋯⋯⋯⋯⋯ 030
1.5　"学生成绩管理系统"数据库物理设计 ⋯⋯⋯⋯⋯⋯⋯⋯⋯⋯⋯⋯⋯⋯⋯⋯⋯⋯ 035
　　1.5.1　MySQL 简介 ⋯⋯⋯⋯⋯⋯⋯⋯⋯⋯⋯⋯⋯⋯⋯⋯⋯⋯⋯⋯⋯⋯⋯⋯⋯ 036
　　1.5.2　MySQL 系统数据类型 ⋯⋯⋯⋯⋯⋯⋯⋯⋯⋯⋯⋯⋯⋯⋯⋯⋯⋯⋯⋯⋯⋯ 036
知识巩固 1 ⋯⋯⋯⋯⋯⋯⋯⋯⋯⋯⋯⋯⋯⋯⋯⋯⋯⋯⋯⋯⋯⋯⋯⋯⋯⋯⋯⋯⋯⋯⋯⋯ 041

工作任务二　MySQL 数据库的创建与管理 ⋯⋯⋯⋯⋯⋯⋯⋯⋯⋯⋯⋯⋯⋯⋯⋯⋯⋯ 044
2.1　"学生成绩管理系统"数据库创建和管理 ⋯⋯⋯⋯⋯⋯⋯⋯⋯⋯⋯⋯⋯⋯⋯⋯⋯ 044
　　2.1.1　数据库概述 ⋯⋯⋯⋯⋯⋯⋯⋯⋯⋯⋯⋯⋯⋯⋯⋯⋯⋯⋯⋯⋯⋯⋯⋯⋯⋯ 045
　　2.1.2　使用 Navicat 图形化工具创建数据库 ⋯⋯⋯⋯⋯⋯⋯⋯⋯⋯⋯⋯⋯⋯⋯⋯ 046
　　2.1.3　SQL 简介 ⋯⋯⋯⋯⋯⋯⋯⋯⋯⋯⋯⋯⋯⋯⋯⋯⋯⋯⋯⋯⋯⋯⋯⋯⋯⋯⋯ 048
　　2.1.4　使用 CREATE DATABASE 语句创建数据库 ⋯⋯⋯⋯⋯⋯⋯⋯⋯⋯⋯⋯⋯ 048

2.1.5　使用 ALTER DATABASE 语句修改数据库 ……………………………………… 051
　　2.1.6　使用 DROP DATABASE 语句删除数据库 ………………………………………… 051
2.2　"学生成绩管理系统"数据表创建 ……………………………………………………………… 052
　　2.2.1　数据表的概述 ……………………………………………………………………………… 053
　　2.2.2　数据完整性 ………………………………………………………………………………… 054
　　2.2.3　数据完整性约束 …………………………………………………………………………… 054
　　2.2.4　使用 Navicat 图形化工具创建数据表 …………………………………………………… 055
　　2.2.5　使用 CREATE TABLE 语句创建数据表 ………………………………………………… 057
　　2.2.6　使用 CREATE TABLE…LIKE 语句复制数据表 ……………………………………… 058
2.3　"学生成绩管理系统"数据表管理 ……………………………………………………………… 060
　　2.3.1　使用 SQL 语句显示表信息 ……………………………………………………………… 061
　　2.3.2　使用 Navicat 图形化工具修改数据表 …………………………………………………… 062
　　2.3.3　使用 ALTER TABLE 语句修改数据表 ………………………………………………… 063
　　2.3.4　使用 ALTER TABLE 语句修改表约束 ………………………………………………… 064
　　2.3.5　使用 RENAME TABLE 语句修改表名 ………………………………………………… 065
　　2.3.6　使用 DROP TABLE 语句删除数据表 …………………………………………………… 066
知识巩固 2 ………………………………………………………………………………………………… 067

工作任务三　MySQL 数据库表数据的操作 ……………………………………………………… 070

3.1　数据更新 ……………………………………………………………………………………………… 070
　　3.1.1　使用 Navicat 图形化工具更新数据 ……………………………………………………… 071
　　3.1.2　使用 INSERT 语句插入数据 ……………………………………………………………… 072
　　3.1.3　使用 UPDATE 语句修改数据 …………………………………………………………… 073
　　3.1.4　使用 DELETE 语句删除数据 …………………………………………………………… 073
　　3.1.5　使用 TRUNCATE TABLE 语句清空数据 ……………………………………………… 074
3.2　单表查询 ……………………………………………………………………………………………… 075
　　3.2.1　查询简介 …………………………………………………………………………………… 076
　　3.2.2　SELECT 查询 ……………………………………………………………………………… 077
　　3.2.3　查询指定字段 ……………………………………………………………………………… 077
　　3.2.4　查询满足条件的记录 ……………………………………………………………………… 078
　　3.2.5　查询结果的编辑 …………………………………………………………………………… 081
　　3.2.6　按指定列名排序 …………………………………………………………………………… 082
　　3.2.7　LIMIT 子句限制返回的行数 ……………………………………………………………… 083
3.3　分组统计查询 ………………………………………………………………………………………… 086
　　3.3.1　聚合（集合）函数 ………………………………………………………………………… 087
　　3.3.2　分组统计 …………………………………………………………………………………… 088
　　3.3.3　分组筛选 …………………………………………………………………………………… 089
3.4　多表连接查询 ………………………………………………………………………………………… 092

| 3.4.1　使用连接谓词连接 094
| 3.4.2　使用 JOIN 关键字连接 095
| 3.5　嵌套查询 100
| 3.5.1　嵌套查询概述 102
| 3.5.2　使用关系运算符的嵌套查询 102
| 3.5.3　使用谓词 IN 的嵌套查询 103
| 3.5.4　使用谓词 EXISTS 的嵌套查询 104
| 3.5.5　带子查询的数据更新 105
| 3.6　索引 110
| 3.6.1　索引概述 111
| 3.6.2　使用 Navicat 图形化工具创建与删除索引 112
| 3.6.3　创建索引 113
| 3.6.4　使用 SHOW INDEX 语句查看索引 115
| 3.6.5　使用 DROP INDEX 语句删除索引 115
| 3.7　视图的创建与应用 116
| 3.7.1　视图概述 117
| 3.7.2　使用 Navicat 图形化工具创建视图 118
| 3.7.3　使用 CREATE VIEW 语句创建视图 120
| 3.7.4　使用 SQL 语句查看视图 122
| 3.7.5　使用 ALTER VIEW 语句修改视图 123
| 3.7.6　使用 DROP VIEW 语句删除视图 123
| 3.7.7　通过视图管理数据 123
| 知识巩固 3 126

工作任务四　MySQL 数据库数据的程序式处理 130

| 4.1　存储过程和存储函数的创建与应用 130
| 4.1.1　MySQL 编程基础 131
| 4.1.2　存储过程 138
| 4.1.3　存储函数 144
| 4.1.4　流程控制语句 147
| 4.1.5　游标 156
| 4.2　事务管理 161
| 4.2.1　事务的概念 162
| 4.2.2　事务的类型及操作 163
| 4.3　触发器的创建和应用 167
| 4.3.1　触发器的概念 168
| 4.3.2　创建与使用触发器 168
| 4.3.3　查看触发器 170

    4.3.4　删除触发器 170
  知识巩固 4 171

工作任务五　MySQL 数据库的运行与维护 174

  5.1　MySQL 环境搭建 174
    5.1.1　MySQL 安装与配置 175
    5.1.2　MySQL 图形化管理工具介绍 175
    5.1.3　MySQL 服务器操作 176
  5.2　数据库的用户和权限管理 193
    5.2.1　用户管理 194
    5.2.2　权限管理 198
  5.3　数据库的备份与还原 206
    5.3.1　备份和还原概述 207
    5.3.2　使用 Navicat 图形化管理工具备份和还原数据库 207
    5.3.3　使用 mysqldump 命令备份数据库 210
    5.3.4　使用 mysql 命令还原数据库 211
    5.3.5　MySQL 日志 212
  5.4　表数据的导入与导出 214
    5.4.1　使用 Navicat 图形化管理工具将数据导出到 Excel 中 215
    5.4.2　使用 Navicat 图形化管理工具导入 Excel 中的数据 217
    5.4.3　使用 mysql 命令导出为文本文件 220
    5.4.4　使用 mysqlimport 命令导入文本文件 221
  知识巩固 5 224

第二篇　实训篇——社区书房管理系统

实训任务一　数据库的设计 228
  一、实训目的 228
  二、实训任务 228

实训任务二　数据库和表的管理 230
  一、实训目的 230
  二、实训任务 230

实训任务三　表数据的更新 233
  一、实训目的 233
  二、实训任务 233

实训任务四　表数据的查询 235
  一、实训目的 235

二、实训任务 235

实训任务五　索引的应用 238
　　一、实训目的 238
　　二、实训任务 238

实训任务六　视图的应用 239
　　一、实训目的 239
　　二、实训准备 239
　　三、实训任务 239

实训任务七　存储过程和存储函数的应用 241
　　一、实训目的 241
　　二、实训任务 241

实训任务八　触发器的应用 242
　　一、实训目的 242
　　二、实训任务 242

实训任务九　数据库的安全管理 243
　　一、实训目的 243
　　二、实训任务 243

第一篇
示范篇——学生成绩管理系统

工作任务一　数据库的设计

1.1　初识数据库系统

微课视频

知识目标

- 理解数据库系统的基本概念。
- 了解数据库系统的内部体系结构。

能力目标

- 掌握数据库系统的基本特点。

任务情境

小 S 是一名职业院校的在读学生,作为学生干部,他经常协助老师完成一些工作。一天,小 S 被班主任请去帮忙查询、统计上学期班级内学生的成绩。因为学生的成绩采用纸质文档的管理形式,所以小 S 整理了好久也没有完成。

这时,K 老师走过来,看见小 S 整理数据非常辛苦,便对小 S 说:"小 S,我们可以借助信息化技术,使数据管理工作变得更便捷!"

小 S 说:"太好了,请问具体采用什么技术可以完成这些烦琐的数据管理和分析工作呢?"

K 老师说:"这就是数据库技术,它提供了科学、高效的数据存储与管理方法,通过信息化手段可以使采集到的数据信息发挥巨大的作用,我们先一起了解一下吧!"

任务描述

随着职业院校的发展,学生成绩档案管理的信息量迅猛增长,成绩的日常维护、查询和统计工作量也越来越大。人工管理大量的数据不但烦琐、容易出错,而且效率低下。计算机运行速度快、处理能力强,如果使用数据库技术管理学生成绩,便可以减轻管理人员的负担,提高工作效率和工作质量。本次任务的目的是熟悉并理解数据库技术。

任务分析

数据库技术是计算机科学技术中的一个重要分支,本任务旨在让读者理解数据库系统的基本概念、掌握数据库系统的基本特点和了解数据库系统的内部体系结构。

知识导读

1.1.1 数据库系统的基本概念

1. 数据

数据（Data）实际上就是描述事物的符号记录。

计算机中的数据一般分为两部分：一部分数据与程序仅有短时间的交互关系，随着程序的结束而消亡，被称为临时性数据，这类数据一般存储于计算机内存中；另一部分数据则对系统起着持久作用，被称为持久性数据，数据库系统中处理的就是这种持久性数据。

软件中的数据是有一定结构的。首先，数据有型（Type）与值（Value）之分，数据的型给出了数据表示的类型，如整型、实型、字符型等，而数据的值给出了符合指定型的值，如整型值 15。随着应用需求的扩大，数据的型进一步增加，这其中包括了将多种相关数据以一定结构方式组合而成的特定的数据框架，这种数据框架被称为数据结构（Data Structure）。在数据库的特定条件下，数据结构被称为数据模式（Data Schema）。

过去的软件系统以程序为主体，而数据以私有形式从属于程序。这种方式导致数据在系统中是分散、凌乱的，同时也造成了数据管理的混乱，如数据冗余度高、数据一致性差及数据的安全性低等多种弊病。自数据库系统出现以来，数据在软件系统中的地位发生了重大变化。在数据库系统及数据库应用系统中，数据已占据主体地位，而程序则退居附属地位。在数据库系统中，需要对数据进行集中、统一的管理，以达到数据被多个应用程序共享的目的。

2. 数据库

数据库（Database，DB）是数据的集合，它具有统一的结构形式，存储于统一的存储介质中，是多种应用数据的集成，并且可被不同的应用程序共享。

数据库按照数据模式存储数据，能构造复杂的数据结构以建立数据间的关系，从而构成数据的全局结构模式。

数据库中的数据具有"集成""共享"等特点，即数据库集中了各种应用的数据，并且对其进行统一的构造与存储，从而使它们可被不同的应用程序使用。

3. 数据库管理系统

数据库管理系统（Database Management System，DBMS）是数据库的管理机构，它是一种系统软件，负责对数据库中的数据进行组织、操纵、维护，以及对数据库进行控制、保护和提供服务等。数据库具有海量级的数据，并且结构复杂，因此需要提供管理工具。数据库管理系统是数据库系统的核心，它主要包含以下功能。

- 数据模式定义。数据库管理系统负责为数据库构建模式，即为数据库构建数据框架。
- 数据模式的物理存取及构建。数据库管理系统负责为数据模式的物理存取及构建提供有效的存取方法。
- 数据操作。数据库管理系统为用户使用数据库中的数据提供方便，它一般提供查询、插入、修改及删除数据的功能。此外，它自身还具有做简单算术运算及统计的能力，同时还可以与某些程序设计语言结合，使其具有强大的数据操作能力。
- 定义与检查数据的完整性及安全性。数据库中的数据具有内在语义上的关联性与一致性，它们构成了数据的完整性。数据的完整性是保证数据库中数据正确的必要条件，因此必须经常检查以确保数据准确无误。数据库中的数据具有共享性，而数据共享可能引发数据的非法使用，因此必须对数据的正确使用做出必要的规定，并在使用时进行检查，这就是数据的安全性。定义与检查数据完整性与安全性是数据库管理系统的基本功能。

- 数据库的并发控制与故障恢复。数据库是一个集成、共享的数据集合体，它能为多个应用程序服务，所以就存在着多个应用程序对数据库的并发操作。在并发操作中如果不加以控制和管理，多个应用程序间就会相互干扰，从而对数据库中的数据造成破坏。因此，数据库管理系统要对多个应用程序的并发操作实行必要的控制以保证数据不受破坏，这就是数据库的并发控制。数据库中的数据一旦遭受破坏，数据库管理系统必须有能力及时进行恢复，这就是数据库的故障恢复。
- 数据的服务。数据库管理系统提供对数据库中数据的多种服务，如数据复制、转存、重组、性能监测、分析等。

为完成以上 6 项功能，数据库管理系统提供了相应的数据语言（Data Language），分别如下。

- 数据定义语言（Data Definition Language，DDL）。该语言负责数据模式定义与数据存取的物理构建。
- 数据操作语言（Data Manipulation Language，DML）。该语言负责对数据进行查询、增加、删除、修改等操作。
- 数据控制语言（Data Control Language，DCL）。该语言负责定义与检查数据的完整性及安全性、数据库的并发控制与故障恢复等，包括系统初启程序、文件读写与维护程序、存取路径管理程序、缓冲区管理程序、安全性控制程序、完整性检查程序、并发控制程序、事务管理程序、运行日志管理程序、数据库恢复程序等。

上述数据语言按其使用方式分为以下两种形式。

- 交互式命令语言。它的语言简单，能在终端上即时操作，又被称为自含型或自主型语言。
- 宿主型语言。它一般可嵌入某些宿主语言（Host Language）中，如 C/C++、Java 和 COBOL 等高级语言。

关系数据库中普遍使用结构化查询语言（Structured Query Language，SQL），它不仅具有丰富的查询功能，还兼具数据定义和数据控制功能，是集 DDL、DML 和 DCL 于一体的关系数据库语言。SQL 不要求用户指定数据的存储方式，也不要求用户了解具体的数据存储方式，因此，具有完全不同底层结构的数据库系统都可以使用相同的结构化查询语言作为数据输入与管理的接口。结构化查询语言简洁、易学、易用，可以嵌入其他高级语言中使用，具有极高的灵活性和强大的功能。

此外，数据库管理系统还提供服务性程序，包括数据初始装入程序、数据转换程序、性能监测程序、数据库再组织程序和通信程序等。

目前比较常见的关系型数据库管理系统有甲骨文公司的 Oracle、MySQL，Sybase 公司的 PowerBuilder，IBM 公司的 DB2，微软公司的 SQL Server 等。另外有一些小型的数据库开发软件，如微软公司的 Visual FoxPro 和 Access 等，它们只具备数据库管理系统的一些简单功能。

4. 数据库管理员

由于数据库具有共享性，所以需要数据库管理员（Database Administrator，DBA）对数据库的规划、设计、维护、监视等进行专人管理，其主要工作如下。

- 数据库设计。DBA 的主要任务之一是进行数据库设计，具体来说是指进行数据模式的设计。由于数据库具有集成性与共享性，所以需要有专门人员对多个应用的数据需求做全面的规划、设计与集成。
- 数据库维护。DBA 必须对数据库中数据的安全性与完整性、并发控制及系统恢复、数据定期转存等进行实施与维护。
- 改善系统性能，提高系统效率。DBA 必须随时监视数据库运行状态，不断调整内部结构，使系统保持最佳状态与最高效率。当效率下降时，DBA 须采取适当的措施，如进行数据库的重组、重构等。

5. 数据库系统

数据库系统（Database System，DBS）由以下 5 部分组成：数据库（数据）、数据库管理系统（软件）、数据库管理员（人员）、硬件平台（硬件）、软件平台（软件）。这 5 部分构成了一个以数据库为核心的完整运行实体，被称为数据库系统。

在数据库系统中，硬件平台包括以下内容。

- 计算机。它是系统中硬件的基础平台，目前常用的有微型机、小型机、中型机、大型机及巨型机。
- 网络。过去数据库系统一般建立在单机上，但是如今的数据库系统大多建立在网络上，其结构以客户端/服务器（Client/Server，C/S）结构与浏览器/服务器（Browser/Server，B/S）结构为主。

在数据库系统中，软件平台包括以下内容。

- 操作系统。它是系统的基础软件平台，目前常用的有 UNIX（包括 Linux），以及 Windows。
- 数据库系统开发工具。数据库系统开发工具是指为开发数据库应用程序所提供的工具，包括高级程序设计语言，如 C/C++、Java 等，以及可视化开发工具 VB、PB、Delphi 等，此外，还包括与 Web 有关的 HTML、XML 及一些专用开发工具等。
- 接口软件。在网络环境下的数据库系统中，数据库与应用程序、数据库与网络之间存在多种接口，这些接口需要使用接口软件进行连接，否则数据库系统将无法运行，常用的接口软件包括 ODBC、JDBC、OLEDB、CORBA、COM、DCOM 等。
- 应用软件。它由数据库系统提供的数据库管理系统（软件）及数据库系统开发工具开发而成。

数据库系统的各部分以一定的逻辑层次结构方式组成一个有机的整体。如果不计数据库管理员（人员），则数据库系统结构图如图 1-1 所示。

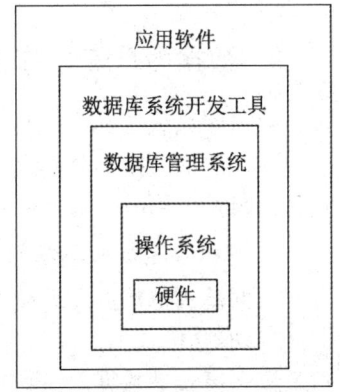

图 1-1　数据库系统结构图

1.1.2 数据库系统的基本特点

数据库系统是在文件系统基础上产生的，二者都以数据文件的形式组织数据，但由于数据库系统在文件系统的基础上，加入了 DBMS 对数据进行管理，从而使得数据库系统具有以下特点。

1. 数据的集成性

数据库系统的数据集成性主要表现在以下几个方面：
- 在数据库系统中采用统一的数据结构方式，如在关系数据库中使用二维表作为统一的结构方式。
- 在数据库系统中按照多个应用的需要，组织全局统一的数据结构（数据模式），数据模式不仅可以建立全局的数据结构，还可以建立数据间的语义联系，从而构成一个内部紧密联系的数据整体。
- 数据库系统中的数据模式是多个应用共享的全局数据结构，而每个应用的数据则是全局结构中的一部分，被称为局部结构（视图），这种全局与局部的结构构成了数据库系统数据集成性的主要特征。

2. 数据的高共享性与低冗余性

数据的集成性使得数据可被多个应用共享，特别是在网络发达的今天，数据库与网络的结合扩大了数据关系的应用范围。数据的共享极大地降低了数据冗余性，不但减少了不必要的存储空间，而且可以避免数据的不一致性。数据的一致性是指系统中的同一数据应用在不同的地方应保持相同的值。数据的不一致性是指系统中的同一数据应用在不同的地方有不同的值。因此，降低数据冗余性是保证系统一致性的基础。

3. 数据统一管理与控制

数据库系统不但为数据提供高度集成的环境，而且为数据提供统一管理的手段，主要包含以下三个方面。
- 数据的完整性检查：检查数据库中数据的完整性以保证数据的正确性。
- 数据的安全性保护：检查数据库访问者以防止非法访问。
- 并发控制：控制多个应用并发访问产生的相互干扰，以保证其正确性。

1.1.3 数据库系统的内部体系结构

数据库系统在其内部具有三级模式与二级映射，三级模式分别是概念模式、内模式与外模式，二级映射则分别是概念模式到内模式的映射及外模式到概念模式的映射。三级模式与二级映射构成了数据库系统内部的抽象结构体系，如图 1-2 所示。

1. 数据库系统的三级模式

数据模式是数据库系统中数据结构的一种表示形式，它具有不同的层次与结构方式。

1) 概念模式。

概念模式是数据库系统中全局数据逻辑结构的描述，是全体用户的公共数据视图。此种描述是一种抽象的描述，它不涉及具体的硬件环境与平台，也与具体的软件环境无关。

概念模式主要描述数据的概念记录类型及它们之间的关系，包括一些数据间的语义约束，对概念模式的描述可用 DBMS 中的 DDL 定义。

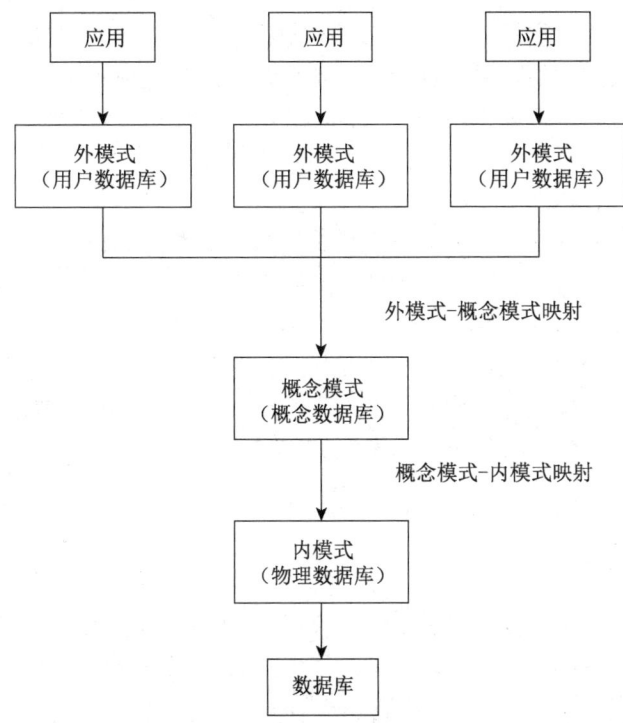

图 1-2 三级模式、二级映射关系图

2)外模式。

外模式也被称为子模式或用户模式。外模式即用户所见到的数据模式,由概念模式推导而出。概念模式给出了系统全局的数据描述,而外模式给出了每个用户的局部数据描述。一个概念模式可以有若干外模式,每个用户只关心与他有关的模式,这样不但可以屏蔽大量无关信息,而且有利于数据保护。大多数 DBMS 都提供了相关的外模式描述语言(外模式 DDL)。

3)内模式。

内模式又被称为物理模式,它描述了数据库物理存储结构与物理存取方法,如数据存储的文件结构、索引、集簇,以及 Hash 等存取方式与存取路径。内模式的物理性主要体现在操作系统及文件级上,并未深入到设备级上(如磁盘操作)。内模式对用户是透明的,但它的设计直接影响数据库的性能。大多数 DBMS 提供了相关的内模式描述语言(内模式 DDL)。

数据模式描述了数据库的数据框架结构,而数据是数据库中真正的实体,但这些数据必须按框架描述的结构进行组织。以概念模式为框架组成的数据库被称为概念数据库,以外模式为框架组成的数据库被称为用户数据库,以内模式为框架组成的数据库被称为物理数据库。这三种数据库中只有物理数据库真实存在于计算机外存储器中,其他两种数据库并不真正存在于计算机中,而是通过二级映射,由物理数据库映射而成的。

模式的三个级别反映了模式的三个不同环境及其不同要求。其中,内模式处于底层,它反映了数据在计算机物理结构中的实际存储形式;概念模式处于中层,它反映了设计者的数据全局逻辑要求;而外模式处于外层,它反映了用户对数据的要求。

2. 数据库系统的二级映射

数据库系统的三级模式是针对数据的三个级别进行的抽象,它将数据的具体物理实现留给物理模式,使用户与全局设计者不必关心数据库的具体实现与物理背景;同时,它通过二级映射建立了模式间的联系与转换,使得概念模式与外模式虽然不具备物理存在,但是也能通过映射而获得其存在的实体。此外,二级映射还保证了数据库系统中数据的独立性,即数据的物理组织改变与逻辑概念改变相互独立。

1)概念模式到内模式的映射。

概念模式到内模式的映射描述了概念模式中数据的全局逻辑结构到数据的物理存储结构间的对应关系,该映射一般是由DBMS实现的。

2)外模式到概念模式的映射。

概念模式是一个全局模式,而外模式是用户的局部模式。在一个概念模式中可以定义多个外模式,而每个外模式是概念模式的一个基本视图。外模式到概念模式的映射描述了二者的对应关系,这种映射一般也是由DBMS实现的。

任务实施

K老师向小S展示了"教务管理系统",该系统能够为教务人员、教师和学生提供成绩的管理和查询等功能。我们重点了解一下录入学生成绩的功能和查询学生成绩的功能。

1. 录入学生成绩

在系统中选择"学生列表"模块,填写学生姓名,选择期号和科目,输入成绩,单击"保存"按钮完成学生成绩的录入,如图1-3所示。

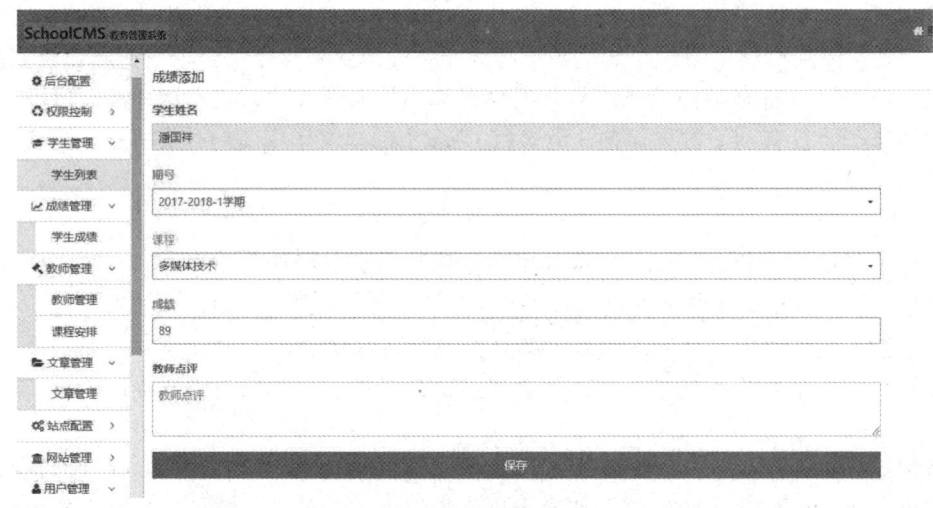

图1-3 录入学生成绩

2. 查询学生成绩

在"学生成绩"模块中,通过在查询条件中输入班级、学期、课程等信息,可以查询符合查询条件的学生的成绩,如图1-4所示。

该系统包含了学生、课程、成绩等诸多信息,这些数据到底来自哪里,又是如何得到的呢?"教务管理系统"应用程序只是一个数据处理者,它所处理的数据必然是从某个数据源中获得的,这个数据源就是数据库。数据库就好似一个仓库,保存着数据库应用系统需要获取的相关数据。例如,在"教务管理系统"中,学生的学号、姓名、性别、出生日期等信息都以表格的形式存储于数据库中。

图 1-4 查询学生成绩

数据库应用系统通过数据库管理系统（DBMS）取出数据。DBMS 管理着数据库，使得数据以一定的形式存储于计算机中。例如，"教务管理系统"通过 DBMS 管理学生信息、教师信息、学生成绩等数据，这些数据构成"教务管理"数据库。可见，DBMS 的主要任务是管理数据库并负责处理用户的各种请求。例如，在"教务管理系统"中，任课教师输入工号、学期等查询条件，系统将查询条件转换成 DBMS 能够接收的查询命令，然后 DBMS 执行该命令，从数据库（DB）中查询出该教师任课班级的学生信息，显示在屏幕上；任课教师录入学生该门课程的成绩，再单击"保存"按钮，"教务管理系统"执行插入命令，将该命令传递给 DBMS 后，DBMS 负责将成绩信息保存到"学生选课成绩表"中。

通过"教务管理系统"的实例操作，我们掌握了数据库的应用，并对数据库应用系统、数据库管理系统、数据库和数据表有了直观的认识。其基本工作流程如下：用户使用数据库应用系统从数据库检索数据时，首先输入所需的查询条件，数据库应用系统接收查询条件并将其转化为查询命令，然后将该命令发送给 DBMS。DBMS 根据查询命令从数据库中取出数据并将数据发送至数据库应用系统，最后数据库应用系统以一定的格式显示查询结果。当用户向数据库存储数据时，首先在数据库应用系统的数据输入界面输入相应的数据，输入完成后，用户向数据库应用系统发出存储数据的命令，数据库应用系统将该命令发送给 DBMS，DBMS 执行存储命令并将数据存储于数据库中。数据库应用系统的工作过程如图 1-5 所示。

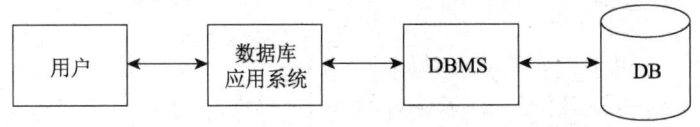

图 1-5 数据库应用系统的工作过程

任务总结

随着计算机科学与技术的发展，以及计算机应用的不断深入，数据库在计算机应用中的地位与作用日益重要，在商业、事务处理中也占有主导地位，近年来在统计领域、多媒体领域及智能化应用领域中的地位与作用也变得至关重要。数据库系统已经成为构成计算机应用系统中不可或缺的工具。

数据库系统具有数据的集成性、数据的高共享性与低冗余性、数据统一管理与控制等特点。

数据库系统内部具有三级模式与二级映射,从而保证了数据的物理独立性和逻辑独立性。

1.2 "学生成绩管理系统"数据库设计概述与需求分析

知识目标

微课视频

- 理解数据库设计的方法和流程。
- 了解需求调查的内容和方法。
- 了解数据流程图。
- 了解数据字典。

能力目标

- 掌握数据库需求分析的方法。
- 学会使用数据流程图等工具分析和整理需求。

任务情境

小 S:"老师,之前您给我展示了'教务管理系统',操作起来确实很方便、快捷。我想好好学习数据库技术,争取也能开发出这样的数据库应用系统。"

K 老师:"有志气,值得表扬!开发数据库应用系统的第一步是要做好系统的需求分析工作,充分了解用户需求。我们今天就从如何做好需求分析开始学习。"

任务描述

凌阳科技公司接受了为新华职业技术学院委托其开发学生成绩管理软件的业务,软件名称定为"学生成绩管理系统",现已为此成立了一个项目小组,项目小组设项目负责人 1 名,成员 3 名。项目小组首要的工作是设计学生成绩数据库结构,按照数据库设计的步骤,先要做需求分析工作,即对新华职业技术学院学生成绩管理工作进行调查,全面了解用户的各种需求。

任务分析

和用户密切合作,了解用户现有的管理学生成绩的工作流程和学生成绩管理中所涉的部门、人员、数据、报表及数据的加工处理等情况，收集与学生成绩管理相关的资料，并对收集的资料进行整理和分析。

完成任务的具体步骤如下：

（1）设计需求调查的方法；

（2）确定调查的内容；

（3）进行调查并收集数据资料；

（4）对收集的数据进行整理、分析；

（5）绘制业务流程图、数据流程图，编制数据字典。

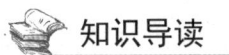知识导读

1.2.1 数据库设计概述

数据库应用系统中的一个核心问题是如何设计一个能满足用户要求且性能良好的数据库，这便引申出本节要介绍的内容——数据库设计（Database Design）。

数据库设计的基本任务是根据用户对象的信息需求、处理需求和数据库的支持环境（包括硬件、操作系统与 DBMS）设计出数据模式。信息需求主要是指用户对象的数据及其结构，它反映了数据库的静态要求；处理需求主要是指用户对象的行为和动作，它反映了数据库的动态要求。在数据库设计中有一定的制约条件，即系统设计平台，包括系统软件、工具软件及设备、网络等。因此，数据库设计是在一定的平台制约下，根据信息需求与处理需求设计出性能良好的数据模式。

数据库设计有两种方法：一种方法以信息需求为主，兼顾处理需求，被称为面向数据的方法（Data-Oriented Approach）；另一种方法以处理需求为主，兼顾信息需求，被称为面向过程的方法（Process-Oriented Approach）。这两种方法目前都有使用，早期由于应用系统中处理需求多于信息需求，所以使用面向过程的方法较多；近年来由于大型系统中数据结构复杂、数据量庞大，而相应处理流程趋于简单，所以使用面向数据的方法较多。由于在系统中稳定性高，数据已成为系统的核心，所以面向数据的设计方法已成为主流方法。按照传统的系统设计方法，应用程序设计与数据库设计是分别进行的，两项设计完成之后再进行协调。目前，面向对象技术及统一建模语言（Unified Modeling Language，UML）被广泛使用，采用 UML 进行系统分析和设计，将系统的应用程序设计和数据库设计统一起来，可有效地提高数据库设计的效率和质量，降低开发风险，提高软件的可重用性，降低开发成本。

数据库应用系统设计目前一般采用生命周期法，即将整个数据库应用系统的开发分解成目标独立的若干阶段，分别为需求分析阶段、概念设计阶段、逻辑设计阶段、物理设计阶段、编码阶段、测试阶段、运行阶段、进一步修改阶段。在数据库设计中采用以上阶段中的前 4 个阶段，如图 1-6 所示。

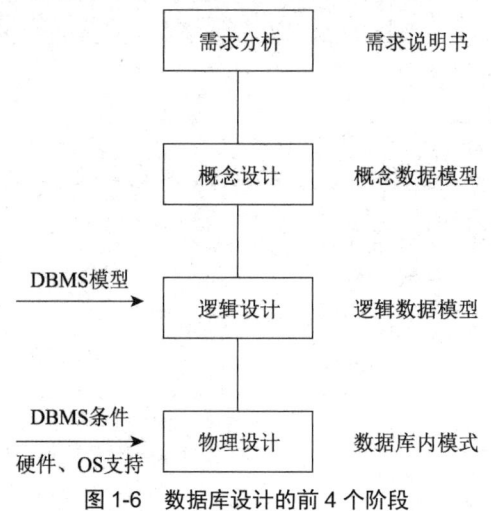

图 1-6 数据库设计的前 4 个阶段

1.2.2 数据抽象过程

现实世界中的客观事物是不能直接被计算机处理的,必须将其数据化,如图 1-7 所示。

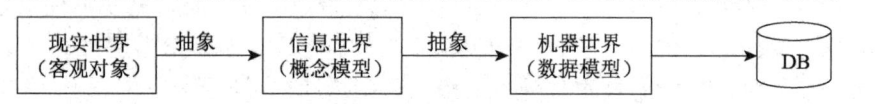

图 1-7 现实世界中客观对象的数据化

在数据库系统中,一般采用数据模型来对现实世界数据进行抽象。首先将现实世界中的客观对象抽象为某种不依赖于计算机系统的概念模型,然后将该模型转换成计算机中 DBMS 支持的数据模型。

现实世界数据化过程可由数据库设计人员通过数据库的设计来实现。

1.2.3 数据库设计的需求分析

需求收集和分析是数据库设计的第一阶段,这一阶段收集到的基础数据和一组数据流程图(Data Flow Diagram,DFD)是下一步设计概念结构的基础。概念结构是整个组织中所有用户关心的信息结构,对整个数据库设计具有深刻影响,而要设计好概念结构,就必须在需求分析阶段用系统的观点来考虑问题、收集和分析数据并进行处理。

需求分析阶段的任务是详细调查现实世界要处理的对象(组织、部门、企业等),充分了解原系统的工作概况,明确用户的各种需求,然后在此基础上确定新系统的功能。新系统必须充分考虑今后可能的扩充和改变,不能仅按当前应用需求来设计数据库。

调查的重点是"数据"和"处理",通过调查获得每个用户对数据库的要求,具体如下。

- 信息要求。用户需要从数据库中获得信息的内容与性质,由信息要求可以导出数据要求,即在数据库中需存储哪些数据。
- 处理要求。用户要完成什么处理功能,对处理的响应时间有何要求,处理的方式是批处理还是联机处理。
- 安全性和完整性的要求。用户对数据的安全性、正确性、一致性的要求。

为了较好地完成调查任务,设计人员必须不断地与用户交流,与用户达成共识,以便逐步确定用户的实际需求,然后分析和表达这些需求。需求分析是整个设计活动的基础,也是最困难、最花时间的一步。需求分析人员既要懂数据库技术，又要对应用环境及相关业务比较熟悉。

分析和表达用户的需求，通常采用结构化分析方法和面向对象的方法。结构化分析方法使用自上向下、逐层分解的方式分析系统。使用业务流程图将系统调查中的有关资料串起来做进一步的分析；使用数据流程图表达数据和处理过程的关系；使用数据字典对系统中的数据做出详尽描述，作为各类数据属性的清单。对数据库设计而言，数据字典是进行详细的数据收集和数据分析所获得的主要结果。

1. 业务流程分析

在对系统的组织结构和功能进行分析时，须从实际业务流程的角度，对系统调查中的有关业务流程做进一步的分析，业务流程分析可以帮助我们了解该业务的具体处理过程，发现和处理系统调查工作中的错误和疏漏，修改和删除原系统中不合理的部分，从而在新系统的基础上优化业务处理流程。

业务流程分析是在业务功能的基础上进行细化，利用系统调查的资料将业务处理过程中的每一个步骤用一个完整的图形串起来。在绘制业务流程图的过程中发现问题、分析不足、优化业务处理过程。因此，绘制业务流程图是分析业务流程的重要步骤。

绘制业务流程图的作用是用一些规定的符号及连线来表示某个具体业务处理过程。业务流程图的绘制基本上按照业务的实际处理步骤和过程进行绘制。换句话说，业务流程图就是一本用图形方式来反映实际业务处理过程的"流水账"，绘制出这本"流水账"对于开发者理顺和优化业务处理过程是很有帮助的。

业务流程图是一种用尽可能少、尽可能简单的符号来描述业务处理过程的方法，由于它的符号简明，所以非常易于阅读和理解。但是对于一些专业性较强的业务处理细节，业务流程图缺乏足够的表现手段，它更适合反映事务处理类型的业务处理过程。

业务流程图的符号有 6 种，如图 1-8 所示。

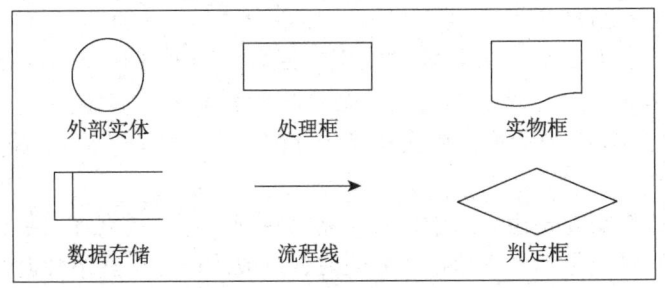

图 1-8　业务流程图的符号

- 外部实体：又被称为外部项，表示独立于系统存在，但又和系统有联系的实体，一般表示数据的外部来源和最后去向，如学生、教师等。
- 处理框：表示各种处理动作，如修改学生成绩单、修改学生基本信息表等。
- 实物框：表示要传递的具体实物或单据，如学生基本信息表、学生成绩单等。
- 数据存储：表示在加工或转换数据的过程中需要存储的数据，如课程记录、成绩记录等。
- 流程线：表示数据的流向。
- 判定框：表示问题的审核或判断，如对某学生情况的审核。

2. 数据流程分析

数据流程分析是指将数据在组织内部的流动情况抽象地独立出来，主要包括对信息的流动、传递、处理、存储的分析，其目的是要发现和解决数据流动过程中的问题，包括数据流程不畅、前后数据不匹配、数据处理过程不合理等问题。要及时解决这些问题，一个通畅的数据流程是新系统用于实现业务处理过程的基础。

现有的数据流程分析多是通过分层的数据流程图来实现的。其具体做法如下：按业务流程图理出的业务流程顺序，将相应的调查过程中所掌握的数据处理过程绘制成一套完整的数据流程图，一边整理绘图，一边核对相应的数据、报表和模型等。

1）DFD 的基本成分。

DFD 的基本成分及图形表示方法如图 1-9 所示。

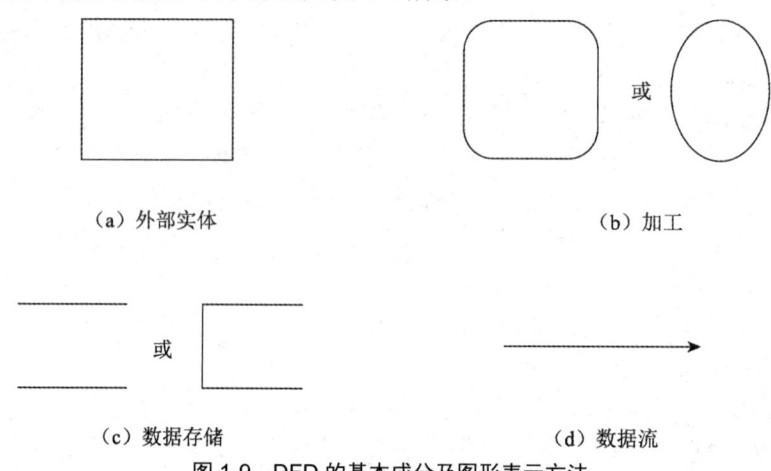

图 1-9　DFD 的基本成分及图形表示方法

- 外部实体：外部实体是指存在于软件系统之外的人员或组织。它指出系统所需数据的发源地和系统产生数据的归宿地。
- 加工：加工描述了输入数据流到输出数据流之间的变换，也就是输入数据流经过怎样的处理后变成了输出数据流。每个加工有其名字和编号；编号能反映出该加工位于分层 DFD 中的哪个层次和哪张图中，也能够看出它是哪个加工分解出来的子加工。
- 数据存储：数据存储用于表示暂时存储的数据，每个数据存储都有其名字。
- 数据流：数据流是由一组固定成分的数据组成的，用于表示数据的流向。值得注意的是，DFD 中描述的是数据流，而不是控制流。除了流向数据存储或从数据存储流出的数据流不必命名，每个数据流都必须有一个合适的名字，以反映该数据流的含义。

2）分层数据流程图的绘制方法及步骤。

（1）绘制系统的输入和输出。将整个软件系统看作一个大的加工，然后根据系统从哪些外部实体接收数据流，以及系统发送数据流到哪些外部实体，就可以绘制系统的输入和输出，得到顶层数据流程图。

（2）绘制系统的内部。将顶层数据流程图的加工分解成若干子加工，并用数据流将这些子加工连接起来，使得顶层数据流程图中的输入数据经过若干子加工处理后变换成顶层数据流程图的输出数据流，得到一级细化流程图。

（3）对复杂加工进行分解。针对已得到的一级细化流程图，如果在加工内部还有数据流，则可将该加工分成若干子加工，用这些数据流将子加工联系起来，用单独的一张数据流程图来表示，称其为该加工的二级细化流程图。从一个加工画出一张数据流程图的过程被称为对这个加工的分解。

（4）对上一步分解出来的二级细化流程图中的每个加工，重复上一步的分解，直至图中尚未分解的加工都足够简单为止。至此可以得到一套分层数据流程图。

可以用以下方法来确定加工：通常在数据流的组成或值发生变化的地方需要画一个加工；也可根据系统的功能确定加工。

确定数据流的方法：当用户将若干数据看作一个单位来处理（这些数据一起到达，一起加工）时，可以将这些数据看成一个数据流。

对于一些以后要使用的数据，可以通过数据存储来表示。

3）对图和加工进行编号。

对于一个软件系统，其数据流程图可能有许多层，每一层又有许多张图。为了区分不同的加工和不同的 DFD 子图，应该对每张图和每个加工进行编号，以便于管理。假设分层数据流程图里的某张图（记为图 A）中的某个加工可用另一张图（记为图 B）来分解，我们称图 A 是图 B 的父图，图 B 是图 A 的子图。在一张图中，有些加工需要进一步分解，有些加工则不必分解。因此，如果父图中有 n 个加工，那么它可以有 $0 \sim n$ 张子图（这些子图位于同一层），但每张子图都只对应于一张父图。

编号遵循以下原则：

- 顶层数据流程图只有一张，图中的加工也只有一个，所以不必编号。
- 一级数据流程图只有一张，图中的加工号可以是"1、2、3……"。
- 子图号就是父图中被分解的加工号。
- 子图中的加工号由图号、圆点和序号组成。

例如，某图中的某加工号为 1，这个加工分解出来的子图号就是图 1，子图中的加工号分别为"1.1、1.2、1.3……"。

3. 数据字典

数据字典是各类数据描述的集合，它通常包括 5 个部分：数据项，数据的最小单位；数据结构，若干数据项有意义的集合；数据流，可以是数据项，也可以是数据结构，表示某一处理过程的输入或输出；数据存储，处理过程中存取的数据，常常是手工凭证、手工文档或计算机文件；处理过程，描述了数据在系统中的处理逻辑，处理过程的描述通常包括处理过程的名称、输入、输出、处理规则和逻辑等内容。

数据字典是在需求分析阶段创建的，在数据库设计过程中不断修改、充实、完善。

在开展需求分析工作时，有两点内容需要特别注意。

第一，在需求分析阶段，要注意收集将来应用可能涉及的数据。如果设计人员仅仅按当前应用来设计数据库，那么新数据的加入不仅会影响数据库的概念结构，还会影响数据库的逻辑结构和物理结构。因此设计人员应充分考虑到可能发生的扩充和改变。

第二，必须强调用户的参与，这是数据库应用系统设计的特点。数据库应用系统和广大用户有紧密的联系，其设计和创建可能对更多人的工作环境产生重要影响。因此，设计人员应和用户密切配合，进而更好地开展设计工作，并对设计工作的最后结果承担共同的责任。

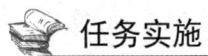 **任务实施**

本次任务是开发某学院的"学生成绩管理系统",在进行数据库设计时,首先应该全面了解系统需求。据了解,学院的学生成绩主要由教务处进行管理,学院中与学生成绩管理相关的人员有教务员、任课教师、学生、班主任等,需求分析应该对所有相关的人员开展需求调查。

1. 确定调查方法

项目小组决定采用如下调查方法。
- 邀请专门管理学生成绩的教务员进行介绍。
- 找相关人员多次询问。
- 查阅与学生成绩管理相关的文档资料。

2. 编写调查提纲

在进行需求调查前,项目小组针对教务员编写了如下调查提纲:
- 你们部门有多少人,主要工作是什么?
- 学院有多少学生,学生成绩管理工作的工作量如何?
- 学生成绩管理的业务流程是怎样的?
- 在管理成绩时,令你们感到特别麻烦的事情是什么?
- 在成绩管理过程中需要做而做不了的事情有哪些?
- 用计算机管理学生成绩,你们希望解决什么问题?
- 用计算机管理学生成绩,你们对数据操作有何要求?

3. 需求调查

- 现场调查。请教务员做专门介绍。
- 资料收集。这里只给出收集的部分资料。
- 新生入学后填写的学生基本情况表如表 1-1 所示。

表 1-1 学生基本情况表

学 号		学生姓名		学生性别	
出生日期		籍 贯		民 族	
政治面貌		联系电话		班级名称	
班主任		家庭住址			
备注					

每学期由任课教师填写的学生成绩表如表 1-2 所示。

表 1-2　学生成绩表

学期：_____　　班级名称：_____　　课程名称：_____　　任课教师：_____

学　号	学生姓名	成　绩	备　注	学　号	学生姓名	成　绩	备　注

学生毕业时所统计的学生成绩总表如表 1-3 所示。

表 1-3　学生成绩总表

系名称：_____　　班级名称：_____　　学号：_____　　学生姓名：_____

学期：_____　学年第一学期					学期：_____　学年第二学期				
课程名称	课程类别	学时	学分	成绩	课程名称	课程类别	学时	学分	成绩

4. 用户需求分析

1）业务流程分析。

对收集的数据进行整理和分析，画出"学生成绩管理系统"业务流程图，如图 1-10 所示。这张图反映了学生成绩管理的总体业务概况。

由图 1-10 可知学生成绩管理的过程如下。

（1）在新生入学后，教务处为每名新生编排班级和学号，并且为每班分配一名班主任。

（2）每名新生填写学籍卡中的学生基本情况表，班主任对学生情况进行核实，无误后，交给教务员，教务员按班级将学籍卡装订成册，存储于教务处。

（3）每学期末，每位任课教师将所教授课程的学生成绩表交给系教学秘书，由系教学秘书按班级汇总后交给教务处，教务员根据收到的学生成绩表将每名学生的成绩填写到学籍卡中。

（4）每学期末，教务员按班级汇总学生成绩，交给班主任。

（5）每学期初，教务处统计上学期补考名单，通知学生参加补考。

（6）在毕业前，教务处对每名学生的成绩进行汇总，并发放成绩总表。

2）具体需求分析。

经调查得出以下用户需求。

① 信息需求。

- 学生基本信息：每名新生入校后都要填写学生基本情况表，主要包括学号、学生姓名、学生性别、出生日期、籍贯、民族、政治面貌、联系电话、家庭住址、班级名称、班主任和备注等。

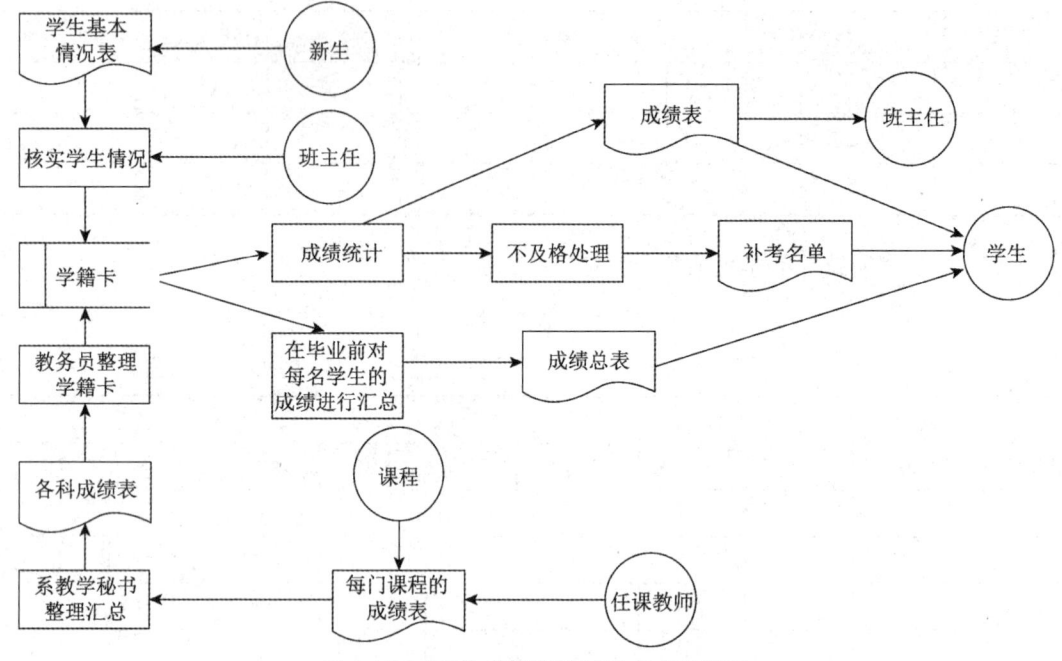

图1-10 "学生成绩管理系统"业务流程图

- 课程信息：每学期末要填写下学期开设课程的信息，主要包括课程编号、课程名称、课程类别、学时、学分和学期等。
- 教师信息：每学期末要填写下学期任课教师的信息，主要包括教师编号、教师姓名、教师性别、职称和系名称等。
- 成绩信息：每学期末由任课教师填写成绩表，主要包括学期、班级名称、学号、学生姓名、课程编号、课程名称、任课教师、成绩等。

② 处理需求。

- 教务员：输入并维护学生基本信息、教师信息、课程信息等；可查询学生基本信息、教师信息、成绩信息、课程信息等；对各种信息进行统计和输出。
- 教师：输入并维护所授课程的成绩；可查询所授课程的课程信息和成绩信息；可对所授课程成绩进行统计并输出，如统计最高分、最低分、平均分、总分、成绩排名、各分数段人数、及格率等信息。
- 学生：查询本人的基本信息、成绩信息及本人在班级中的成绩名次。
- 班主任：查询本班学生的基本信息和成绩信息；对本班学生每门课程的成绩进行汇总，统计并输出每名学生成绩的总分、平均分和班级排名等。

③ 安全性与完整性需求。

- 设置访问用户的标识以鉴别是否为合法用户。
- 对不同用户设置不同的权限。教务员可进行日常事务的处理，可增加、删除、更新所有信息；学生只能查询自己的基本信息和成绩信息；教师可对所授课程成绩进行输入和查询，并能查询所授课程的信息；班主任可输入、修改和查询本班学生的基本信息，并可查询本班学生的成绩信息。

- 保证数据的正确性、有效性和一致性。例如，在输入数据时，若超出数据范围，应及时提醒用户。

5. 数据流程图

根据"学生成绩管理系统"业务流程图，仔细分析其中的数据流向，绘制出"学生成绩管理系统"顶层数据流程图，如图 1-11 所示，"学生成绩管理系统"一级细化流程图如图 1-12 所示，"学生成绩管理系统"二级细化流程图如图 1-13 所示。

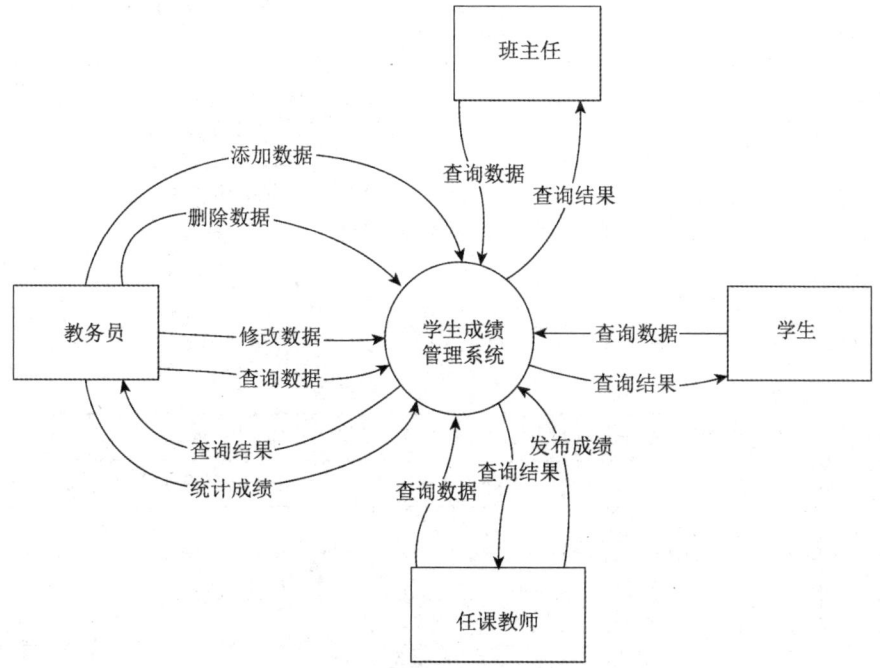

图 1-11　"学生成绩管理系统"顶层数据流程图

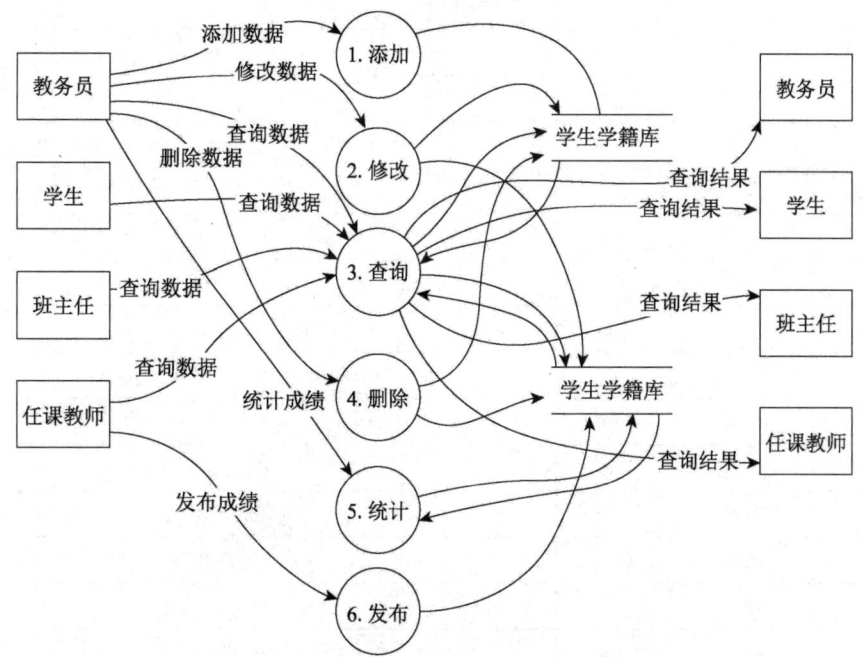

图 1-12　"学生成绩管理系统"一级细化流程图

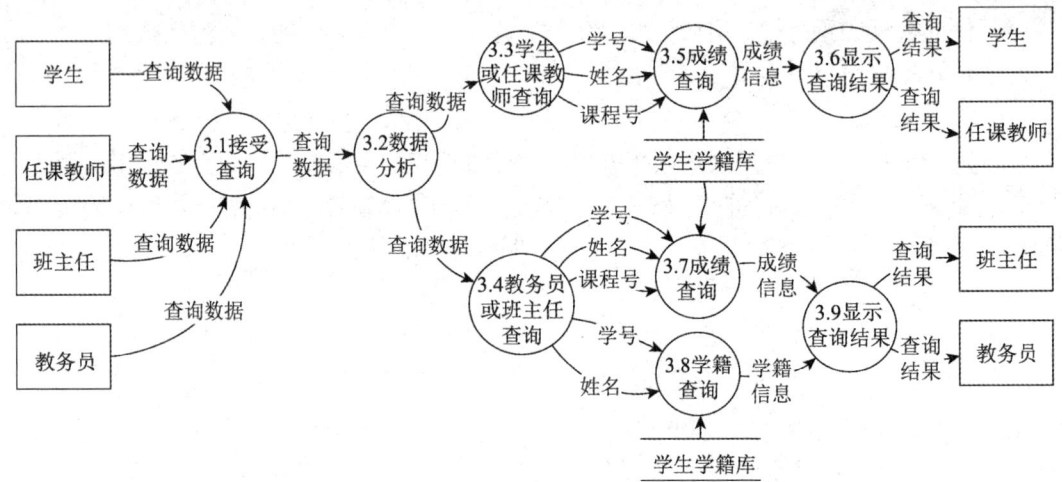

图 1-13 "学生成绩管理系统"二级细化流程图

6. 数据字典

通过调查分析得到数据字典,此处只列出数据字典的数据项部分,如表 1-4 所示。

表 1-4 数据字典(数据项)

数据项名	数据类型	长度	说明
学号	字符	10	2 位入学年份+2 位系编号+4 位班级序号+2 位个人序号
学生姓名	字符	10	
学生性别	字符	2	取值为"男"或"女"
出生日期	日期	8	
籍贯	字符	16	
民族	字符	10	
政治面貌	字符	10	
联系电话	字符	20	
班级编号	字符	8	2 位入学年份+2 位系编号+4 位班级序号
班级名称	字符	30	
班主任	字符	10	
家庭住址	字符	40	
备注	字符	100	
课程编号	字符	6	2 位学年+2 位系编号+2 位课程序号
课程名称	字符	20	
课程类别	字符	10	
学时	数字	2	非负数
学分	数字	1	非负数
学期	字符	11	
教师编号	字符	4	2 位系编号+2 位教师序号
教师姓名	字符	10	

续表

数据项名	数据类型	长度	说明
教师性别	字符	2	
职称	字符	10	
系编号	字符	2	
系名称	字符	30	
系主任	字符	10	
成绩	数字	3	取值范围是 0~100
成绩备注	字符	40	

任务总结

需求分析阶段是数据库设计最困难、最耗时间的一步。需求分析的结果将直接影响后面各个阶段的设计,如果需求分析做得不好,可能导致整个数据库设计返工重做。此阶段是一个有用户参与的阶段,在实施过程中要与用户多交流,必须耐心细致地了解现行业务及数据处理流程,收集全部数据资料。对用户需求进行分析与表达后,必须提交给用户,征得用户的认可。此过程要进行多次,只有不断地沟通,才能将用户的各方面需求搞清楚,从而达到用户的要求。

1.3 "学生成绩管理系统"数据库概念设计

微课视频

知识目标

- 理解概念模型的基本概念。
- 掌握 E-R 模型的设计方法。

能力目标

- 能够设计数据库系统的 E-R 模型。

任务情境

小 S:"老师,通过对系统需求的了解和分析,我已经清楚了系统所需处理的数据和数据处理的流程,但是对于如何设计系统的数据库,我还是觉得非常模糊,感觉有很多信息要处理,但是不知道这些信息该如何表达?"

K 老师:"不要着急,在需求分析的基础上,我们充分掌握了需要处理的信息。不过要将这些信息抽象为计算机所能处理的数据模型,抽象的程度较高,一下子难以实现,我们不妨先设计一个概念模型。虽然它和具体的 DBMS 无关,但是通过它能对纷繁复杂的信息进行归类和抽象分析，找出所需处理的事物的本质。这个阶段，就是数据库的概念设计。"

任务描述

经过对用户进行全面的调查与分析，项目小组编写出业务流程图、数据流程图和数据字典，并通过与用户多次沟通确认，完成了需求分析阶段的任务，开始进入数据库设计的概念设计阶段。

任务分析

将需求分析阶段收集到的信息进行综合、归纳与抽象，列举出实体、属性和码，确定实体间的联系，画出 E-R 图。

完成任务的具体步骤如下：
（1）确定实体；
（2）确定属性及码；
（3）确定实体间的联系；
（4）画出局部 E-R 图；
（5）画出全局 E-R 图。

知识导读

1.3.1　概念模型

概念模型是一种独立于计算机系统，用于信息世界的数据模型，是按照用户的观点对数据进行建模。它对实际的人、物、事和概念进行处理，抽取我们所关心的特性，并且将这些特性用各种概念准确地描述出来。概念模型是数据库设计人员和用户进行交流的工具，最常用的概念模型是实体联系模型，简称 E-R 模型。采用 E-R 模型来描述现实世界有两点优势：第一点优势，它接近于人的思维模式，很容易被人所理解；第二点优势，它独立于计算机，和具体的 DBMS 无关，用户更容易接受。

1. 实体联系模型涉及的主要概念
- 实体：客观存在并可以相互区别的事物被称为实体，如一名学生、一位教师、一门课程等。
- 属性：实体所具有的特性被称为实体的属性，如学号、姓名、出生日期等。
- 码：唯一确定实体的属性或属性组合被称为码，如课程编号是课程实体的码。
- 域：属性的取值范围被称为该属性的域，如性别的域为（男，女）。
- 实体集：具有相同属性的实体的集合被称为实体集，如所有教师就是一个实体集。
- 联系：事物内部及事物之间是有联系的，这些联系在概念模型中表现为实体内部的联系和实体之间的联系。实体内部的联系是指某一实体内部各个属性之间的关系，而实体之间的联系是指不同实体集之间的联系。

2. 实体之间的联系类型

实体之间的联系分为以下 3 类。

1）一对一的联系（1∶1）。

如果对于实体集 A 中的每一个实体，在实体集 B 中至多有一个实体与它有联系；反之亦成立，则表示实体集 A 与实体集 B 之间具有一对一的联系，用 1∶1 表示。

例如，一个系只能有一位系主任，而一位系主任只在一个系中任职，则系主任与系之间具有一对一的联系。

2）一对多的联系（1∶n）。

如果对于实体集 A 中的每一个实体，在实体集 B 中可能有多个实体与它有联系；反之，如果对于实体集 B 中的每一个实体，在实体集 A 中至多有一个实体与它有联系，则表示实体集 A 与实体集 B 之间具有一对多的联系，用 1∶n 表示。

例如，一个系有若干教师，而每位教师只能属于一个系，则系与教师之间具有一对多的联系。

3）多对多的联系（m∶n）。

如果对于实体集 A 中的每一个实体，在实体集 B 中可能有多个实体与它有联系，反之亦成立，则表示实体集 A 与实体集 B 之间具有多对多的联系，用 m∶n 表示。

例如，一门课程同时有多名学生选修，而一名学生可以同时选修多门课程，则课程与学生之间具有多对多的联系。

1.3.2 概念模型的表示方法

E-R 模型是直观描述概念模型的有力工具，它可以直接从现实世界中抽象出实体及实体间的联系。E-R 模型可用 E-R 图表示，具体方法如下。

1）实体集：用矩形表示，在矩形内写上实体名。

2）属性：用椭圆形表示，在椭圆形内写上属性名，并且用无向边将其与相应的实体集连接起来。

例如，班主任实体具有工号、姓名、性别、出生日期、班级编号、联系电话、家庭住址等属性，则班主任实体 E-R 图如图 1-14 所示。

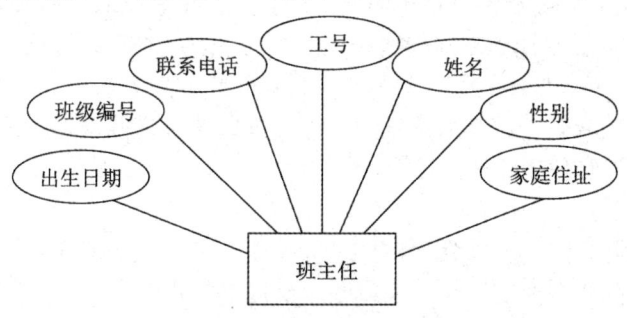

图 1-14 班主任实体 E-R 图

3）联系：用菱形表示，在菱形内写上联系名，用无向边将其与有关实体集连接起来，在无向边旁标出联系的类型。如果联系具有属性，则该属性仍用椭圆形表示，仍需用无向边将其与属性连接起来。

例如，班主任与班级之间的联系为一对一的联系，则班主任与班级联系 E-R 图如图 1-15 所示。

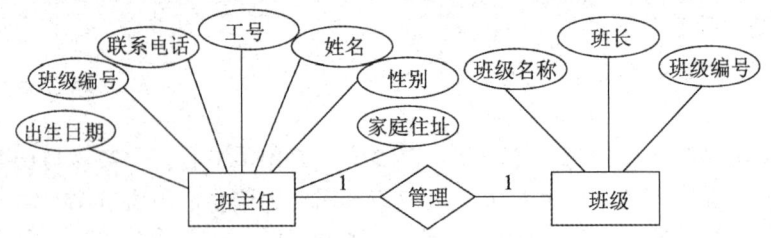

图 1-15 班主任与班级联系 E-R 图

1.3.3 E-R 模型的设计

1. 确定实体与属性

根据需求分析的结果,抽象出实体及实体的属性。在抽象实体及属性时要注意,实体和属性虽然没有本质区别,但要注意以下几点。

1)属性必须是不可分割的数据项,不能包含其他属性。

2)属性不能与其他实体具有联系。例如,系虽然可以作为班级的属性,但是该属性仍然含有系编号与系名称等属性,因此系也需要抽象为一个实体。

当实体和属性确定之后,需要确定实体的码。码可以是单个属性,也可以是几个属性的组合。

2. 确定实体间的联系及类型

依据需求分析的结果,确定任意两个实体之间是否有联系,以及联系的类型。例如,一门课程可以由多位教师讲授,而一位教师也可以讲授多门课程,课程与教师之间的联系为多对多的联系($m:n$)。

3. 画出局部 E-R 图

根据所确定的实体、属性及联系画出局部 E-R 图。

4. 画出全局 E-R 图

在局部 E-R 模型设计完成之后,下一步就是集成各局部 E-R 模型,形成全局 E-R 模型,即视图的集成。视图集成有以下两种方法。

1)一次集成法。将多个局部 E-R 图一次综合成一个系统的全局 E-R 图。

2)逐步集成法。以累加的方式每次集成两个局部 E-R 图,这样逐步集成一个系统的全局 E-R 图。

一次集成法比较复杂,做起来难度大;逐步集成法可降低复杂度。在实际应用中,可以根据系统复杂度选择使用哪种方法。

视图集成可分为两个步骤。

(1)合并。消除各局部 E-R 图之间的冲突,生成初步全局 E-R 图。

(2)优化。消除不必要的冗余,生成基本全局 E-R 图。

任务实施

1. 确定实体

通过调查分析,确定"学生成绩管理系统"的实体有学生、教师、课程。

2. 确定实体属性

1)学生实体主要包含学号、姓名、性别、出生日期、籍贯、民族、政治面貌、联系电话、家庭住址、班级名称、班主任、备注等属性。

2)课程实体主要包含课程编号、课程名称、课程类别、学时、学分、学期等属性。

3)教师实体主要包含教师编号、教师姓名、教师性别、职称、系名称等属性。

3. 确定实体中的码

1)在学生实体中,学号属性作为实体的码。

2)在课程实体中,课程编号属性作为实体的码。

3)在教师实体中,教师编号属性作为实体的码。

4. 确定实体之间的联系及类型

1)学生与课程有"选课"联系。一名学生可以选修多门课程,一门课程可以有多名学生选修,他们之间是 $m:n$ 的联系类型。

2)教师与课程有"任教"联系。一门课程可以由多位教师讲授,一位教师也可以讲授多门课程,他们之间是 $m:n$ 的联系类型。

5. 画出局部 E-R 图

根据确定的实体、属性和联系,画出局部 E-R 图。

1)学生实体与课程实体之间的 E-R 图,如图 1-16 所示。此处需要特别注意的是,"选修"联系也有自身的属性"成绩",除了实体有属性,有时联系也有属性。"成绩"属性不是学生实体或课程实体本身所具备的,而是由于学生选修了课程,才具备"成绩"属性,所以"成绩"属性是"选修"联系的属性。

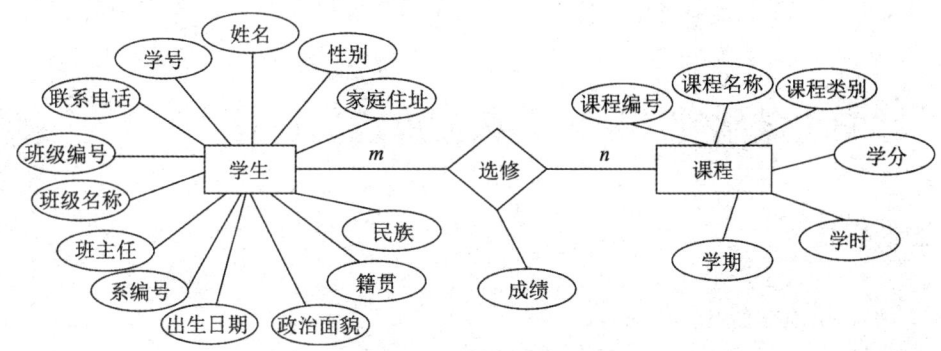

图 1-16 学生-课程 E-R 图

2)教师实体与课程实体之间的 E-R 图,如图 1-17 所示。

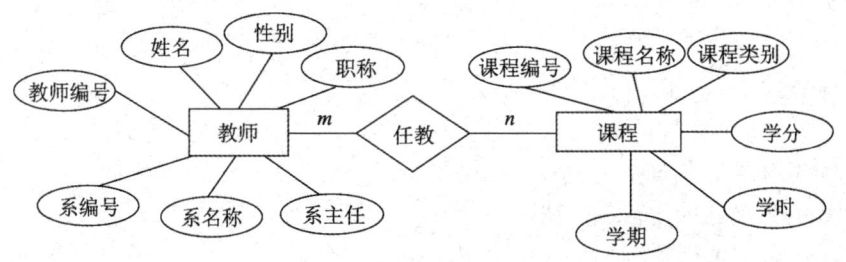

图 1-17 教师-课程 E-R 图

6. 画出全局 E-R 图

集成各局部 E-R 图,形成"学生成绩管理系统"全局 E-R 图,如图 1-18 所示。

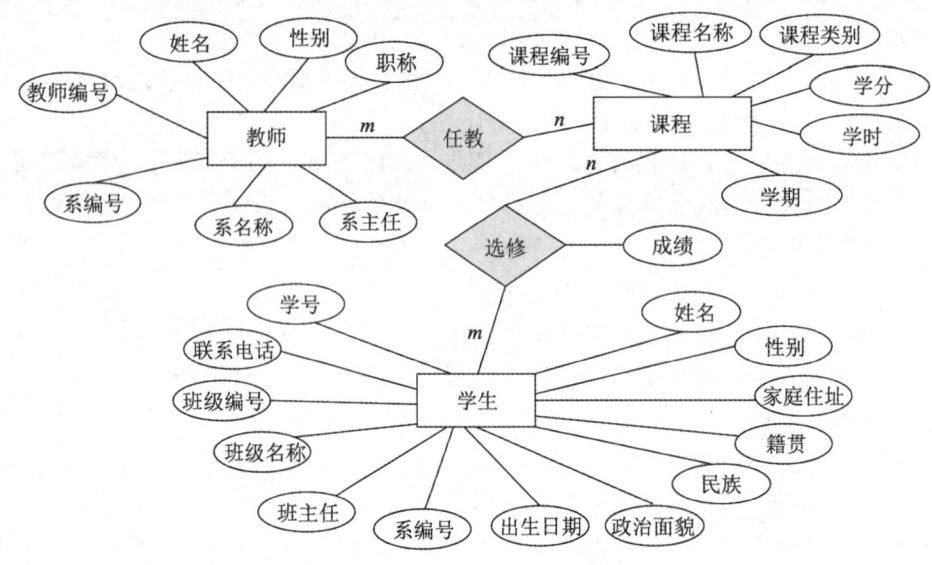

图 1-18 "学生成绩管理系统"全局 E-R 图

任务总结

概念结构设计阶段是一个关键性阶段,它决定着数据库设计的成败。在设计此阶段时要分清实体和属性,其最终的成果是全局 E-R 图,不同的设计人员画出的 E-R 图有可能不相同。在此阶段,最重要的事情便是要经常和用户进行沟通,确认需求信息的正确性和完整性,用户的积极参与是数据库设计成功的关键。

1.4 "学生成绩管理系统"数据库逻辑设计

微课视频

知识目标

- 理解关系模型的基本概念。
- 理解 E-R 图转换成关系模式的转换规则。
- 理解关键码的概念。
- 了解关系模式的规范化。

能力目标

- 会将 E-R 图转换成关系模式。
- 掌握关系模式的规范化方法。

任务情境

通过前面的学习,小 S 基本掌握了 E-R 图的画法,但他心中仍然有很多疑问,于是找到 K 老师询问:"我们得到了全局 E-R 图,表达了实体和实体间的联系,这些概念在数据世界中该如何表达?我们实际可以操作的数据库的结构是怎样的呢?"

K 老师:"其实,得到了 E-R 图后,数据库的设计工作就已经完成很大一部分了,因为可以通过一定的转化法则,将 E-R 图转换成关系模式,只要这些关系模式符合规范化的要求,那么数据库设计就是合理的。"

良好的数据库设计应该做到以下几点:
- 节省数据的存储空间;
- 能够保证不出现数据的插入异常、修改异常、删除异常等问题;
- 方便进行数据库应用系统的开发。

任务描述

项目小组根据"学生成绩管理系统"的数据库概念设计阶段得到的全局 E-R 图,设计出"学生成绩管理系统"的数据库逻辑结构。

任务分析

先将数据库概念设计阶段设计的全局 E-R 图转换成关系模式,然后对其进行规范化,得到最终的关系模式。

完成任务的具体步骤如下:
(1) 将全局 E-R 图转换成关系模式;
(2) 对关系模式进行规范化。

知识导读

1.4.1 关系模型的基本术语

为了创建用户所需要的数据库,需要将前面设计的概念模型转换成某个具体的 DBMS 支持的数据模型。数据模型通常可分为网状模型、层次模型和关系模型。目前数据库系统普遍采用的数据模型是关系模型,采用关系模型作为数据组织方式的数据库系统被称为关系数据库系统。

用二维表表示实体集,用关键码表示实体之间联系的数据模型被称为关系模型。例如,表 1-5 所示为一张学生信息二维表。

表 1-5 学生信息表

学 号	姓 名	性 别	出生日期	籍 贯
170101	王小勇	男	1998.10	江苏苏州
170102	黄浩	男	1998.7	江苏扬州
170103	吴兰芳	女	1999.5	江苏无锡
170104	张扬	男	1998.7	江苏镇江

现通过学生信息表来介绍关系模型的基本概念。
- 元组。表中除表头外的一行为一个元组，也被称为记录。
- 属性。表中的一列为一个属性（或字段），每个属性都有属性名（或字段名），即表中的列名，如学号、姓名。
- 关系。关系是属性数目相同的元组的集合，一个关系对应一个表。
- 码。表中的某个属性或属性组，它可以唯一确定一个元组，如学生表中的学号。
- 域。属性的取值范围，如性别的值为"男"或"女"。
- 分量。元组中的一个属性值，如学号"170101"。
- 关系模式。关系模式是对关系的描述，一般表示为：

关系名（属性名1，属性名2，……，属性名n）。

通常在对应属性名下面用下画线表示关系模式的码，举例如下：

学生（<u>学号</u>，姓名，性别，出生日期，系编号，班级编号）。

1.4.2 关系的定义和性质

我们可以用集合论的观点定义关系，即关系是属性数目相同的元组的集合。尽管关系与二维表、传统的数据文件有相似之处，但它们又有严格的区别——关系是一种规范化的二维表。在关系模型中，关系的规范性限制主要有以下几点。
- 关系中每一个属性都是不可分解的。
- 关系中不允许出现重复元组（不允许出现相同的元组）。
- 由于关系是一个集合，所以不考虑元组之间的顺序，即没有行序。
- 元组中的属性在理论上也是无序的，但在使用时按习惯考虑列的顺序。

例如，表1-6中的联系方式列不是基本数据项，因为它被分为两列，分别是住宅电话列和移动电话列，所以表1-6是非关系模型表。

表1-6 非关系模型表

教师编号	教师姓名	教师性别	系编号	联系方式	
				住宅电话	移动电话
001	王少林	男	01	76547890	12515466942
002	李渊	男	02	78657946	12569435678
003	张玉芳	女	01	71234567	12535689765
……	……	……	……	……	……

如果要将表1-6规范化为关系模型，那么可以将联系方式列去掉，分为住宅电话列和移动电话列，如表1-7所示，此二维表是关系模型表。

表1-7 关系模型表

教师编号	教师姓名	教师性别	系编号	住宅电话	移动电话
001	王少林	男	01	76547890	12515466942
002	李渊	男	02	78657946	12569435678
003	张玉芳	女	01	71234567	12535689765
……	……	……	……	……	……

1.4.3 关键码

关键码（Key，简称键）由一个或多个属性组成。在实际使用中，有下列几种键。
- 超键：超键在关系中能唯一标识元组的属性集。
- 候选键：不含有多余属性的超键被称为候选键。在候选键中，若再删除属性，则该键就不是超键了。
- 主键：用户选择作为元组标识的候选键被称为主键。一般若不加说明，键是指主键。

在表 1-5 中，（学号，姓名）是关系的一个超键，但不是候选键，而（学号）是候选键。在实际使用中，如果选择（学号）作为删除或查找元组的标志，那么称（学号）为主键。

- 外键：如果关系 R 中属性 K 是其他关系的主键，那么 K 在关系 R 中被称为外键。

例如，有学生关系模式（学号，姓名，性别，出生日期，籍贯），成绩关系模式（学号，课程编号，成绩），在这两个关系模式中，（学号）是学生关系模式的主键，则（学号）在成绩关系模式中就是该关系模式的外键。

1.4.4　E-R 模型到关系模型的转换

E-R 模型的主要表达方式是 E-R 图，关系模型是由若干关系模式构成的，因此，E-R 模型到关系模型的转换，实质就是将 E-R 图转换成对应的关系模式。

E-R 图中的主要成分是实体类型和联系类型，而其中的转换算法用于将实体类型、联系类型转化成关系模式。具体算法步骤如下。

步骤 1（实体类型的转换）：将每个实体类型转换成关系模式，实体的属性即关系模式的属性，实体的码即关系模式的键。

步骤 2（联系类型的转换）：根据不同的情况采取有针对性的方式进行处理。

步骤 2.1（二元联系类型的转换）：
- 若实体之间的联系是 1∶1，则需要在转换成的两个关系模式中，取任意一个关系模式的属性，加入另一个关系模式的键（作为外键）和联系类型的属性。
- 若实体之间的联系是 1∶n，则在 n 端实体类型转换成的关系模式中加入 1 端实体类型的键（作为外键）和联系类型的属性。
- 若实体之间的联系是 $m∶n$，则将联系类型也转换成关系模式，其属性为两端实体类型的键（作为外键）加上联系类型的属性，而键为两端实体键的组合。

步骤 2.2（一元联系类型的转换）：一元联系类型的转换和二元联系类型的转换（步骤 2.1）类似。

步骤 2.3（三元联系类型的转换）：
- 若实体之间的联系是 1∶1∶1，则在转换成的 3 个关系模式中的任意一个关系模式的属性中，加入另外两个关系模式的键（作为外键）和联系类型的属性。
- 若实体之间的联系是 1∶1∶n，则在 n 端实体类型转换成的关系模式中加入两个 1 端实体类型转换成的关系模式的键（作为外键）和联系类型的属性。
- 若实体之间的联系是 1∶$m∶n$，则将联系类型也转换成关系模式，其属性为 m 和 n 端实体类型转换成的关系模式的键（作为外键）加上联系类型的属性，而键为 m 端和 n 端实体键的组合。

- 若实体之间的联系是 $m:n:p$，则将联系类型也转换成关系模式，其属性为三端实体类型转换成的关系模式的键（作为外键）加上联系类型的属性，而键为三端实体键的组合。

1.4.5 关系模式的规范化

1. 关系模式的冗余和异常问题

在管理数据的过程中，数据冗余一直是影响系统性能的重要问题。数据冗余是指同一个数据在系统中多次重复出现。如果一个关系模式设计得不规范，就会造成数据冗余，进而出现各类数据异常和数据不一致等问题。例如，我们设计了一个学生关系，如表1-8所示。

表 1-8 学生关系

学 号	姓 名	性 别	出 生 日 期	籍 贯	系 名 称	系 主 任
170101	王小勇	男	1998.10	江苏苏州	计算机系	王朝国
170102	黄浩	男	1998.7	江苏扬州	计算机系	王朝国
170103	吴兰芳	女	1999.5	江苏无锡	计算机系	王朝国
170104	张扬	男	1998.7	江苏镇江	计算机系	王朝国
……	……	……	……	……	……	……

该关系设计得并不合理，存在以下问题。

- 数据冗余。关系中的系名称和系主任重复出现，重复次数与该系学生人数相同，将浪费大量的存储空间。
- 更新异常。当更换系主任后，必须修改与该系学生有关的每一个元组，如果漏改，则会出现数据不一致的问题。
- 插入异常。如果一个系刚成立，尚无学生，就无法将这个系及对应系主任的信息存入数据库。
- 删除异常。如果某个系的学生全部毕业了，那么在删除该系学生信息的同时，该系及对应系主任的信息也将丢失。

2. 关系模式规范化

为了解决上述问题，我们引入了范式的理论。范式是一种衡量关系模式的标准。如果能按照范式的规范，将原关系模式分解为符合范式规范的一系列关系模式，那么将会减少数据冗余现象的发生，进而避免出现各类数据异常。这个过程被称为关系模式的规范化。

范式的种类与数据依赖有着直接的联系，函数依赖的范式有 1NF、2NF、3NF 等。

1）第一范式（1NF）。

如果关系模式 R 的每个属性都是不可再分的基本数据项，那么称 R 满足第一范式（1NF）。简单地说，第一范式有以下特点。

- 关系模式中不能有重复的属性。
- 实体中的每个属性只能存储一个值，不能存储多个值。

满足 1NF 的关系模式被称为规范化的关系模式，否则被称为非规范化的关系模式。满足 1NF 是关系模式应具备的基本条件。

例如，在表 1-9 中，同一属性出现了多个值，不满足 1NF；在表 1-10 中，出现了重复的属性"课程编号1"和"课程编号2"，也不满足 1NF。

表 1-9　同一属性出现多个值的成绩表

学　号	课程编号	课程名称	成　绩
170101	001，003	高等数学，网页制作技术	70，80
170102	001，003	高等数学，网页制作技术	79，85
170103	001，003	高等数学，网页制作技术	82，90
170104	001，003	高等数学，网页制作技术	86，89

表 1-10　出现重复属性的成绩表

学　号	课程编号 1	课程名称 1	成绩 1	课程编号 2	课程名称 2	成绩 2
170101	001	高等数学	70	003	网页制作技术	80
170102	001	高等数学	79	003	网页制作技术	85
170103	001	高等数学	82	003	网页制作技术	90
170104	001	高等数学	86	003	网页制作技术	89

解决方法是合并重复的属性，并且使一个属性仅存储一个值，便可以使成绩表满足 1NF，如表 1-11 所示。

表 1-11　满足 1NF 的成绩表

学　号	课程编号	课程名称	成　绩
170101	001	高等数学	70
170102	001	高等数学	79
170103	001	高等数学	82
170104	001	高等数学	86
170101	003	网页制作技术	80
170102	003	网页制作技术	85
170103	003	网页制作技术	90
170104	003	网页制作技术	89

2）第二范式（2NF）。

如果关系模式 R 满足第一范式（1NF），并且每个非主属性完全函数依赖于候选键，那么称 R 满足第二范式（2NF）。

在关系模式中，若属性 A 是关系模式 R 的候选键，那么称 A 为 R 的主属性，否则称 A 为 R 的非主属性。

以上定义中所说的"完全函数依赖"是指不能仅依赖候选键中的部分属性，否则被称为部分函数依赖。如图 1-19 所示，非主属性 A 部分函数依赖于候选键。

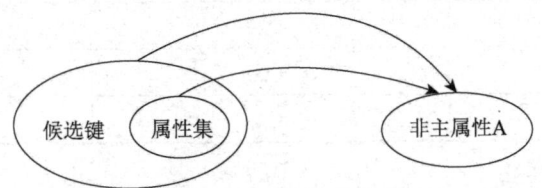

图 1-19　不满足 2NF 的部分函数依赖的示意图

例如，有关系模式 R（学号，课程编号，成绩，教师编号，教师职称），该关系模式的候选键为（学号，课程编号），各属性之间的函数依赖关系如下：（学号，课程编号）→（教师编号，教师职称）和（课程编号）→（教师编号，教师职称）。经观察可发现，"教师编号"属性和"教师职称"属性仅依赖于候选键中的一部分，即"课程编号"属性，在该关系模式中存在部分函数依赖，不满足 2NF，此时 R 关系就会出现冗余和异常现象。例如，某一门课程有 100 个学生选修，那么在 R 关系中就会存在 100 个元组，因此教师编号和教师职称就会重复 100 次。R 关系如表 1-12 所示。

表 1-12 R 关系

学 号	课 程 编 号	成 绩	教 师 编 号	教 师 职 称
S1	C1	90	T1	讲师
S2	C1	96	T1	讲师
S3	C1	80	T1	讲师
S1	C2	90	T2	副教授
S2	C2	89	T2	副教授
S3	C3	78	T1	讲师

为解决上述问题，我们要将该关系模式进行分解，以满足 2NF。具体分解的原则如下：将存在部分函数依赖关系的属性构成一个单独的关系模式；从原关系模式中删除部分函数依赖关系中右侧的属性，将剩余的属性构成另一个新的关系模式。例如，在上面的例子中，将存在部分函数依赖关系的 3 个属性构成新的关系模式 R1（课程编号，教师编号，教师职称），然后从原关系模式中删除"教师编号"属性和"教师职称"属性，将剩下的属性构成一个新的关系模式 R2（学号，课程编号，成绩），此时的 R1 和 R2 都满足 2NF。分解之后的 R1 关系和 R2 关系分别如表 1-13 和表 1-14 所示。

表 1-13 R1 关系

课 程 编 号	教 师 编 号	教 师 职 称
C1	T1	讲师
C2	T2	副教授
C3	T1	讲师

表 1-14 R2 关系

学 号	课 程 编 号	成 绩
S1	C1	90
S2	C1	96
S3	C1	80
S1	C2	90
S2	C2	89
S3	C3	78

3）第三范式（3NF）。

如果关系模式 R 满足第二范式（2NF），并且每个非主属性都不传递函数依赖于 R 的候选键，那么称 R 满足第三范式（3NF）。

"传递函数依赖"是指若有属性 X、Y、A，存在关系 X→Y 且 Y→A，则称 X→A 是传递函数依赖（A 传递函数依赖于 X）。

在前面的分析中，我们将原关系模式 R 分解为 R1 和 R2 两个关系模式，分别满足了 2NF，其中 R2 也满足 3NF，但是 R1（课程编号，教师编号，教师职称）却不满足 3NF。这是因为在 R1 中存在函数依赖关系，即课程编号→教师编号，教师编号→教师职称，由此可知课程编号→教师职称就属于传递函数依赖。此时 R1 关系中也会出现冗余和异常现象。例如，一位教师开设两门课程，那么关系中就会出现两个元组，教师职称就会重复出现两次，如表 1-13 所示。

解决上述问题的方法仍然是对关系模式 R1 进行分解，具体的分解方法如下：将教师编号→教师职称中的属性单独构成新的关系模式 R11（教师编号，教师职称），从原关系模式的属性中删除"教师职称"属性，将剩余的属性构成另一个新关系模式 R12（课程编号，教师编号），此时的 R11 和 R12 都满足 3NF。分解之后的 R11 关系和 R12 关系分别如表 1-15 和表 1-16 所示，通过主外键连接 R11 关系与 R12 关系，重新得到 R1 关系。

表 1-15 R11 关系

教师编号	教师职称
T1	讲师
T2	副教授

表 1-16 R12 关系

课程编号	教师编号
C1	T1
C2	T2
C3	T1

任务实施

1. 将 E-R 图转换成关系模式

将"学生成绩管理系统"全局 E-R 图转换成如下关系模式。

学生（<u>学号</u>，姓名，性别，出生日期，民族，籍贯，政治面貌，班级编号，班级名称，班主任，系编号，家庭住址，联系电话）。

课程（<u>课程编号</u>，课程名称，课程类别，学时，学分，学期）。

教师（<u>教师编号</u>，教师姓名，教师性别，职称，系编号，系名称，系主任）。

选修（<u>学号，课程编号</u>，成绩）。

任教（<u>教师编号，课程编号</u>）。

2. 对关系模式进行规范化

对得到的关系模式规范化，使其满足 3NF，以避免出现插入异常、更新异常、删除异常和冗余度高等问题。

1）对学生关系模式进行规范化。

经分析，学生关系模式满足 1NF 和 2NF，不满足 3NF。学生关系模式中的候选键是"学号"，"班级名称""班主任""系编号" 3 个属性通过"班级编号"属性传递函数依赖于候选键"学号"，所以此关系模式不满足 3NF。

解决方法是消除这种传递函数依赖关系。将"班级编号"属性、"班级名称"属性、"班主任"属性和"系编号"属性分离出来构成班级关系模式，从原关系模式的属性中删除"班级名称"属性、"班主任"属性和"系编号"属性，将剩余的属性构成一个新的关系模式，从而将学生关系模式分解为两个关系模式，即学生关系模式和班级关系模式，如图 1-20 所示。

```
         学生（学号，姓名，性别，出生日期，民族，籍贯，政治面
              貌，班级编号，班级名称，班主任，系编号，家庭住址，联
              系电话）
                    │
        ┌───────────┴───────────┐
学生（学号，姓名，性别，出生日期，民族，籍贯，     班级（班级编号，班级名称，班主任，系编号）
    政治面貌，家庭住址，联系电话，班级编号）
```

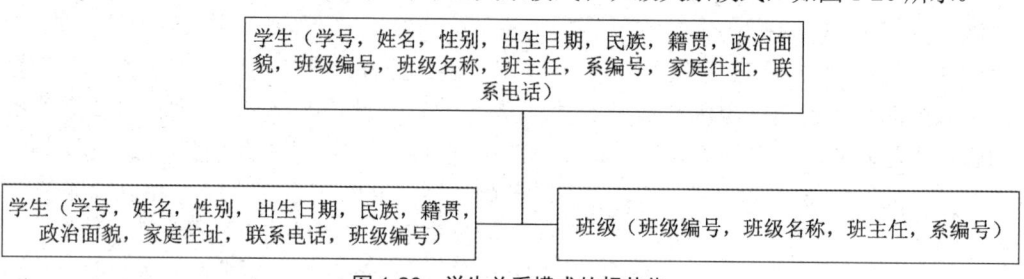

图 1-20 学生关系模式的规范化

2）对教师关系模式进行规范化。

经分析，教师关系模式满足 1NF 和 2NF，不满足 3NF。教师关系模式中的候选键是"教师编号"，"系名称"属性通过"系编号"属性传递函数依赖于候选键"教师编号"，所以此关系模式不满足 3NF。

解决方法是消除这种传递函数依赖关系。将"系编号"属性、"系名称"属性、"系主任"属性分离出来构成系关系模式，从原关系模式的属性中删除"系名称"属性、"系主任"属性，将剩余的属性构成一个新的关系模式，从而将教师关系模式分解为两个关系模式，即教师关系模式和系关系模式，如图 1-21 所示。

```
         教师（教师编号，教师姓名，教师性别，职称，系编号，系名称，系主任）
                    │
        ┌───────────┴───────────┐
教师（教师编号，教师姓名，教师性别，职称，系编号）   系（系编号，系名称，系主任）
```

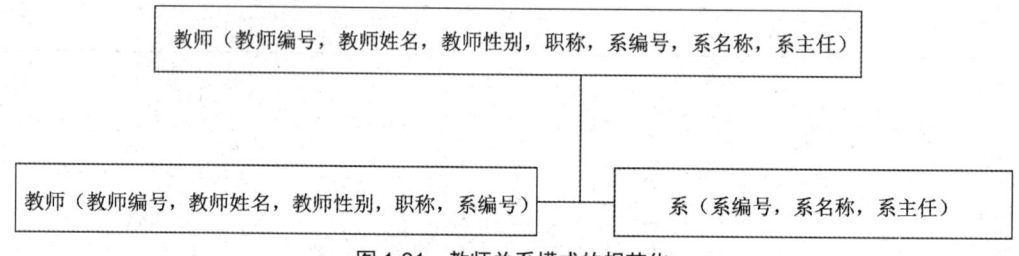

图 1-21 教师关系模式的规范化

再分析其他关系模式，可以发现它们均已满足 3NF，最终确定规范化后的关系模式为以下 7 个关系模式。

班级（<u>班级编号</u>，班级名称，班主任，系编号）。

学生（<u>学号</u>，姓名，性别，出生日期，民族，籍贯，政治面貌，家庭住址，联系电话，班级编号）。

系（<u>系编号</u>，系名称，系主任）。

教师（<u>教师编号</u>，教师姓名，教师性别，职称，系编号）。

课程（<u>课程编号</u>，课程名称，课程类别，学时，学分，学期）。

选修（<u>学号，课程编号</u>，成绩）。

任教（<u>教师编号，课程编号</u>）。

任务总结

在数据库的逻辑设计阶段,将概念设计阶段的 E-R 图转换成关系模式。为了防止在以后的数据库操作中出现异常情况,在将 E-R 图转换成关系模式后,必须对关系模式进行规范化,使各个关系模式满足 3NF。

注意,并不是规范化程度越高,系统性能就越好,因为较高的规范化程度未必能很好地保持原有的函数依赖关系,反而可能丢失语义信息。一般将关系模式规范化到满足 3NF 即可。

1.5 "学生成绩管理系统"数据库物理设计

知识目标

- 理解物理设计的任务。
- 初步认识 MySQL。
- 掌握 MySQL 系统数据类型。

能力目标

- 能够依据 DBMS 的规范设计合理的数据表结构。

任务情境

- 小 S 想使用 MySQL 作为数据库管理系统管理自己的数据库,他想了解 MySQL 的相关知识,于是向 K 老师请教。
- K 老师:"完成最后一步物理设计,整个数据库的设计就大功告成了。这一步中的很多工作都会由 DBMS 帮助我们完成。如果你选择使用 MySQL 作为数据库管理系统,那么要将前面的关系模式转换成数据表结构,再依据 MySQL 的规则,确定字段名称、数据类型等。"

任务描述

项目小组根据逻辑设计阶段得到的关系模式,选择 MySQL 作为 DBMS,设计"学生成绩管理系统"数据库的物理结构。

任务分析

在物理设计阶段,需要为逻辑设计阶段的关系模型建立一个完整的且能实现的数据库结构,包括存储结构和存取方法等。物理设计阶段的大部分工作由 DBMS 完成,而需要我们做的事情主要包括确定数据库文件的长度和数据类型等,将数据库逻辑设计阶段的关系模式转化为 MySQL 支持的实际数据模型——数据表对象,并且确定数据库中各数据表之间的关系。

知识导读

1.5.1 MySQL 简介

MySQL 是一个关系型数据库管理系统,由瑞典 MySQL AB 公司开发,目前是 Oracle 公司旗下的产品。MySQL 是一个真正多用户、多线程的结构化查询语言(SQL)数据库服务器,它所使用的 SQL 是用于访问数据库的最常用的标准化语言。MySQL 运行速度快、执行效率高、稳定性高、操作简单、非常易于使用,是目前最流行的数据库管理系统应用软件之一。

MySQL 采用了双授权模式,分为社区版和商业版,由于 MySQL 拥有体积小、速度快、总体拥有成本低、开放源码等特点,MySQL 已成为开发中小型网站首选的数据库管理系统。此外,社区版的 MySQL 性能十分卓越,搭配 PHP、Linux 和 Apache 可组成良好的 Web 开发环境。

1.5.2 MySQL 系统数据类型

为了能够便于管理和使用数据,需要对数据进行分类,确定不同的数据类型。在确定了数据类型之后,系统才会在磁盘中开辟相应的空间,进行存储。

MySQL 的数据类型主要分为数值类型、字符串类型、日期时间型,以及其他数据类型,下面分别进行说明。

一、数值类型

数值类型用于存放需要进行计算的数据,如数量、金额、单价、成绩等。根据存储数据的需要,数值类型分为整型、浮点型和定点型。

1. 整型

根据占用字节数的不同,整型分为 tinyint、smallint、mediumint、int 和 bigint,如表 1-17 所示。

表 1-17 整型

数据类型	占用字节数	取值范围	
		有符号类型	无符号类型
tinyint	1	$-128\sim127$($-2^7\sim2^7-1$)	$0\sim255$($0\sim2^8-1$)
smallint	2	$-32768\sim32767$($-2^{15}\sim2^{15}-1$)	$0\sim65535$($0\sim2^{16}-1$)
mediumint	3	$-8388608\sim8388607$($-2^{23}\sim2^{23}-1$)	$0\sim16777215$($0\sim2^{24}-1$)
int	4	$-2147483648\sim2147483647$($-2^{31}\sim2^{31}-1$)	$0\sim4294967295$($0\sim2^{32}-1$)
bigint	8	$-9223372036854775808\sim9223372036854775807$($-2^{63}\sim2^{63}-1$)	$0\sim18446744073709551615$($0\sim2^{64}-1$)

2. 浮点型

当对数据的存储精度要求不高时，我们可以使用浮点型。浮点型又分为单精度类型和双精度类型，如表 1-18 所示。

表 1-18 浮点型

数据类型	占用字节数	取 值 范 围	说　　明
float	4	-3.402823466E+38～-1.175494351E-38 0 1.175494351E-38～3.402823466E+38	单精度类型只能保证6位有效数字的准确性
double	8	-1.7976931348623157E+308～-2.2250738585072014E-308 0 2.2250738585072014E-308～1.7976931348623157E+308	双精度类型只能保证16位有效数字的准确性

声明浮点型时，可以为它指定一个显示宽度指示器和一个小数点指示器。例如，float(7, 2)表示显示的值不会超过 7 位数字，小数点后面带有 2 位数字，举例说明，数字 3.1415，按照此格式，进行四舍五入，最终显示为 3.14。

在向 float 类型中存入数据时，小数部分不受上述宽度的限制，超出时，系统进行四舍五入后存入；而整数部分，若超出限制，则会报错。例如，在 float(7, 2)中存入 123.123，则系统将其记录为 123.12，但若存入 123456.123，则会报错。

3. 定点型

定点型可用于表示精确的数字，常用的数据类型有 decimal 和 numeric，如表 1-19 所示。

表 1-19 定点型

数据类型	占用字节数	说　　明
decimal(m,d) numeric(m,d)	m+2	由 m（整个数字的长度，包括小数点左边的位数、小数点右边的位数，但不包括小数点和负号）和 d（小数点右边的位数）来决定。m 默认为 10，d 默认为 0

若表中某个字段被定义为 decimal 类型，不带参数，则等同于 decimal(10,0)；当带一个参数时，d 取默认值。

实际上，定点型是通过存储字符串来实现的。在长度一定的情况下，浮点型表示的数据范围更大，但误差却比定点型大。

二、字符串类型

字符串类型可以用来存储任何一种值，所以它是最基本的数据类型之一。MySQL 支持以单引号或双引号包含的字符串，例如，"MySQL"与'MySQL'表示的是同一个字符串。字符串类型及其取值范围如表 1-20 所示。

表 1-20 字符串类型及其取值范围

数 据 类 型	所占字节数	说　　明	最多存放字符个数（长度字节）
char(n)	n	定长字符串	255（1）
varchar(n)	实际字符个数	变长字符串	65535（2）
tinytext	实际字符个数	微小文本串	255（1）
text	实际字符个数	小文本串	65535（2）

续表

数 据 类 型	所占字节数	说　明	最多存放字符个数（长度字节）
mediumtext	实际字符个数	中等文本串	16777215（3）
longtext	实际字符个数	大文本串	4294967295（4）

说明：

- char(*n*)或 varchar(*n*)表示可以存储 *n* 个字符（*n* 个中文字符或 *n* 个英文字符）。所以，当插入中文时（UTF-8）意味着可以插入 *n* 个中文，但是实际会占用 3*n* 字节。
- char 是定长的字符串，不管其中实际存储的值是多少，它都会占用 *n* 个字符的空间；而 varchar 是变长的字符串，实际占用空间=实际字符应占用的空间+1。在使用 char 和 varchar 类型时，当传入值的长度大于指定长度时，字符串会被截取至指定长度。
- 在使用 char 类型时，如果传入值的长度小于指定长度，实际长度会使用空格填补至指定长度；而在使用 varchar 类型时，如果传入值的长度小于指定长度，实际长度即为传入字符串的长度，不会使用空格填补。
- char 类型要比 varchar 类型效率更高，但占用空间较大。

三、日期时间类型

日期时间类型用于存放日期或时间。MySQL 中常见的日期时间类型如表 1-21 所示。

表 1-21　日期时间类型

数 据 类 型	所占字节数	说　明
year	1	存储年份值，其格式是 YYYY，如'2018'
date	3	存储时间值，其格式是 YYYY-MM-DD，如'2018-12-2'
time	3	存储日期值，其格式是 HH:MM:SS，如'12:25:36'
datetime	8	存储日期时间值，其格式是 YYYY-MM-DD HH:MM:SS，如'2018-12-2 22:06:44'
timestamp	4	显示格式与 datetime 相同，显示宽度固定为 19 个字符，即 YYYY-MM-DD HH:MM:SS，但其取值范围小于 datetime 的取值范围

若定义一个字段为 timestamp 类型，该字段里的时间数据会随其他字段的修改而自动刷新，因此这种数据类型的字段可以自动存储该记录的最后修改时间。

四、其他数据类型

1. 枚举类型

在枚举类型中，指定数据只能取设定范围内的值，其语法格式如下：

```
enum(值1，值2，值3……)
```

例如，sex enum('男','女')。这里将性别设置为枚举类型。若设定该字段的值，则可以从这两个值中进行选择。通常情况下，enum 类型的取值只能在指定枚举列表中取一个值。如果列声明中包含 NULL 属性，则 NULL 会被视为一个有效值，并且是默认值。如果列声明为 NOT NULL，则列表的第一个成员为默认值。

在 MySQL 中存储枚举值时，并不是直接将值记入数据表中，而是记录值的索引，值的索引是从 1 开始顺序生成的，枚举类型最多为 65536 个元素。

2. 集合类型

集合类型和枚举类型相似，指定数据同样只能取设定范围内的值，区别是集合类型可以取不止一个值，其语法格式如下：

```
set(值1,值2,值3……)
```

例如，season set('春', '夏', '秋', '冬')，这里设置季节字段为集合类型。set 字段最多可以有 64 个成员。

任务实施

根据 MySQL 的规则，将逻辑设计阶段的关系模式转换成 MySQL 数据表结构的形式，设计出数据表中的字段及其对应的字段名、数据类型、长度、是否允许为空值，以及一些存储规则等。在为字段选择数据类型时，要依据数据的存储需要，以及 MySQL 提供的各类数据类型的特点，选择合适的数据类型。设计出的数据表结构如表 1-22~表 1-28 所示。

表 1-22 Student 表结构

字 段 名 称	别　　名	数 据 类 型	长　度	是否允许为空值	说　　明
s_id	学号	char	10	否	主键，2 位入学年份+2 位系编号+4 位班级序号+2 位个人序号
s_name	姓名	char	10	否	
s_sex	性别	char	2	是	取值为"男"或"女"，默认为"女"
born_date	出生日期	date		是	
nation	民族	char	10	是	默认为"汉"
place	籍贯	char	16	是	
politic	政治面貌	char	10	是	默认为"团员"
tel	联系电话	char	20	是	
address	家庭住址	varchar	40	是	
class_id	班级编号	char	8	否	外键
remark	备注	varchar	100	是	

表 1-23 Class 表结构

字 段 名 称	别　　名	数 据 类 型	长　度	是否允许为空值	说　　明
class_id	班级编号	char	8	否	主键，2 位入学年份+2 位系编号+4 位班级序号
class_name	班级名称	varchar	30	否	不能有重复值
tutor	班主任	char	10	是	
dept_id	系编号	char	2	否	外键

表 1-24　Dept 表结构

字段名称	别名	数据类型	长度	是否允许为空值	说明
dept_id	系编号	char	2	否	主键
dept_name	系名称	varchar	30	否	不能有重复值
dept_head	系主任	char	10	是	

表 1-25　Course 表结构

字段名称	别名	数据类型	长度	是否允许为空值	说明
c_id	课程编号	char	6	否	主键，2 位学年+2 位系编号+2 位课程序号
c_name	课程名称	char	20	否	
c_type	课程类别	char	10	是	
c_period	学时	int		是	非负数
credit	学分	int		是	非负数
semester	学期	char	11	否	

表 1-26　Score 表结构

字段名称	别名	数据类型	长度	是否允许为空值	说明
s_id	学号	char	10	否	主键、外键
c_id	课程编号	char	6	否	主键、外键
grade	成绩	int		是	取值范围为 0~100 分
remark	成绩备注	varchar	40	是	

表 1-27　Teacher 表结构

字段名称	别名	数据类型	长度	是否允许为空值	说明
t_id	教师编号	char	4	否	主键，2 位系编号+2 位教师序号
t_name	教师姓名	char	10	否	
t_sex	教师性别	char	2	是	取值为"男"或"女"
title	职称	char	10	是	
dept_id	系编号	char	2	是	外键

表 1-28　Teach 表结构

字段名称	别名	数据类型	长度	是否允许为空值	说明
t_id	教师编号	char	4	否	主键、外键
c_id	课程编号	char	6	否	主键、外键

任务总结

数据库物理设计的任务是为给定的逻辑数据模型选择一个合适的数据库管理系统，具体目标是根据数据的存储结构选择合理的存储路径，以提高数据库访问速度并有效利用存储空间。

知识巩固 1

一、选择题

1. 数据库管理系统的英文缩写是（   ）。
   A. DBMS   B. DBS   C. DBA   D. DB
2. 数据库系统的核心是（   ）。
   A. 数据库   B. 数据库管理系统   C. 数据模型   D. 软件工具
3. 数据库系统是采用了数据库技术的计算机系统，数据库系统由数据库、数据库管理系统、应用系统和（   ）组成。
   A. 系统分析员   B. 程序员   C. 数据库管理员 D. 操作员
4. 数据库（DB）、数据库系统（DBS）和数据库管理系统（DBMS）之间的关系是（   ）。
   A. DBS 包括 DB 和 DBMS   B. DBMS 包括 DB 和 DBS
   C. DB 包括 DBS 和 DBMS   D. DBS 就是 DB，也就是 DBMS
5. 在概念模型中，客观存在并可以相互区别的事物被称为（   ）。
   A. 实体   B. 元组   C. 属性   D. 节点
6. 公司中有多个部门和多名职员，每名职员只能属于一个部门，一个部门可以有多名职员，部门和职员的联系类型是（   ）。
   A. 多对多   B. 一对一   C. 多对一   D. 一对多
7. 概念设计是整个数据库设计的关键，它通过对用户需求进行综合、归纳与抽象，形成一个独立于具体 DBMS 的（   ）。
   A. 数据模型   B. 概念模型   C. 层次模型   D. 关系模型
8. 在概念设计阶段，表示概念结构的常用方法和描述工具是（   ）。
   A. 层次分析法和层次结构图   B. 数据流程分析法和数据流程图
   C. 实体-联系方法（E-R 图）   D. 结构分析法和模块结构图
9. 下列选项中，不是关系数据库基本特征的是（   ）。
   A. 不同的列应有不同的数据类型 B. 不同的列应有不同的列名
   C. 与行的次序无关   D. 与列的次序无关
10. 在关系数据库设计中，对关系模式进行规范化处理，使关系模式满足一定的范式，这是（   ）的任务。
    A. 需求分析阶段   B. 概念设计阶段
    C. 物理设计阶段   D. 逻辑设计阶段
11. 在数据库设计中，对关系模式进行规范化处理时，一般规范化到满足（   ）就足够了。
    A. 第一范式   B. 第二范式   C. 第三范式   D. 第四范式
12. 在进行数据库设计时，设计者应当按照数据库的设计范式进行数据库设计，下列关于三大范式说法中，错误的是（   ）。
    A. 第一范式的目标是确保每列的原子性

  B. 第三范式在第二范式的基础上，确保表中的每行都和主键相关

  C. 第二范式在第一范式的基础上，确保表中的每列都和主键相关

  D. 第三范式在第二范式的基础上，确保表中的每列都和主键直接相关，而不是间接相关

13. 下列关于主键描述中，正确的是（   ）。

  A. 包含一列   B. 包含两列

  C. 包含一列或多列   D. 以上都不正确

14. 一个关系候选键可以有 1 个或多个，而主键有（   ）。

  A. 多个   B. 0 个   C. 1 个   D. 1 个或多个

15. 假设在一个关系中存在某个属性，如果该属性不是这个关系的主键，却是另一个关系的主键，则称该属性为这个关系的（   ）。

  A. 候选键   B. 主键   C. 外键   D. 连接键

16. 现有关系模式：学生（学号，姓名，课程编号，系编号，系名称，成绩），为消除数据冗余，至少需要分解为（   ）。

  A. 1 个关系模式   B. 2 个关系模式   C. 3 个关系模式   D. 4 个关系模式

17. 将 E-R 图转换成关系模式时，如果实体间的联系是 $m:n$，下列说法中，正确的是（   ）。

  A. 将 n 方键和联系的属性纳入 m 方的属性中

  B. 将 m 方键和联系的属性纳入 n 方的属性中

  C. 增加一个关系表示联系，其中纳入 m 方和 n 方的键

  D. 在 m 方属性和 n 方属性中均增加一个表示级别的属性

18. 数据库设计的三个阶段不包括（   ）。

  A. 概念结构设计   B. 逻辑结构设计   C. 物理结构设计   D. E-R 图设计

19. 关系数据规范化是为解决关系数据中（   ）问题而引入的。

  A. 插入、删除和数据冗余   B. 减少数据操作的复杂性

  C. 保证数据的安全性和完整性   D. 提高查询速度

20. 关于数据库的设计范式，下列说法中，错误的是（   ）。

  A. 数据库的设计范式有助于规范化数据库的设计

  B. 数据库的设计范式有助于减少数据冗余

  C. 设计数据库，在对关系模式进行规范化处理时，一般规范化到满足 3NF 即可

  D. 设计数据库时，关系模式满足的范式级别越高，系统性能就越好

二、填空题

1. ＿＿＿＿＿是数据库系统的核心，它负责数据库的配置、存取、管理和维护等工作。

2. 数据库是指长期存储于计算机内、有组织的、可共享的相关＿＿＿＿＿的集合。

3. ＿＿＿＿＿是目前最常用也是最重要的一种数据模型。采用该模型作为数据组织方式的数据库系统被称为＿＿＿＿＿。

4. 在数据库运行阶段，对数据库经常性的维护工作主要是由＿＿＿＿＿完成的。

5. 在关系数据模型中，二维表的列被称为＿＿＿＿＿，二维表的行被称为＿＿＿＿＿。

6. 用户可以在表中选一个候选键为＿＿＿＿＿，其属性值不能为＿＿＿＿＿。

7. 已知系（系编号，系名称，系主任，联系电话，地点）和学生（学号，姓名，性别，入学日期，专业，系编号）共两个关系模式，系关系模式的主键是＿＿＿＿＿，学生关系模

式的主键是_____，学生关系模式的外键是_____。

8. 实体之间的联系有_____、_____、_____。
9. E-R 模型是对现实世界的一种抽象，它的主要成分是_____、属性和_____。
10. _____是数据库中存储数据的基本单位。
11. 域是实体中相应属性的_____，性别属性的域包含两个值，即_____和_____。
12. 在一个关系中不允许出现重复的_____，也不允许出现具有相同名字的_____。
13. 主键是一种_____键，主键中的_____个数没有限制。
14. 若一个关系模式为 R（学号，姓名，性别，年龄），则_____可以作为该关系的主键，姓名、性别和年龄为该关系的_____属性。
15. 将一个多对多联系转换成一个关系模式，则该关系模式的码为_____。

三、简答题

1. 什么是数据库管理系统，它的主要功能是什么？
2. 数据库设计分为哪几个阶段，各阶段的主要任务分别是什么？
3. 什么是关系，其主要特点是什么？
4. E-R 模型转化为关系模型应遵循的原则是什么？

工作任务二　MySQL 数据库的创建与管理

2.1 "学生成绩管理系统"数据库创建和管理

📖 知识目标

- 初步认识 MySQL 数据库及其对象。
- 掌握创建"学生成绩管理系统"数据库的方法。

📖 能力目标

- 使用 Navicat 图形化工具创建和管理数据库。
- 使用 SQL 语句创建和管理数据库。

📖 任务情境

小 S 选择了 MySQL 作为数据库搭建的环境,接下来他准备根据在物理设计阶段得到的数据表结构创建数据表,可是小 S 不知从何下手,于是他去请教 K 老师。

小 S:"我已经将 MySQL 和 Navicat 图形化工具安装好了,下面是不是可以创建数据表啦?"

K 老师:"数据表是数据库的一个对象,数据表必须建立在某个数据库上,因此创建数据库是创建数据表的前提。"

小 S:"好的,我这就学习如何创建数据库。"

K 老师:"MySQL 提供了两种创建数据库的方式,你可以进行深入学习。"

📖 任务描述

凌阳科技公司在和新华职业技术学院相关人员交流后,得知学院有在校生 5000 人,共有 5 系 1 部,30 个专业,120 个班级,平均每个班开设 28 门课程。现在要求使用 MySQL 创建"学生成绩管理系统"数据库,并对该数据库进行修改,具体要求如下。

1. 创建 student 数据库。
2. 修改数据库默认字符集为"utf8mb4",排序规则为"utf8mb4_general_ci"。
3. 查看 student 数据库。

任务分析

创建数据库有两种方法：使用 Navicat 图形化工具创建数据库，以及使用 SQL 语句创建数据库。数据库创建后，可根据具体情况对数据库进行修改。

完成任务的具体步骤如下。

1. 使用 Navicat 图形化工具创建数据库。
2. 使用 SQL 语句创建数据库。
3. 使用 SQL 语句删除数据库。
4. 使用 SQL 语句修改数据库。
5. 查看 student 数据库。

知识导读

2.1.1 数据库概述

1. MySQL 数据库文件

数据库以文件的形式存储在数据库服务器中，每个数据库都有唯一的数据库文件名作为与其他数据库区别的标识。

数据库是用于存放数据和数据库对象的容器。数据库对象包括表、索引、存储过程、视图、触发器、用户等。表是数据库最基本的数据对象，用于存放数据库中的数据，一个数据库包含多个数据表。

MySQL 数据库中的各种数据以文件的形式保存在系统中，每个数据库的文件保存在以数据库命名的文件夹中。

MySQL 配置文件（my.ini）中的 datadir 参数指定了数据库文件的存储位置。

2. MySQL 数据库分类

MySQL 中的数据库包括两类：一类是系统数据库，另一类是用户数据库。在安装 MySQL 时，系统会自动创建 information_schema、mysql、performance_schema、sys 四个系统数据库，用于存储系统的重要信息，并和 MySQL 数据库管理系统共同完成管理操作。用户数据库是在用户安装 MySQL 后创建的，专门用于存储和管理用户的特定业务信息。

下面简单介绍 MySQL 提供的系统数据库。

（1）information_schema 数据库

information_schema 数据库保存了 MySQL 服务器所有数据库的信息，如数据库名、数据库的表、访问权限、表的数据类型以及数据库索引等信息。

（2）mysql 数据库

mysql 数据库是 MySQL 的核心数据库，主要负责存储 MySQL 的系统信息和管理信息，包括用户账户和权限、数据库对象等。

（3）performance_schema 数据库

performance_schema 数据库主要用于记录数据库服务器的性能参数，提供系统变量、状态变量和状态数据表，可用于监控服务器的资源消耗、资源等待等情况。

（4）sys 数据库

sys 数据库通过视图的形式将 information_schema 和 performance_schema 结合起来，提供易于理解的数据视图和存储过程，该设计旨在降低 performance_schema 的复杂度，便于数据库管理员更好地阅读库所包含的内容，更快捷的了解数据库的运行情况。

2.1.2 使用 Navicat 图形化工具创建数据库

用户连接到 MySQL 服务器后，可以通过使用 Navicat 图形化工具创建数据库或者使用 CREATE DATABASE 语句创建数据库。

【例 2-1】使用 Navicat 图形化工具创建名为 student 的数据库。

具体步骤如下。

（1）启动 Navicat Premium，在控制台左侧双击所创建的连接对象"LY"，即可查看数据库列表。如图 2-1 所示。

（2）鼠标右击"LY"选项，在弹出的快捷菜单中选择"新建数据库"选项，打开"新建数据库"对话框，如图 2-2 所示。

（3）在打开的"新建数据库"对话框中输入数据库名，选择字符集和对应的排序规则，单击"确定"按钮完成数据库的创建，如图 2-3 所示。

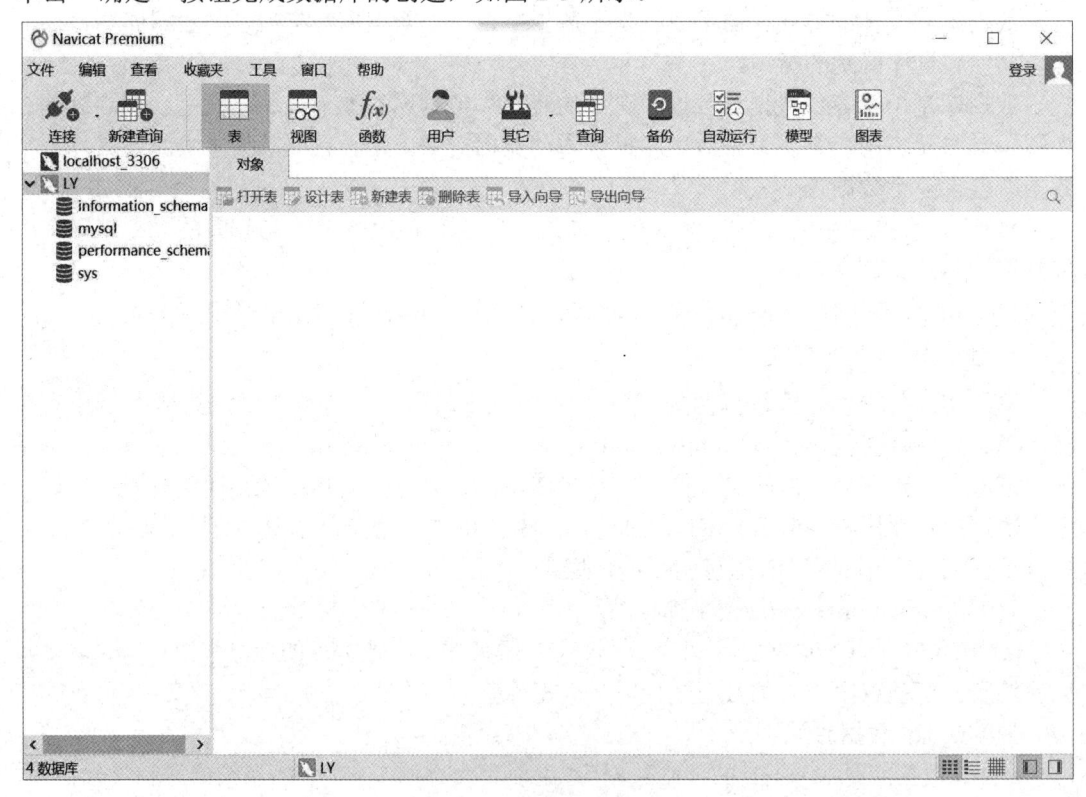

图 2-1 查看数据库列表

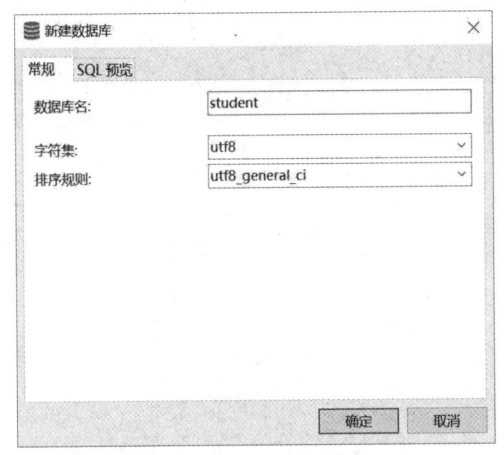

图 2-2 "新建数据库"对话框

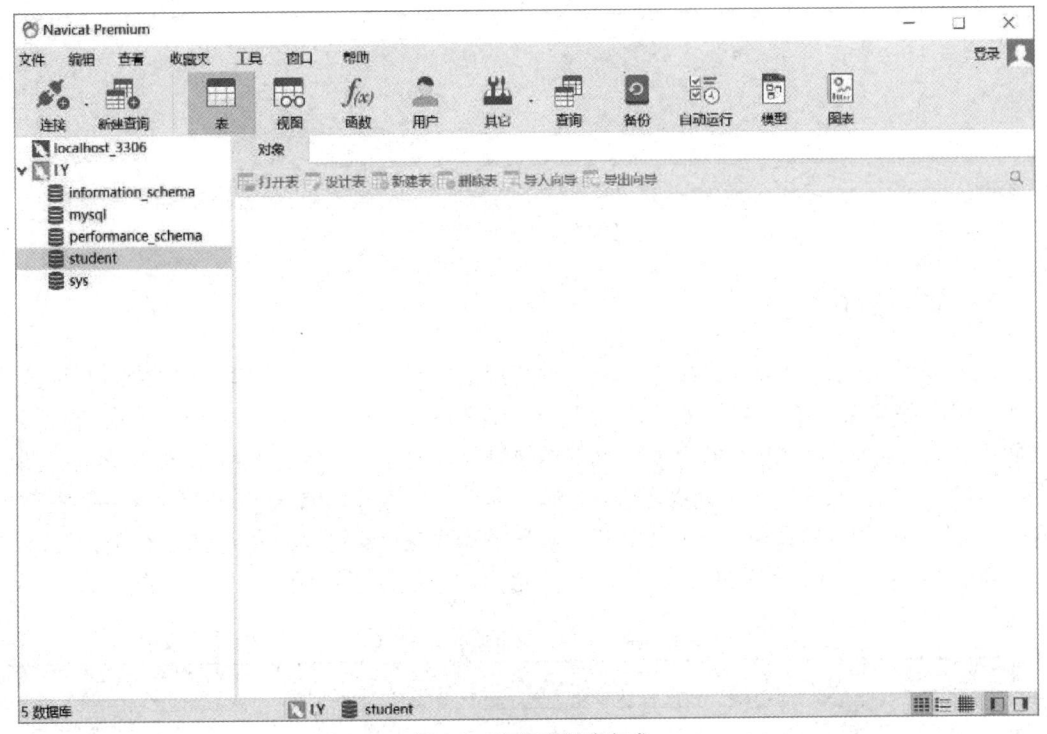

图 2-3 数据库创建完成

（4）双击"student"数据库，或者鼠标右击"LY"列表下的"student"选项，在弹出的快捷菜单中选择"打开数据库"选项，即可打开数据库，并将"student"数据库设为当前默认的数据库。如图 2-4 所示。

（5）鼠标右击数据库列表中的"student"选项，在弹出的快捷菜单中选择"编辑数据库"选项，打开"编辑数据库"对话框。可以修改"字符集"和"排序规则"，然后单击"确定"按钮（数据库名无法修改）。

（6）鼠标右击数据库列表中的"student"选项，在弹出的快捷菜单中选择"删除数据库"选项，在弹出的"确定删除"提示对话框中，单击"删除"按钮，即可完成"student"数据库的删除。

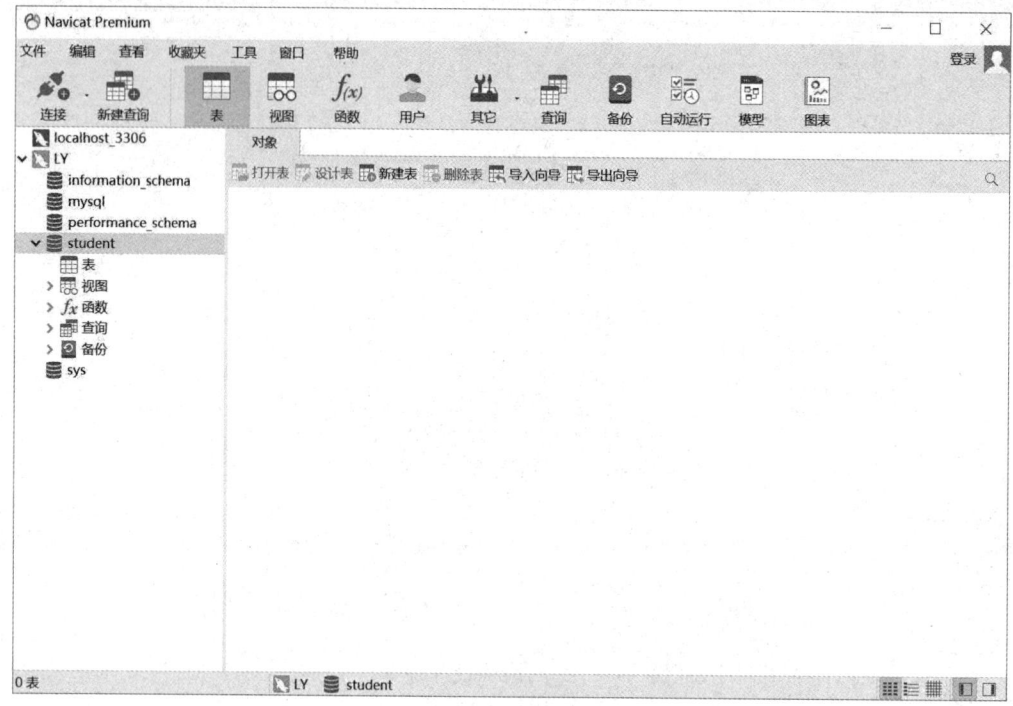

图 2-4　打开数据库

2.1.3　SQL 简介

SQL 是结构化查询语言的简称，是一种高级的非过程化编程语言。一般采用两种方法实现应用程序与 MySQL 数据库的交互：一种是在应用程序中使用操作记录的命令语句，然后将这些语句发送给 MySQL 并对返回的结果进行处理；另一种是在 MySQL 中定义存储过程，其中包含对数据库的一系列操作。这些操作是分析和编译后的 SQL 程序，被保存在数据库中，可以被应用程序调用，并允许数据以参数的形式在存储过程与应用程序之间传递。

在表 2-1 中，列出了 SQL 参考的语法约定，并且进行了说明。

表 2-1　SQL 参考的语法约定

约　　定	说　　明
大写	SQL 关键字
小写	用户提供的 SQL 语法的参数
|（竖线）	分隔语法项，只能使用其中一项
[ ]（方括号）	可选语法项
{ }（花括号）	必选语法项
[,...n]	指示前面的项可以重复 n 次，各项之间以逗号分隔
[...n]	指示前面的项可以重复 n 次，各项之间以空格分隔

2.1.4　使用 CREATE DATABASE 语句创建数据库

语法格式如下：

```
CREATE DATABASE [IF NOT EXISTS] <数据库名>
```

```
[[DEFAULT] CHARACTER SET <字符集名>]
[[DEFAULT] COLLATE <校对规则名>];
```

说明：

- [ ]中的内容是可选的。
- <数据库名>：创建数据库的名称。MySQL 的数据存储区将以目录的方式表示 MySQL 数据库，因此数据库名称必须符合操作系统的文件夹命名规则，不能以数字开头，要尽量有实际意义。注意在 MySQL 中不区分字母大小写。
- IF NOT EXISTS：在创建数据库之前进行判断，只有当该数据库目前尚不存在时，才能执行相关操作。此选项可以用来避免数据库已存在而重复创建的错误。
- [DEFAULT] CHARACTER SET：指定数据库的字符集。指定字符集的目的是避免数据库中存储的数据出现乱码。如果在创建数据库时不指定字符集，那么系统使用默认字符集。
- [DEFAULT] COLLATE：指定字符集的默认校对规则。

【例 2-2】使用 SQL 语句，创建一个名为 score 的数据库，采用"gb2312"字符集，排序规则为"gb2312_chinese_ci"。代码如下：

```
CREATE DATABASE IF NOT EXISTS score
CHARACTER SET gb2312
COLLATE gb2312_chinese_ci;
```

1. 在 Navicat 中使用 SQL 语句创建数据库

使用 CREATE DATABASE 语句创建【例 2-2】中的 score 数据库的步骤如下。

（1）双击 Navicat Premium 控制台中的连接对象"LY"，连接 MySQL 数据库服务器。

（2）单击工具栏上"新建查询"按钮，生成一个"无标题-查询"选项卡，如图 2-5 所示。

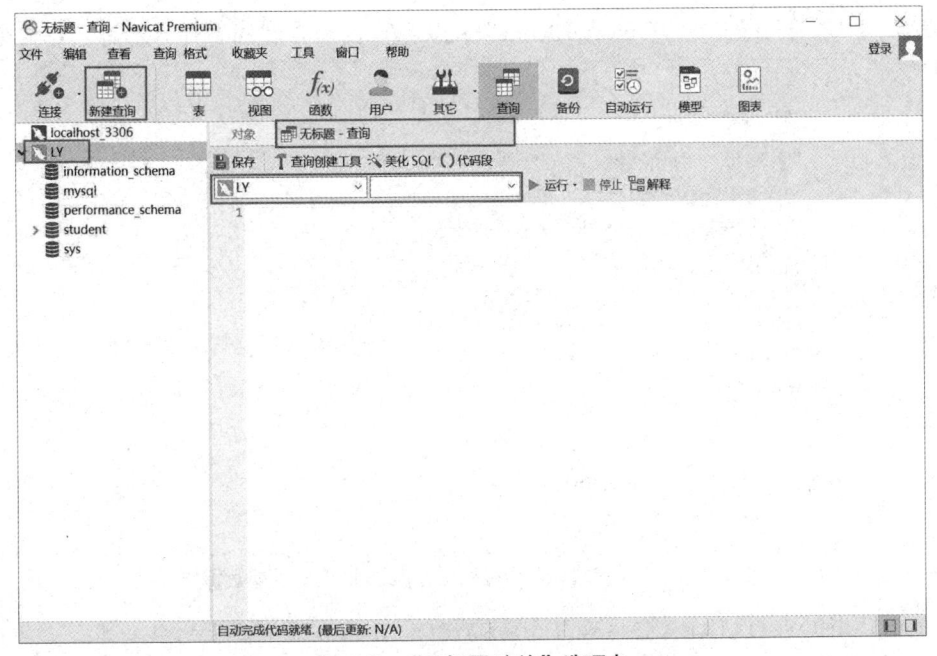

图 2-5 "无标题-查询"选项卡

（3）在"无标题-查询"选项卡中输入【例 2-2】中的代码，单击"运行"按钮执行该 SQL 语句，执行成功后，在"信息"栏显示"OK"标记，如图 2-6 所示。

（4）在连接对象"LY"上右击，在弹出的快捷菜单上选择"刷新"选项，即可在数据库列表中查看到所创建的数据库。

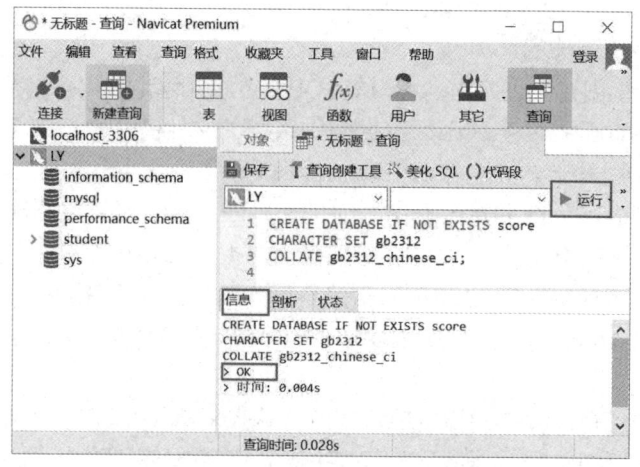

图 2-6　在 Navicat 中使用 SQL 语句创建数据库

2. 在"命令提示符"窗口中使用 SQL 语句创建数据库

（1）在"开始"菜单中输入"cmd"命令，打开"命令提示符"窗口。

（2）通过 root 登录 MySQL 数据库服务器。

在"命令提示符"窗口的命令提示符后输入命令"mysql -u root -p"，按"Enter"键后，输入登录密码"123456"。当窗口中命令提示符显示为"mysql>"时，表示已经成功登录到 MySQL 数据库服务器。

（3）输入创建数据库的语句。在命令提示符"mysql>"后输入【例 2-2】中的代码，最后按"Enter"键执行即可，运行结果如图 2-7 所示。

提示：如果语句中未加 IF NOT EXISTS 且服务器已经存在同名的数据库，在创建时会出现错误提示信息。

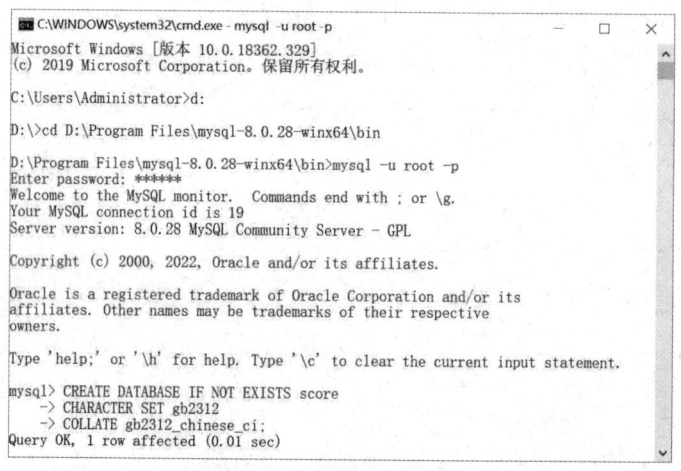

图 2-7　在"命令提示符"窗口中使用 SQL 语句创建数据库

3. 使用 SHOW DATABASES 语句查看 MySQL 数据库服务器上的数据库

在命令提示符"mysql>"后输入以下语句：

```
SHOW DATABASES;
```

按"Enter"键，执行结果如图 2-8 所示。

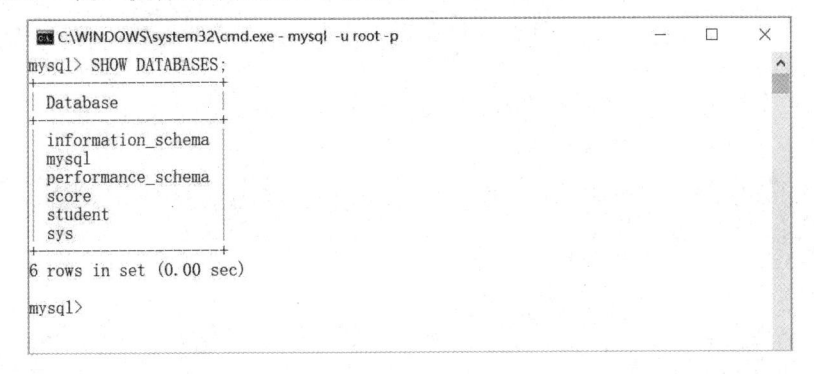

图 2-8 使用 SHOW DATABASES 语句查看 MySQL 数据库服务器上的数据库

2.1.5 使用 ALTER DATABASE 语句修改数据库

语法格式如下：

```
ALTER DATABASE  [<数据库名>]
[DEFAULT]CHARACTER SET <字符集名> |
[DEFAULT]COLLATE <校对规则名>;
```

说明：
- ALTER DATABASE 用于更改数据库的全局特性。
- 若想使用 ALTER DATABASE，则需要获得数据库 ALTER 权限。
- 数据库名称可以忽略，此时语句对应默认数据库。
- CHARACTER SET 子句用于更改默认的数据库字符集。
- COLLATE 子句用于更改规则。

【例 2-3】将 score 数据库的默认字符集修改为"utf8"字符集，排序规则修改为"utf8_general_ci"。代码如下：

```
ALTER DATABASE score
CHARACTER SET utf8
COLLATE utf8_general_ci;
```

2.1.6 使用 DROP DATABASE 语句删除数据库

语法格式如下：

```
DROP DATABASE [IF EXISTS ] <数据库名>
```

【例 2-4】删除 score 数据库。代码如下：

```
DROP DATABASE score
```

说明：
- <数据库名>：指定要删除的数据库的名称。
- IF EXISTS：用于防止数据库不存在时发生错误。
- DROP DATABASE：删除数据库及其中的所有表格。使用此语句时要非常小心，以免错误删除。若想使用 DROP DATABASE，则需要获得数据库 DROP 权限。

任务实施

1. 创建 student 数据库

```
CREATE DATABASE IF NOT EXISTS student;
```

2. 修改数据库默认字符集和排序规则

```
ALTER DATABASE  student
CHARACTER SET utf8mb4
COLLATE utf8mb4_general_ci;
```

3. 查看数据库

```
SHOW DATABASES;
```

单击工具栏上的"运行"按钮,检查语法是否存在错误。如果没有错误,则在窗格中显示服务器中的所有数据库。

任务总结

本任务对 MySQL 的系统数据库、SQL 语句,以及数据库的创建、修改和删除均进行了介绍,并且完成了"学生成绩管理系统"数据库的创建。与之相关的知识点主要有以下几点。

- MySQL 系统数据库:information_schema、mysql、performance_schema、sys 数据库。
- 创建数据库的两种方法:使用 Navicat 图形化工具创建数据库和使用 SQL 语句创建数据库。

2.2 "学生成绩管理系统"数据表创建

知识目标

- 理解数据表的概念和创建数据表的要求。
- 理解数据完整性约束的含义。
- 掌握使用 Navicat 图形化工具创建数据表的方法。
- 掌握使用 SQL 语句创建数据表的方法。

能力目标

- 使用 Navicat 图形化工具创建数据表。
- 使用 SQL 语句创建数据表。
- 根据需要设置约束。

任务情境

小 S:"数据库创建好了,现在我可以创建数据表了么?"

K 老师:"是的。数据库创建完成后,接下来的工作就是创建数据表。在数据库中创建数据表可以说是整个数据库应用的开始,因为在数据库中操作最频繁的对象就是数据表。数据库是存储数据的仓库,数据表则是数据的载体,它将杂乱无章的数据通过二维表的形式有序地组织在一起。如果将数据库比作一座大厦,那么数据表是真正存储数据的房间。所有的数据都是以数据表为容器存储于数据库中的。"

小 S:"原来如此。数据表的作用这么大,我一定要好好学习它的操作。"

K 老师:"创建数据表有两种方法。只要根据物理设计阶段中事先设计好的数据表结构,逐一创建即可。不过,值得注意的是,为了保证数据的完整性,每个数据表中的某些字段都定义了相关约束,你可以在创建数据表的时候一次性创建好,也可以在数据表创建完成后再添加约束。在创建数据表之前,你先学习有关数据表和约束的相关理论知识吧!"

小 S:"好的,我马上就去学习。"

任务描述

根据物理设计阶段设计的数据表结构,在 student 数据库中创建 dept(系部)表、class(班级)表、student(学生)表、course(课程)表、score(成绩)表、teacher(教师)表和 teach(任教)表共 7 个数据表。

任务分析

在创建"学生成绩管理系统"数据库 student 后,根据物理设计阶段的数据表结构,在数据库中逐一创建对应的数据表。可使用 Navicat 图形化工具或 SQL 语句创建数据表。

完成任务的具体步骤如下:

1. 创建任务描述中提到的 7 个数据表;
2. 设置相应的完整性约束。

知识导读

2.2.1 数据表的概述

数据表(简称"表")是用于组织和存储数据、具有行列结构的数据库对象。数据库中的数据或信息都存储于数据表中。

数据表的结构包括行(Row)和列(Column)。行是组织数据的单位,列主要描述数据的属性。每一行代表一条唯一记录,每一列代表记录的一个属性。例如,学生表(student),表中每一行代表一个学生,每一列表示学生的基本信息,如学号、姓名、性别等,如表 2-2 所示。

表 2-2 学生表(student)

学 号	姓 名	性 别	出 生 日 期	民 族	政 治 面 貌	班 级	备 注
2002011101	李煜	女	2001-10-02	汉	团员	20020111	
2002011102	王国卉	女	2001-12-25	汉	团员	20020111	

在一个数据表中，列名必须是唯一的，即不能有名称相同的两列同时存在于同一个数据表中。但是，在同一个数据库的不同数据表中，可以使用相同的列名。在定义数据表时，用户必须为各列指定一种数据类型。

在创建数据表之前需要做的准备工作，应确定数据表的以下几个方面，它们决定了数据表的逻辑结构。

- 各列的名称、数据类型及长度。
- 可以设置为空值的列。
- 哪些列为主键，哪些列为外键。
- 是否使用及何时使用约束。
- 需要在哪些列上创建索引。
- 数据表之间的关系。

2.2.2 数据完整性

数据完整性是指数据的准确性和一致性。利用数据完整性限制数据表中输入的数据，减少数据输入错误，防止数据库中存在不正确的数据。关系模型中有 3 类完整性约束：实体完整性、参照完整性（引用完整性）和用户自定义完整性。

1. 实体完整性

实体完整性是指数据表中行的完整性，主要用于保证操作的数据（记录）非空、唯一且不重复。实体完整性要求每个数据表有且只有一个主键，每一个主键的值必须唯一，并且不允许为空，从而使数据表中每一条记录都是唯一的，如学生表中以学号为主键。

2. 参照完整性

参照完整性属于数据表之间的规则，主要用于保证有关联的两个或两个以上数据表之间数据的一致性。例如，删除父表的某记录后，子表的相应记录未删除，致使这些记录成为孤立记录，影响了数据完整性。在插入、修改或删除记录时，参照完整性用于保证相关联的多个数据表中数据的一致性和更新的同步性。参照完整性通过建立主键和外键约束关系来实现，用于保证相关联的数据表之间数据的一致性。其作用表现在如下几个方面。

- 禁止向外键列中插入主键列中没有的值。
- 禁止修改外键列的值，而不修改主键列的值。
- 禁止先从主键列所属的数据表中删除数据行。

例如，向成绩表中添加某门课程的成绩，这门课程必须在课程表中存在。

3. 用户自定义完整性

用于限制用户向数据表中输入的数据，它是一种强制性的数据定义，如成绩列的值的取值范围为 0～100。

2.2.3 数据完整性约束

1. 约束概念

为了维护数据的完整性，防止数据库中出现不符合规定的数据，数据库管理系统必须提供一种机制来检查数据库中的数据是否满足规定的条件，这些加在数据库上的条件就是数据库中数据完整性的约束。例如，学号是唯一的，成绩的取值范围为 0～100 分，性别只能是"男"或"女"。

2. 约束类型

1) 主键（PRIMARY KEY）约束。

主键约束使用数据表中的一列或多列数据来唯一标识一行数据，即数据表中不能存在主键相同的两行数据，而且定义为主键的列不允许为空值。在管理数据时，应确保每个数据表都拥有唯一的主键，从而实现数据的实体完整性。

在多列上定义的主键约束，允许在某列上出现重复值，但是不能有相同的列值组合。

2) 外键（FOREIGN KEY）约束。

外键约束定义了数据表之间的关系，主要用于维护两个数据表之间的一致性。当一个数据表中的一列或多列的组合与其他数据表中的主键定义相同时，就可以将这一列或多列的组合定义为外键，在两个数据表之间建立主外键约束关系。

若两个数据表之间存在主外键约束关系，则有：

- 当向外键表中插入数据时，如果插入的外键列值在与之关联的主键表的主键列中没有对应相同的值，那么系统会拒绝向外键表中插入数据；
- 当删除或修改主键表中的数据时，如果删除或修改的主键列值在与之关联的外键表的外键列中存在相同的值，那么系统会拒绝删除或修改主键表中的数据。

3) 检查（CHECK）约束。

检查约束通过检查输入数据表列数据的值来维护数据完整性，它就像一个过滤器，依次检查每个要进入数据库的数据，只有符合条件的数据才允许通过。

检查约束同外键约束的相同之处是通过检查数据值的合理性来实现数据完整性的维护。但是，外键约束是从另一个数据表中获得合理的数据的，而检查约束则是通过对一个逻辑表达式的结果进行判断来对数据进行检查的。

例如，限制学生的年龄为 10~20 岁，就可以在年龄列上设置检查约束，确保年龄的有效性。

4) 唯一性（UNIQUE）约束。

唯一性约束确保在非主键列中不输入重复的值。唯一性约束与主键约束的区别如下：可以对一个数据表定义多个唯一性约束，但只能定义一个主键约束；唯一性约束允许 NULL 值。另外，外键约束可以引用唯一性约束。

5) 默认（DEFAULT）约束。

当在输入操作中没有提供输入值时，默认约束可令系统自动指定默认值。

2.2.4 使用 Navicat 图形化工具创建数据表

【例 2-5】在 student 数据库中创建系部表（dept）。

具体步骤如下。

（1）启动应用程序。双击"Navicat for MySQL"图标，打开 Navicat 图形化工具。

（2）打开已有连接。在 Navicat 控制台中，双击连接对象"LY"，打开已有连接，展开数据库列表。

（3）打开数据库。在数据库列表中双击"student"，打开数据库。

（4）打开"表设计器"。在"student"列表中，右击节点"表"，在弹出的快捷菜单中选择"新建表"选项，如图 2-9 所示。打开"表设计器"，系统默认创建一个名为"无标题"

的表,如图 2-10 所示。"表设计器"中的"名"就是数据表的字段名,"类型"是字段值的类型,"不是 null"用于设置该字段中的值是否可以为空。

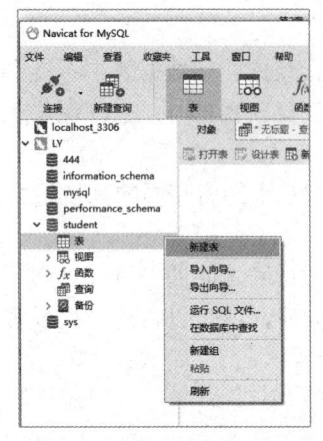

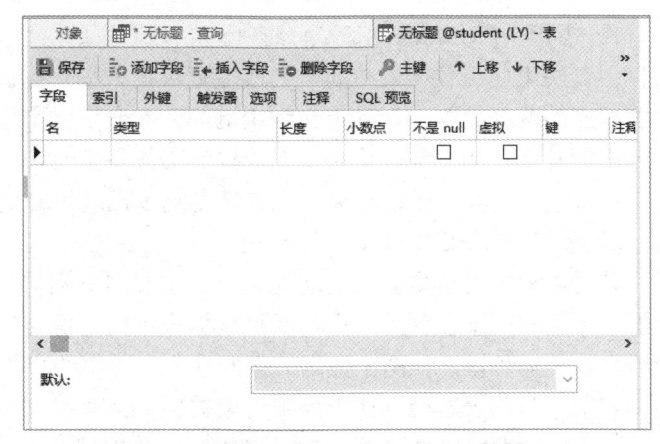

图 2-9　选择"新建表"选项

图 2-10　系统默认创建一个名为"无标题"的表

(5)输入数据表的结构数据。首先将光标置于"表设计器"的"名"单元格中并输入段名"dept_id",然后在"类型"下拉列表中选择指定的数据类型"char",在"长度"文本框中输入"2",勾选"不是 null"复选框。单击工具栏中的"主键"按钮,设置主键。如图 2-11 所示。

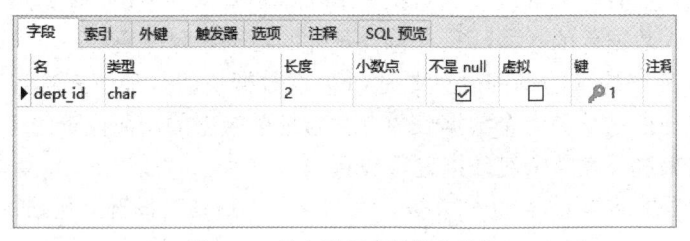

图 2-11　输入数据表的结构数据

(6)在"表设计器"的工具栏中单击"添加字段"按钮,添加空白字段,按照类似方法,输入"dept_name""dept_head"字段,完整的表结构如图 2-12 所示。

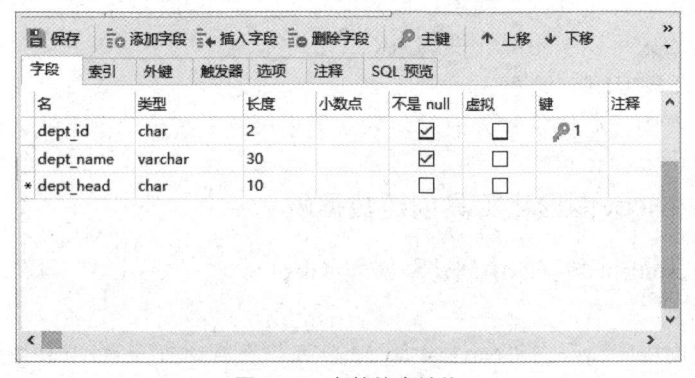

图 2-12　完整的表结构

(7)保存数据表。在"表设计器"的工具栏中单击"保存"按钮,保存数据表的结构,并在打开的"表名"对话框中输入数据表的名称"dept",如图 2-13 所示。

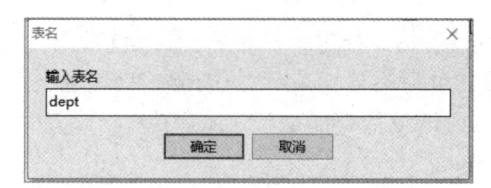

图 2-13 输入数据表的名称 "dept"

2.2.5 使用 CREATE TABLE 语句创建数据表

语法格式如下：

```
CREATE  TABLE  [IF NOT EXIST] <表名>
(
    列名 数据类型 [NOT NULL|NULL] [AUTO_INCREMENT]
                [DEFAULT <列默认值>][PRIMARY KEY]
                [COMMENT]
    [,...n]
    [,UNIQUE(列名[,...n])]
    [,PRIMARY KEY(列名[,...n])]
    [,FOREIGN KEY(列名)  REFERENCES  数据表名称[(列名)]]
    [,CHECK(条件)]
)
```

说明：
- 列名。用户自定义属性的名称，应遵守标识符的命名规则。
- 数据类型。用于指定在该列存储的数据类型。
- NOT NULL | NULL。用于指定该列是否允许为空值，默认值为空值。
- AUTO_INCREMENT。用于设置字段的自动增量，当数值类型的字段设置为自动增量时，每增加一条新记录，该字段的值自动加 1，而且此字段的值不允许重复；插入时也可以为自增字段指定某个非零数值，而且 AUTO INCREMENT 只能修饰整数类型的字段。
- UNIQUE。用于创建唯一性约束。
- PRIMARY KEY。用于创建主键约束。
- FOREIGN KEY。用于创建外键约束，FOREIGN KEY 后面的括号中所指定的列即为外键；REFERENCES 用于指定外键所参照的数据表，数据表名称后面的列名用于指定外键所参照的列。
- DEFAULT。用于创建默认约束，为指定的列定义默认值，如果该列没有录入数据，则用默认值代替。
- CHECK。用于创建检查约束，使用指定条件对存入数据表中的数据进行检查，以确定其合法性，提高数据的安全性。

提示：定义约束有两种方式。在字段中定义的约束为列约束，在字段后定义的约束为表约束。默认约束采用列约束进行定义。

- ENGINE 属性用于设置存储引擎。MySQL 支持多种存储引擎，如 MyISAM、InnoDB、HEAP、BOB、CSV 等，其中最重要的是 MyISAM 和 InnoDB 引擎。如果在创建数据表时没有设置存储引擎，默认的存储引擎是由 MySQL 配置文件中的 default-table-type 选项指定的默认值 InnoDB。当用 CREATE TBALE 语句创建数据表时，可以通过 ENGINE 或 TYPE 选项确定存储引擎。MyISAM 和 InnoDB 存储引擎的比较如下。

（1）MyISAM 存储引擎成熟、稳定、易于管理，是较为节约存储空间且响应速度较快的一种存储引擎，但该存储引擎不支持事务操作和外键约束。

（2）InnoDB 存储引擎提供了具有提交、回滚和崩溃恢复能力的事务安全存储引擎，支持外键约束，并且有更高的安全性。

- DEFAULT CHARSET 属性用于设置表的字符集。如果省略该属性设置，那么数据表将沿用数据库的字符集的值，即 MySQL 配置文件 my.ini 文件里的 default-character-set 变量的值。

【例 2-6】创建系部表（dept），采用列约束定义。

```
USE student ;
CREATE TABLE dept
(
    dept_id char(2) PRIMARY KEY NOT NULL,
    dept_name varchar(30) UNIQUE NOT NULL,
    dept_head char(10) NULL
);
```

2.2.6 使用 CREATE TABLE…LIKE 语句复制数据表

语法格式如下：

```
CREATE TABLE [IF NOT EXIST] <新表名>LIKE<旧表名>;
```

该语句用于创建一个与源数据表相同结构的新表。该表的列名、数据类型、索引等都将被复制，但内容不会被复制。因此，新表是一张空表。如果想复制表中的内容，那么可以通过使用 AS 子句来实现。

【例 2-7】在 student 数据库中复制一张和 dept 数据表结构一样的新表 dept_new。

```
USE student;
CREATE TABLE dept_new LIKE dept;
```

如果表的结构和内容都被复制，那么可以执行以下语句：

```
USE student;
CREATE TABLE dept_new1 AS (SELECT*FROM dept);
```

任务实施

根据工作任务 1.5 的物理设计，创建其余 6 张表。

1. 创建班级表（class），采用表约束定义。

```
CREATE TABLE class
(
    class_id char(8) NOT NULL,
    class_name varchar(30) NOT NULL,
    tutor char(10) NULL,
    dept_id char(2) NOT NULL,
    PRIMARY KEY(class_id),
    UNIQUE(class_name)
);
```

2. 创建学生表（student）

```sql
CREATE TABLE student
(
    s_id char(10) PRIMARY KEY NOT NULL,
    s_name char(12) NOT NULL,
    s_sex char(2) NULL,
    born_date date NULL,
    nation char(10) NULL,
    place char(16) NULL,
    politic char(10) NULL,
    tel char(20) NULL,
    address varchar(40) NULL,
    class_id char(8) NOT NULL
);
```

3. 创建课程表（course）

```sql
CREATE TABLE course
(
    c_id char(6) NOT NULL PRIMARY KEY,
    c_name char(20) NOT NULL,
    c_type char(10) NULL,
    c_period int NULL,
    credit int NULL,
    semester char(11) NOT NULL,
    CHECK(c_period>0 AND credit>0)
);
```

4. 创建成绩表（score）

```sql
CREATE TABLE score
(
    s_id char(10) NOT NULL,
    c_id char(6) NOT NULL,
    grade int NULL,
    remark varchar(40) NULL,
    PRIMARY KEY(s_id,c_id),
    FOREIGN KEY(s_id) REFERENCES student(s_id),
    FOREIGN KEY(c_id) REFERENCES course(c_id),
    CHECK(grade>=0 AND grade<=100)
);
```

5. 创建教师表（teacher）

```sql
CREATE TABLE teacher
(
    t_id char(4) NOT NULL,
    t_name char(10) NOT NULL,
    t_sex char(2) NULL CHECK(t_sex IN ('男','女')),
    title char(10) NULL,
    dept_id char(2) NULL,
    PRIMARY KEY(t_id),
    FOREIGN KEY(dept_id) REFERENCES dept(dept_id)
);
```

6. 创建任课表（teach）

```
CREATE TABLE teach
(
    c_id char(6) NOT NULL,
    t_id char(4) NOT NULL,
    PRIMARY KEY(c_id,t_id),
    FOREIGN KEY(c_id) REFERENCES course(c_id),
    FOREIGN KEY(t_id) REFERENCES teacher(t_id)
);
```

任务总结

本次任务主要完成了"学生成绩管理系统"数据库中 7 个数据表的创建工作。创建数据表时，首先要创建数据表的结构，然后要进行完整性约束的设置。在创建具有主外键约束关系的数据表时，应先创建主键表，再创建外键表。

2.3 "学生成绩管理系统"数据表管理

知识目标

- 掌握使用 Navicat 图形化工具管理数据表的方法。
- 掌握使用 SQL 语句管理数据表的方法。

能力目标

- 修改、删除和重命名数据表。
- 添加、删除约束。

任务情境

K 老师："数据表都创建好了吗？"

小 S："这个……我又犯迷糊了。在创建数据表的过程中，因为对 SQL 语句掌握得不够熟练，创建的数据表有些问题，需要修改。"

K 老师："这很正常，刚开始学习时，难免会犯一些小错误。你可以删除数据表后重新创建数据表，也可以通过命令修改数据表。"

小 S："是的，我正在学习数据表管理的相关知识。"

K 老师："干得不错。不过要提醒一下，对于空数据表而言，删除数据表后重建数据表是非常高效的方法。而对于有数据的数据表，如果用一个新数据表替换原来的数据表，将造成原有数据表中数据的丢失。通过对数据表进行修改，可以在保留数据表中原有数据的基础上修改数据表结构，打开、关闭或删除已有约束，或者添加新的约束。"

小 S："谢谢您赐教！"

任务描述

在完成"学生成绩管理系统"数据库中 7 个数据表的创建工作后,经检查后发现学生表没有按照数据表结构创建,需要对学生表进行修改。

任务分析

使用 SQL 语句修改 student 表,包括以下内容:
1. 添加 remark 字段;
2. 修改 s_name 字段;
3. 为 nation、politic 字段添加默认约束;
4. 为 s_sex 字段添加检查约束;
5. 为 class_id 字段添加外键约束。

知识导读

2.3.1 使用 SQL 语句显示表信息

1. 使用 SHOW TABLES 语句查看数据表的文件名

语法格式如下:

```
USE 数据库名;
SHOW TABLES;
```

数据库中的数据表创建成功后,可使用以上语句查看表。

【例 2-8】 查看 student 数据库中所有的数据表。代码如下:

```
USE student;
SHOW TABLES;
```

2. 使用 DESCRIBE|DESC 语句查看表结构的详细信息

语法格式如下:

```
USE 数据库名;
DESCRIBE|DESC 表名
```

【例 2-9】 查看 student 数据库中系部表(dept)的结构。运行结果如图 2-14 所示。代码如下:

```
USE student;
DESCRIBE dept;
```

3. 使用 SHOW CREATE TABLE 语句查看数据表的创建语句

语法格式如下:

```
USE  数据库名;
SHOW CREATE TABLE  表名
```

【例 2-10】 以 root 用户身份登录 MySQL 控制台,查看 student 数据库中系部表(dept)的创建语句。运行结果如图 2-15 所示。代码如下:

```
SHOW CREATE TABLE dept \G
```

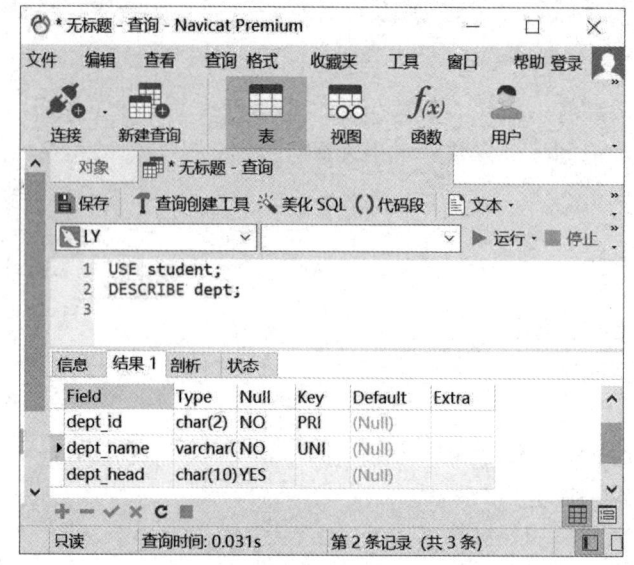

图 2-14 查看系部表（dept）的结构

图 2-15 查看系部表（dept）的创建语句

说明：在"命令提示符"窗口中，使用"SHOW CREATE TABLE dept \G"语句查询结果。其中使用"\G"代替"；"，输出结果将纵向排列，便于用户阅读。

2.3.2 使用 Navicat 图形化工具修改数据表

1. 修改数据表

以 student 表为例，使用 Navicat 图形化工具实现修改数据表的操作步骤如下。

（1）打开 Navicat 图形化工具，在控制台中依次展开连接对象"LY"→"student"数据库→"表"节点，找到"student"表。

（2）右击"student"表，在弹出的快捷菜单中选择"设计表"选项（或者单击工具栏中的"表"按钮，在对象栏中选择"student"表，单击"设计表"按钮，如图 2-16 所示），打开"表设计器"，如图 2-17 所示。在表设计器中，可以实现表字段的添加、删除和插入，以及对字段名、字段的数据类型、字段长度等进行修改操作。

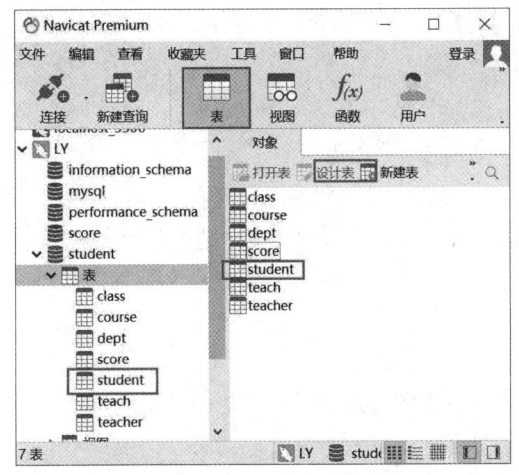

图 2-16 单击"设计表"按钮

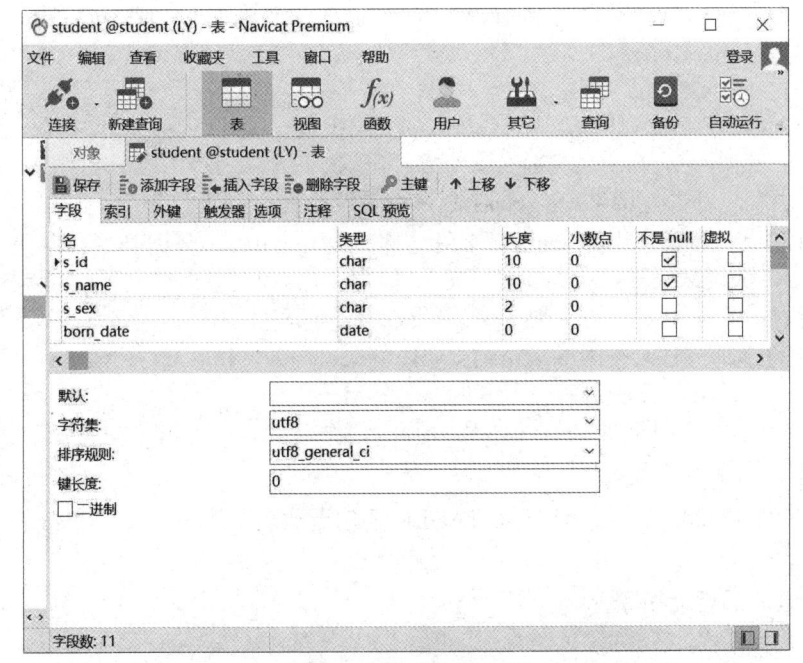

图 2-17 打开"表设计器"

（3）完成修改后，单击工具栏中的"保存"按钮即可。

2.3.3 使用 ALTER TABLE 语句修改数据表

在 MySQL 中使用 ALTER TABLE 语句修改数据表。该语句可以实现对数据列的增加、删除、列名修改、列数据类型修改、表名修改、索引添加/删除、约束添加/删除等操作。

1. 修改字段

语法格式如下：

```
ALTER TABLE <表名>
ADD   列名   数据类型   [约束条件]   [FIRST|AFTER<已存在列名>]
                                            -添加新字段
|CHANGE      原列名    新列名    新数据类型
                                            -修改字段的列名和字段类型
```

```
    |MODIFY 列名 数据类型                    -修改字段类型。
      |DROP 列名                            -删除指定的字段
    |RENAME 新表名                          -重命名表
    [,...n]
    };
```

- ADD：添加新字段。参数"FIRST|AFTER<已存在列名>"用于指定新增字段在数据表中的位置，如果语句中没有这两个参数，则默认新添加的字段在数据表的最后一列。
- CHANGE：修改列名和字段类型。"新数据类型"指修改后字段的数据类型。因为数据类型不能为空，所以如果并不需要修改字段的数据类型，则需要将新数据类型设置为原来的数据类型。
- MODIFY：修改指定字段的数据类型等。
- DROP：删除指定的字段。
- RENAME：重命名表。

【例2-11】修改class表中的tutor字段的长度为12，添加remark新字段，设置数据类型与字段长度为char(100)。

```
ALTER TABLE class
MODIFY tutor char(12),
ADD remark char(100);
```

运行成功后，可以使用DESC class命令查看表结构。

【例2-12】将class表中的remark字段名称改为remarks，数据类型与字段长度不变。

```
ALTER TABLE class
CHANGE remark remarks char(100);
```

【例2-13】删除class表中的remarks字段

```
ALTER TABLE class
DROP remarks;
```

2. 修改表的其他选项

在MySQL中，可以使用ALTER TABLE语句更改表的存储引擎，修改表的默认字符集等。

（1）更改表的存储引擎

语法格式如下：

```
ALTER TABLE <表名> ENGINE=新的存储引擎;
```

【例2-14】更改表dept_new的存储引擎为MyISAM。

```
ALTER TABLE dept_new ENGINE=MyISAM;
```

（2）修改表的默认字符集

语法格式如下：

```
ALTER TABLE <表名> DEFAULT CHARSET=新的字符集
```

【例2-15】修改表dept的默认字符集为GBK。

```
ALTER TABLE dept DEFAULT CHARSET=GBK;
```

2.3.4 使用ALTER TABLE语句修改表约束

在MySQL中，可以在创建表时使用CREATE TABLE语句创建约束，也可以使用ALTER TABLE语句添加约束。

1. 主键约束

（1）添加主键约束的语法格式如下：

```
ALTER TABLE 表名
ADD [CONSTRAINT 约束名] PRIMARY KEY(字段名[,...n]);
```

（2）删除主键约束的语法格式如下：

```
ALTER TABLE 表名 DROP PRIMARY KEY;
```

提示：因为主键约束在一张表中只能有一个，所以不需要指定主键名就可以删除一张表中的主键约束。

2. 外键约束

（1）添加外键约束的语法格式如下：

```
ALTER TABLE 表名
ADD [CONSTRAINT 约束名] FOREIGN KEY(字段名) REFERENCES 父表名(字段名);
```

【例 2-16】 为 class 表中的 dept_id 列添加外键约束 FK_class_dept，并与 dept 表关联。

```
ALTER TABLE class
ADD CONSTRAINT FK_class_dept FOREIGN KEY(dept_id) REFERENCES dept(dept_id)
```

（2）删除外键约束的语法格式如下：

```
ALTER TABLE 表名 DROP FOREIGN KEY 约束名
```

【例 2-17】 删除 class 表中的 dept_id 列的外键约束。

```
ALTER TABLE class
DROP FOREIGN KEY FK_class_dept;
```

3. 添加默认约束

```
ALTER TABLE 表名
ALTER 字段名 SET DEFAULT 默认值;
```

【例 2-18】 为 student 表中的 s_sex 字段添加默认值为"女"的约束。

```
ALTER TABLE student
ALTER s_sex SET DEFAULT '女';
```

4. 唯一性约束

添加唯一性约束的语法格式如下：

```
ALTER TABLE 表名
ADD CONSTRAINT 约束名 UNIQUE(字段名[,...n]);
```

5. 检查约束

添加检查约束的语法格式如下：

```
ALTER TABLE 表名
ADD [CONSTRAINT 约束名] CHECK(表达式);
```

2.3.5 使用 RENAME TABLE 语句修改表名

数据库通过表名区分不同的表。除了使用 ALTER TABLE 语句，还可以使用 RENAME TABLE 语句直接修改表名，该语句可以同时对多个数据表进行重命名，多个表之间用","分隔。

语法格式如下：

```
RENAME TABLE <旧表名> TO <新表名>;
```

【例 2-19】 将 dept_new 表重命名为 dept_news。
```
RENAME TABLE dept_new TO dept_news;
```

2.3.6 使用 DROP TABLE 语句删除数据表

删除数据表是指删除数据库中已存在的表。此项操作会删除表的描述、表的完整性约束、索引、表的相关权限和表中的所有数据。

语法格式如下：
```
DROP TABLE 表名;
```

对于建立主外键约束关系的数据表，如果要删除主键表，那么首先要删除相关的外键表，以保证数据的参照完整性。例如，要删除 teacher 表，如果 teach 表中的相关教师记录没有被删除，那么将报告错误信息。删除数据表一定要谨慎，否则会因误删操作丢失有用的数据。

【例 2-20】 删除 teacher 表。
```
USE student;
DROP TABLE teach;
DROP TABLE teacher;
```

任务实施

1. 添加字段

添加 remark 字段，定义为长度是 100 字节的字符串类型。
```
USE student;
ALTER TABLE student
ADD remark varchar(100);
```

2. 修改字段

将 s_name 字段的长度修改为 10 字节。
```
ALTER TABLE student
MODIFY s_name char(10);
```

3. 添加默认约束

为 nation、politic 字段添加默认约束；
```
ALTER TABLE student
ALTER nation SET DEFAULT '汉',
ALTER politic SET DEFAULT '团员';
```

4. 添加检查约束

为 s_sex 字段添加检查约束。
```
ALTER TABLE student
ADD CHECK(s_sex='男' OR s_sex='女');
```

5. 添加外键约束

为 class_id 字段添加外键约束。
```
ALTER TABLE student
ADD CONSTRAINT FK_student_class FOREIGN KEY(class_id) REFERENCES class(class_id);
```

任务总结

数据表创建完成后，仍然可对数据表进行修改、删除等操作，以进一步完善所创建的数据表。对于有主外键约束关系的数据表，在删除外键表后，才能成功删除主键表。

知识巩固 2

一、选择题

1. 某企业由不同的部门组成，不同的部门每天都会产生一些报告、报表等数据，以往都采用纸张的形式来进行数据的保存和分类，随着业务的扩展，这些数据越来越多，此时应该考虑（　　）。

　　A. 由多个人来完成这些工作
　　B. 在不同的部门中，由专门的人员去管理这些数据
　　C. 采用数据库系统来管理这些数据
　　D. 统一这些数据的格式

2. MySQL 系统中的所有系统级信息存储于（　　）数据库中。

　　A. information_schema　　　　B. performance_schema
　　C. mysql　　　　　　　　　　D. sys

3. MySQL 用于创建数据库的命令是（　　）。

　　A. CREATE TABLE　　　　　B. CREATE DATABASE
　　C. CREATE INDEX　　　　　D. CREATE VIEW

4. 创建数据库时，若使用默认字符集 utf8，则语句可以写成（　　）。

　　A. DEFAULT CHARACTER SET utf8　　B. USE utf8
　　C. SHOW CHARACTER SET. utf8　　　D. DEFAULT COLLATE utf8 ci

5. 将数据库 student 作为当前数据库的语句是（　　）。

　　A. IN student　　　　　　　B. SHOW student
　　C. USE student　　　　　　D. USER student

6. 修改数据库的 SQL 语句是（　　）。

　　A. CREATE TABLE　　　　　B. ALTER DATABASE
　　C. CREATE DATABASE　　　D. ALTER TABLE

7. 下列关于数据表的性质的说法中，错误的是（　　）。

　　A. 数据项不可再分　　　　　B. 同一列数据项要有相同的数据类型
　　C. 记录的顺序可以任意排列　D. 字段的顺序不可以任意排列

8. 创建数据表应使用（　　）语句。

　　A. CREATE SCHEMA　　　　B. CREATE TABLE
　　C. CREATE VIEW　　　　　D. CREATE DATEBASE

9. 为某个数据表添加一个新的字段的 SQL 语句是（　　）。

　　A. CREATE TABLE　table_name ADD column_name data_type
　　B. ALTER TABLE table_name ADD column_name data_type
　　C. ALTER TABLE table_name CHANGE column_name data_type

D. ALTER TABLE table_name MODIFY column_name data_type

10. 若某字段用于存储电话号码，则该字段应选用（　　）数据类型。
　　A. char(10)　　　　B. varchar(13)　　　　C. text　　　　D. int

11. 下列关于 NULL 的描述中，正确的是（　　）。
　　A. NULL 表示空格　　　　　　　　　　B. NULL 表示 0
　　C. NULL 表示空值　　　　　　　　　　D. NULL 既可以表示 0，又可以表示空格

12. 删除一个数据表的命令是（　　）。
　　A. DELETE　　　　B. DROP　　　　C. CLEAR　　　　D. REMOVE

13. 在当前数据库中，使用（　　）语句查看 student 表的创建语句。
　　A. SHOW TABLE CTEATE student;　　　　B. DISPLY CREATE TABLE student;
　　C. SHOW CTEATE TABLE student;　　　　D. DESC student;

14. 下列关于主键约束、外键约束和唯一性约束的描述中，正确的是（　　）。
　　A. 一个表中最多只能有一个主键约束，一个唯一性约束
　　B. 一个表中最多只能有一个主键约束，一个外键约束
　　C. 在定义外键约束时，应该首先定义主键表的主键约束，然后定义外键约束
　　D. 在定义外键约束时，应该首先定义外键约束，然后定义主键表的主键约束

15. 下列说法中，正确的是（　　）。
　　A. 一个数据表可以创建多个主键约束
　　B. 一个数据表可以创建多个外键约束
　　C. 定义默认约束的字段不允许插入其他值
　　D. 定义主键约束的字段允许为空值，但空值最多只能出现一次。

16. 下列关于 FOREIGN KEY 约束的描述中，不正确的是（　　）。
　　A. 体现数据库中数据表之间的关系
　　B. 实现参照完整性
　　C. 以其他数据表中的 PRIMARY KEY 约束和 UNIQUE 约束为前提
　　D. 每个数据表中都必须定义

17. 限制输入到列的值的范围，应使用（　　）约束。
　　A. CHECK　　　　　　　　　　　　　　B. PRIMARY KEY
　　C. FOREIGN KEY　　　　　　　　　　　D. UNIQUE

18. 创建一个员工信息表，其中员工的薪水、医疗保险和养老保险分别采用 3 列来存储，但是该公司规定：任何一个员工，医疗保险和养老保险两项之和不能大于薪水的 1/3，这一项规则可以采用（　　）来实现。
　　A. 主键约束　　　　B. 外键约束　　　　C. 检查约束　　　　D. 默认约束

19. 在创建数据表时，如果定义某一列的默认值为 0，则说明（　　）。
　　A. 该列的数据不可更改。
　　B. 新增数据行时，必须指定该列的值为 0。
　　C. 新增数据行时，如果没有指定该列的值，那么该列的值为 0。
　　D. 新增数据行时，无须显示指定该列的值。

20. MySQL 语句的结束符是（　　）。
　　A. 感叹号　　　　B. 句号　　　　C. 逗号　　　　D. 分号

二、填空题

1. 删除数据库的 SQL 语句是_____。
2. 数据表是由行和列组成的二维结构，数据表中的一列被称为_____，它决定了数据的类型，数据表中的一行被称为一条_____，它包含了实际的数据。
3. 创建主键约束的作用是_____。
4. 创建数据表、修改数据表和删除数据表的命令分别是_____、_____和_____。
5. 在一个已存在数据的数据表中添加一列，一定要保证所添加的列允许_____值。
6. 某个数据表中有一个"性别"字段，要求该字段的值只能为"男"或"女"，应该添加一个_____约束。
7. 使用 SQL 语句创建一个图书表 book，属性如下：图书编号、类别号、书名、作者、出版社，类型均为字符型，长度分别为 6、1、50、8、30，并且图书编号、类别号、书名 3 个字段不允许为空值。

```
CREATE _____ book
(
    图书编号 _____ (6) NOT NULL,
    类别号 char(1) NOT NULL,
    书名 varchar(50) _____,
    作者 char(8) NULL,
    出版社 varchar(30) NULL
);
```

8. 在 MySQL 中，针对具体要求，可以对每个数据表使用_____存储引擎。
9. 一个数据表只能有_____个主键约束，并且主键约束的字段值不能为_____。
10. 数据完整性的类型有_____完整性、_____完整性和用户定义完整性。

三、简答题

1. 常用的数据库对象有哪些？
2. 什么是数据完整性？数据完整性有哪几种？简述其作用。
3. 简述主键约束和唯一性约束的区别。
4. 空值和空字符串等价吗？空值与其他值进行比较会产生什么结果？

工作任务三 MySQL 数据库表数据的操作

3.1 数据更新

知识目标

- 掌握 INSERT 语句的语法。
- 掌握 UPDATE 语句的语法。
- 掌握 DELETE 语句的语法。

能力目标

- 使用 INSERT 语句向数据表中插入数据。
- 使用 UPDATE 语句修改数据表中的数据。
- 使用 DELETE 语句删除数据表中的数据。

任务情境

小 S:"数据库、数据表创建好了,接下来的工作是对数据进行操作了吧?"

K 老师:"是的。你要记住数据库中的数据以记录的形式保存在表中。在对数据进行操作时,常用的插入、修改、删除等操作,被统称为数据更新。"

小 S:"好的!"

K 老师:"在对数据进行插入、修改、删除操作时,对象都是记录,而不是记录中的某个数据。插入数据是往表中插入一条或多条记录;修改数据是对表中现有的记录进行修改;删除数据是删除指定的记录。在淘宝网站上注册新用户、修改个人信息、注销账户,用户并不需要到 MySQL 中进行操作,只需在程序员开发的系统对应页面输入相关信息,系统在判断信息无误后,调用 SQL 的插入、修改、删除语句,实现对后台数据库数据的更新。"

小 S:"原来如此,谢谢指教!"

任务描述

"学生成绩管理系统"运行后,每天都需要更新数据库中的数据,产生新的数据,修改出错的数据,删除过期失效的数据。

1. 新生报到需要在学生表中插入记录。

序号	s_id	s_name	s_sex	born_date	nation	place	politic	tel	address	class_id	remark
1	2104111205	张博	女	2000-05-12	汉	江苏徐州	团员	0516-83456323	江苏省徐州市解放南路	21041112	
2	2104111206	姚蓓	女	2000-09-22	汉	江苏昆山	团员	0512-86452367	江苏省昆山市玉山镇	21041112	

2. 教学计划修订，需要将 course 表中的"计算机应用基础"课程名称修改为"信息技术"，并且将课时值调整为 56。

3. 在 score 表中，删除选修 200101 号课程的 2002011101 号学生的成绩记录。

任务分析

通过以上的任务描述，完成任务的具体步骤如下：
1. 在数据表中插入记录；
2. 修改数据表记录；
3. 删除数据表记录。

知识导读

数据库的数据存放在数据表中。通过插入、更新、删除等操作来改变表中的记录。分别使用 INSERT（插入）语句实现向表中插入新的记录，UPDATE（更新）语句实现表中已经存在的数据的更改，DELETE（删除）语句删除表中不再使用的数据。

3.1.1 使用 Navicat 图形化工具更新数据

以在 student 表中插入、修改、删除数据为例，使用 Navicat 图形化工具操作表数据的步骤如下：

（1）打开 Navicat 图形化工具，在控制台中依次展开服务器"LY"→"student"数据库→"表"节点，找到 student 表。

（2）选中 student 表并右击，在弹出的快捷菜单中选择"打开表"选项（右击工具栏中的"打开表"按钮），打开"表数据管理窗口"，如图 3-1 所示。

（3）在该窗口中，可以实现对 student 表中数据的添加、修改和删除操作。

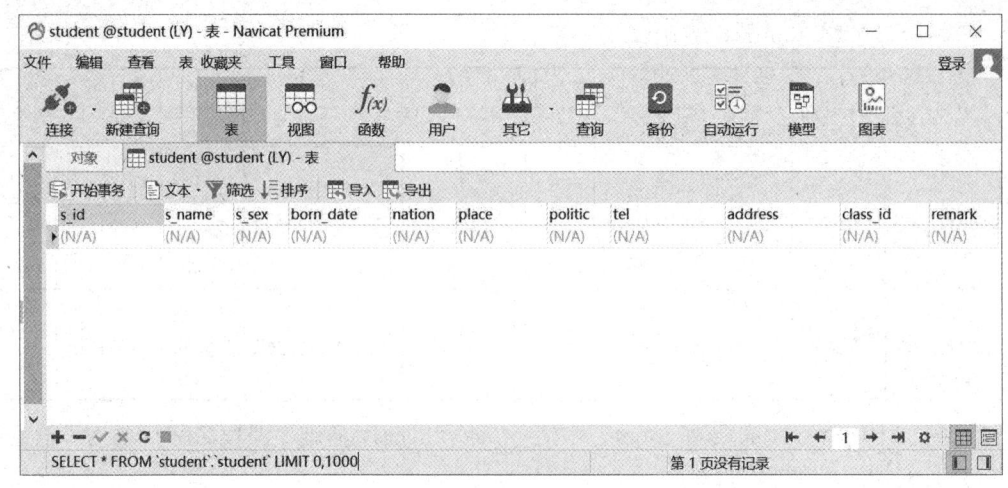

图 3-1 表数据管理窗口

3.1.2 使用 INSERT 语句插入数据

在 MySQL 中，通过 INSERT 语句来实现插入数据的功能。

1. 所有字段插入记录

语法格式如下：

```
INSERT INTO <表名> [(字段列表)] VALUES (值列表)
```

说明：
- 表名是必选项。
- 表中所有字段列表，可以省略。
- 字段之间和值之间用逗号分隔。

【例 3-1】在系部表中添加两条记录。

dept_id	dept_name	dept_head
06	医学系	吕平
07	数学系	杨萍

代码如下：

```
INSERT INTO dept(dept_id,dept_name,dept_head)
VALUES('06','医学系','吕平');
INSERT INTO dept
VALUES('07','数学系','杨萍');
```

当向表中插入一行完整的数据时，即表中所有字段都插入数据，若指定数据的顺序与表结构中字段的顺序一致时，可以省略字段列表。

2. 指定字段插入记录

语法格式如下：

```
INSERT INTO <表名> [(字段列表)] VALUES (值列表)
```

说明：
- 表名是必选项。
- 表中插入字段名略。
- 字段之间和值之间用逗号分隔。

- 添加数据到部分字段，必须指明字段的名称，并在 VALUES 子句中按对应字段的顺序插入数据。主键和不允许为空值的字段必须插入数据。

【例 3-2】在学生表的 s_id、s_name 和 class_id 字段中分别插入数据"2104111208""徐成"和"21041112"。

```
INSERT INTO student(s_id,s_name,class_id)
VALUES('2104111208','徐成','21041112');
```

3. 插入多条记录

INSERT INTO 可以一次性插入多行数据，在 VALUES 子句后面加上多个表达式列表，并用逗号隔开。

语法格式如下：

```
INSERT INTO 表名 [(字段列表)]
 VALUES (值列表1),(值列表2),…(值列表 n);
```

【例 3-3】例 3-1 可以改写为

```
INSERT INTO dept(dept_id,dept_name,dept_head)
VALUES('06','医学系','吕平'),
 ('07','数学系','杨萍');
```

插入记录时应特别注意以下几点：
- 插入字符型（Char 和 Varchar）和日期时间型（Date 等）数值时，必须在值前后加半角单引号，只有数值型（Int、Float 等）的值前后不加单引号。
- 对于 Date 类型的数值，插入时，必须使用"YYYY-MM-DD"的格式，且日期数据必须用半角单引号。
- 若某字段不允许为空，且无默认值约束，则表示向数据表插入一条记录时，该字段必须写入值，默认插入不成功；若某字段不允许为空，但它有默认值约束，则插入记录时自动使用默认值代替。
- 若某字段设置为主键约束，则插入记录时不允许出现重复数值。

3.1.3 使用 UPDATE 语句修改数据

语法格式如下：

```
UPDATE <表名>
SET 字段名1=更新值表达式1[,字段名2=更新值表达式2,…,字段名n=更新值表达式n]
[WHERE <更新条件>]
```

说明：
- SET 后面可以设置多个字段的更新值或表达式，使用逗号分隔。
- WHERE 子句是可选项，用于限制修改记录的条件，即限定待更新的行数。

如果不限制，则整个表的所有记录都将被更新。

【例 3-4】修改学生表中 21041112 班徐成同学的性别为"男"，政治面貌"党员"。

```
UPDATE student
SET s_sex='男',politic='党员'
WHERE class_id='21041112' AND s_name='徐成';
```

3.1.4 使用 DELETE 语句删除数据

使用 DELETE 语句可以删除表中一行或多行数据。语法格式如下：

```
DELETE FROM <表名> [WHERE <删除条件>]
```

通过 WHERE 子句，限制删除记录的条件，可以删除表中的单条、多条及所有记录。如果 DELETE 语句中没有 WHERE 子句的限制，表中的所有记录都将被删除。

【例 3-5】删除学生表中 21041112 班徐成同学的学生基本信息。

```
DELETE FROM  student
WHERE class_id='21041112' AND s_name='徐成';
```

DELETE 和 DROP 的区别如下。
- DELETE 是删除记录命令，即使删除表中所有的记录，表也仍然存在。

DELETE 语句只能对整条记录进行删除，不能删除记录的某个字段的值。系统每次删除表中的一行记录，并且在从表中删除记录之前，在事务日志文件中记录相关的删除操作和删除记录中的值，在删除失败时，可以通过事务日志文件恢复数据。
- DROP 是删除表命令，在删除表的同时，表中的记录自然也不存在了。

3.1.5 使用 TRUNCATE TABLE 语句清空数据

TRUNCATE TABLE 语句也称为清除表数据语句。
语法格式：

```
TRUNCATE TABLE 表名
```

说明：
- 使用 TRUNCATE TABLE 语句后，AUTO INCREMENT 计数器被重新设置为该列的初始值。
- 对于参与了索引和视图的表，不能使用 TRUNCATE TABLE 删除数据，而应使用 DELETE 语句。

TRUNCATE TABLE 语句在功能上与不含 WHERE 子句的 DELETE 语句相同。但 TRUNCATE TABLE 语句比 DELETE 语句运行速度快，且使用的系统和事务日志资源较少。这是因为 DELETE 语句每次删除一行，都在事务日志中为所删除的每行记录一项；而 TRUNCATE TABLE 通过释放存储表数据所用的数据页来删除数据，并且只在事务日志中记录页的释放。

由于 TRUNCATE TABLE 语句将删除表中的所有数据，且无法恢复，所以使用时必须十分小心。

任务实施

1. 插入记录

新生报到需要在学生表中插入记录。

使用 INSERT 语句插入记录。输入如下 SQL 语句：

```
INSERT INTO student(s_id,s_name,s_sex,born_date,nation,place,politic,tel,address,class_id,remark)
    VALUES('2104111205','张博','女','2000-05-12','汉','江苏徐州','团员','0516-83456323','江苏省徐州市解放南路','21041112',NULL);
```

```
INSERT INTO student                    --INTO 关键字可省略
  VALUES('21104111206','姚蓓','女','2000-09-22','汉','江苏昆山','团员',
'0512-86452367','江苏省昆山市玉山镇','21041112',NULL);
```

2. 修改记录

教学计划修订，需要将 course 表中的"计算机应用基础"课程名称修改为"信息技术"，并且将课时值调整为 56。

使用 UPDATE 语句修改记录。输入如下 SQL 语句：

```
UPDATE course
SET c_name='信息技术',c_period=56
WHERE c_name='计算机应用基础';
```

3. 删除记录

在 score 表中，删除选修 200101 号课程的 2002011101 号学生的成绩记录。

使用 DELETE 语句删除记录。输入如下 SQL 语句：

```
DELETE FROM score
WHERE s_id='2002011101' AND c_id='200101';
```

任务总结

本任务主要介绍了对数据表进行插入记录、修改记录和删除记录的操作方法，在添加、修改和删除记录时，要注意表与表之间主外键约束关系。

3.2 单表查询

知识目标

- 掌握使用 SELECT 语句进行单表查询的方法。
- 掌握按需要重新排序查询结果的方法。
- 掌握消除结果集中重复记录的方法。
- 掌握查询满足特定条件记录的方法。

能力目标

- 进行单表查询。
- 利用精确查询和模糊查询来查询满足特定条件的记录。
- 对查询结果进行编辑。

任务情境

K 老师："前一阶段你主要学习了插入、修改、删除操作，感觉如何？"

小 S:"感觉还不错。下面我准备学习数据查询。"

K 老师:"好的。软件系统开发过程中,除了插入、修改、删除等操作,查询操作最为核心。在应用系统中查询操作处处可见。例如,用户在淘宝买一本书,只要输入书名,就可获取该书的若干条信息,这就是一个查询操作。我们创建数据库和数据表的目的是存储数据,用户借助前台系统,通过查询操作随时随地在数据库中快速高效地获取所需要的数据,为分析、决策等工作提供了数据支撑。"

小 S:"原来查询这么重要呀!"

K 老师:"查询语句功能非常强大,你可以先从单表查询学起。"

小 S:"好的。"

任务描述

班级学生基本信息查询

王老师是新生班计算机应用技术 1011 班(班级编号为 21041011)的班主任,新生马上要上课了,她需要查询本班学生的如下信息,以尽快地熟悉新生情况。

1. 查询本班学生的籍贯。
2. 查询本班苏南地区(江苏苏州、江苏无锡、江苏常州)的学生基本信息。
3. 查询本班年龄为 19~20 岁的学生基本信息。
4. 按学号排序的班级学生名单,内容包括学号、姓名,为任课教师提供花名册。

任务分析

此任务主要涉及数据的查询操作,这些查询操作主要涉及在一个表上的投影和选择操作。

1. 查询结果需要消除结果集中的重复记录。
2. 使用模糊查询设置查询条件。
3. 查询结果中各数据行来自学生表中满足某些条件的记录。
4. 查询结果要求按一定的顺序排列。

知识导读

3.2.1 查询简介

数据查询是指数据库管理系统按照用户指定的条件,将满足一定条件的数据检索出来。数据表在接收查询请求的时候,逐行判断是否符合查询条件。如果符合查询条件就提取出来,然后将所有被选中的行组织在一起,以数据表的形式返回用户。数据查询使用 SELECT 语句,它是 SQL 语言的核心。

3.2.2 SELECT 查询

1. SELECT 查询语句的语法格式

```
SELECT [ALL|DISTINCT] <字段列表>        --投影（计算统计）
FROM <表名列表>                          --连接
[WHERE <查询条件>]                       --选择
[GROUP BY <字段名>]                      --分组统计
[HAVING <组筛选条件表达式>]              --限定分组统计
[ORDER BY <字段名> [ASC|DESC]]           --排序
[LIMIT[<偏移量>，行数]]
```

说明：
- ALL|DISTINCT。其中 ALL 表示查询满足条件的所有行；DISTINCT 表示在查询的结果集中，内容相同的记录只显示一条。
- <字段列表>。由被查询的表中的字段或表达式组成，指明要查询的字段信息。
- FROM <表名列表>。指出针对哪些表进行查询操作，可以是单个表，也可以是多个表。当查询多个表时，表名之间用逗号隔开。
- WHERE <查询条件>。用于指定查询的条件。该项是可选项，可以不设置查询条件，也可以设置一个或多个查询条件。
- GROUP BY <字段名>。对查询的结果按照指定的字段进行分组。
- HAVING <组筛选条件表达式>。对分组后的查询结果再次设置筛选条件，最后的结果集中只包含满足条件的分组。必须与 GROUP BY 子句一起使用。
- ORDER BY <字段名> [ASC|DESC]。对查询的结果按照指定的字段进行排序，其中 [ASC|DESC]用于指明排序方式，ASC 为升序，DESC 为降序。
- LIMTI[<偏移量>，行数]。显示查询出来的数据条数。

2. SELECT 查询语句的基本格式

```
SELECT <字段列表>
FROM <表名>
[WHERE <查询条件>]
```

语句含义：根据 WHERE 子句的查询条件，从 FROM 子句指定的表中找出满足条件的记录，再按 SELECT 语句中指定的字段依次筛选出记录中的指定字段值。若不设置查询条件，则表示查询表中的所有记录。

为了让大家能够熟练掌握 SELECT 查询语句格式中各个部分的功能，我们先从单表查询开始，然后逐步延伸到多表查询。

3.2.3 查询指定字段

1. 查询表中所有字段数据

将表中的所有数据都列举出来比较简单，可以使用 "*" 来解决，也可以将表中所有字段名在 SELECT 子句中一一列举出来。语法格式如下：

```
SELECT * FROM <表名>
```

或者：

```
SELECT 所有列名 FROM <表名>
```

【例 3-6】 查询学生表中的所有信息。
```
SELECT * FROM student;
```
或者:
```
SELECT s_id,s_name,s_sex,born_date,nation,place,politic,tel,address,
class_id,remark
FROM student;
```

2. 查询表中部分字段数据

查询时只需显示表中部分字段数据时,可以通过指定字段名来显示,以逗号隔开。

【例 3-7】 查询学生表中学生的学号、姓名和班级编号。
```
SELECT s_id,s_name,class_id FROM student;
```

3.2.4 查询满足条件的记录

当用户只需要了解表中满足条件的部分记录时,可使用 WHERE 子句设置筛选条件实现选择操作,将满足筛选条件的记录查询出来。

设置查询条件的 SELECT 查询语句的语法格式如下:
```
SELECT <字段列表>
FROM <表名>
WHERE <查询条件>
```

说明: WHERE 子句的查询条件是逻辑表达式。WHERE 子句中的字符型常量必须用英文格式下的单引号括起来。

1. 比较表达式作为查询条件

比较查询的语法格式为:
```
<表达式1><比较运算符><表达式2>
```

比较运算符用于判断两个表达式的大小关系,除了 Text 和 Blob 数据类型的表达式,关系运算符几乎可以用于其他所有数据类型的表达式,WHERE 子句中常用的比较运算符及其说明如表 3-1 所示。

表 3-1 常用的比较运算符及其说明

运算符	说明
=	等于
>	大于
<	小于
>=	大于或等于
<=	小于或等于
!=	不等于(非 SQL-92 标准)
<>	不等于

【例 3-8】 查询所有男学生的学号、姓名、性别和出生日期。
```
SELECT s_id,s_name, s_sex, born_date
FROM student WHERE s_sex='男';
```

【例 3-9】 查询 2000 年 12 月 31 日以后出生的学生基本信息。
```
SELECT * FROM student WHERE born_date>'2000-12-31';
```

【例 3-10】查询籍贯不是江苏南通的学生的学号、姓名。
```
SELECT s_id,s_name FROM student WHERE place<>'江苏南通';
```

2. 逻辑表达式作为查询条件

用逻辑运算符将两个表达式连接在一起的式子称为逻辑表达式，其返回值为逻辑真（TRUE）或逻辑假（FALSE）。逻辑表达式的语法格式为：

[<关系表达式1>]<运算符><关系表达式2>

WHERE 子句中逻辑表达式常用的逻辑运算符及其说明如表 3-2 所示。

表 3-2 常用的逻辑运算符及其说明

运算符	说明
AND	逻辑与。当且仅当两个关系表达式都为 TRUE 时，返回 TRUE
OR	逻辑或。当且仅当两个关系表达式都为 FALSE 时，返回 FALSE
NOT	逻辑非。对关系表达式的值取反，优先级别最高
XOR	逻辑异或。两个关系表达式一个为 TRUE，一个为 FALSE，则为 TRUE，否则为 FALSE
ALL	如果一组的比较都为 TRUE，则比较结果为 TRUE
ANY	如果一组的比较中任何一个为 TRUE，则结果为 TRUE
SOME	如果一组的比较中，有些比较结果为 TRUE，则结果为 TRUE

【例 3-11】查询 2000 年以后出生的所有女生的基本信息。
```
SELECT *
FROM student
WHERE born_date>'2000-12-31' AND s_sex='女';
```

【例 3-12】查询学生表中非团员的学生基本信息。
```
SELECT * FROM student WHERE NOT(politic='团员');
```

【例 3-13】查询学生表中班级编号为 20020111 或 20040911 的学生的学号、姓名、班级编号、家庭住址和备注。
```
SELECT s_id, s_name, class_id, address, remark
FROM  student
WHERE class_id='20020111' or class_id='20040911';
```

【例 3-14】查询学生表中班级编号为 20040911 的女生，以及其他班级的男生信息。
```
SELECT *
FROM  student
WHERE class_id='20040911' XOR s_sex='男';
```

ALL、ANY、SOME 多用于子查询，具体示例在 3.5 嵌套查询中介绍。

3. 特殊表达式作为查询条件

特殊运算符用于特定查询条件的设置，它们在使用过程中有一些特殊的规定，有时候也可以与逻辑运算符和关系运算符进行替换。WHERE 子句中逻辑表达式常用的特殊运算符及其说明如表 3-3 所示。

表 3-3 常用的特殊运算符及其说明

运算符	说明
%	通配符，包含 0 个或多个字符的任意字符串

续表

运 算 符	说 明
_	通配符，表示任意单个字符
BETWEEN...AND	定义一个区间范围
IS [NOT] NULL	检查字段值是否为 NULL
LIKE	检查某字符串是否与指定的字符串相匹配
[NOT] IN	检查指定表达式的值属于或不属于某个指定的集合
EXISTS	检查某一字段值是否存在

1）模糊匹配操作符——LIKE。

LIKE 关键字的作用是判断一个字符串是否与指定的字符串相匹配，其运算对象可以是 char、text、datetime 等数据类型，结果返回逻辑值，用于实现模糊查询。LIKE 表达式的语法格式如下：

```
字符表达式1 [NOT] LIKE 字符表达式2
```

其中 NOT 是可选项。若省略 NOT，则表示当字符表达式 1 与字符表达式 2 相匹配时返回逻辑真；若选择 NOT，则表示当字符表达式 1 与字符表达式 2 不匹配时返回逻辑真。

【例 3-15】查询学生表中姓李的学生的基本信息。

```
SELECT * FROM student WHERE s_name LIKE'李%';
```

提示：在用通配符"%"或"_"时，只能用字符匹配操作符 LIKE，不能使用"="运算符。反之，如果被匹配的字符串不包含通配符，则可以用"="代替 LIKE。

```
SELECT * FROM student WHERE s_name LIKE '李飞'
SELECT * FROM student WHERE s_name ='李飞'
```

提示：当使用 LIKE 进行字符串比较时，要注意空格的使用，因为空格也是字符。

2）区间控制运算符——BETWEEN...AND。

BETWEEN...AND 的作用是判断所指定的值是否在给定的区间内，结果返回逻辑值，其语法格式如下：

```
表达式 [NOT] BETWEEN 表达式1 AND 表达式2
```

其中表达式 1 是区间的下限，表达式 2 是区间的上限，NOT 是可选项。若省略 NOT，则表示当表达式的值在指定的区间内时，返回逻辑真；若选择 NOT，则表示当表达式的值不在指定的区间内时，返回逻辑真。

【例 3-16】查询学生表中 2001 年 1 月 1 日—2002 年 12 月 31 日出生的学生的学号、姓名、出生日期。

```
SELECT s_id, s_name, born_date
FROM  student
WHERE born_date BETWEEN '2001-1-1' AND '2002-12-31';
```

在这里，BETWEEN...AND 可以用关系运算符和逻辑运算符的结合运算来代替。本例查询条件可以改为：

```
WHERE born_date>='2001-1-1' AND born_date<='2002-12-31'
```

上述两个查询条件采用的设置方法不同，但执行结果是一致的。

3）空值判断运算符——IS [NOT] NULL。

IS NULL 用于判断指定的表达式的值是否为 NULL，结果返回逻辑值，其语法格式如下：

```
表达式 IS [NOT] NULL
```

其中 NOT 是可选项。若省略 NOT，则表示当表达式的值为 NULL 时返回逻辑真；若选择 NOT，则表示当表达式的值不为 NULL 时返回逻辑真。

【例 3-17】查询学生表中备注字段值为 NULL 的学生的学号、姓名与备注。
```
SELECT s_id, s_name, remark FROM student WHERE remark IS NULL
```

【例 3-18】查询学生表中备注字段值不为 NULL 的学生的学号、姓名和备注。
```
SELECT s_id, s_name, remark FROM student
WHERE remark IS NOT NULL;
```

4）集合判断运算符——[NOT] IN。

IN 关键字用于判断指定的表达式的值是否属于某个指定的集合，结果返回逻辑值，其语法格式如下：
```
表达式 [NOT] IN (表达式[,...n])
```

其中 NOT 是可选项。若省略 NOT，则表示当表达式的值属于指定的集合时返回逻辑真；若选择 NOT，则表示当表达式的值不属于指定的集合时返回逻辑真。

【例 3-19】查询学生表中来自南通市和常州市的学生的姓名、班级编号和家庭住址。
```
SELECT s_name, class_id, address
FROM student
WHERE RIGHT(address,3) IN ('南通市','常州市') ;
```

在这里，IN 可以用关系运算符和逻辑运算符的结合运算来代替。例 3-19 的查询条件可以改为：
```
WHERE RIGHT(address,3)='南通市'OR RIGHT(address,3)='常州市'
```

本例中调用的函数可参考工作任务四中的字符串函数介绍。

上述两个查询条件采用的设置方法不同，但执行结果是一致的。

3.2.5 查询结果的编辑

1. 查询结果中定义列别名

在默认情况下，查询结果中的列标题可以是表中的列名或无列标题，也可以根据实际需要对列标题进行修改说明，修改方法如下：
```
SELECT 列名|表达式 [AS]列别名 FROM 表名
```
或者：
```
SELECT 列别名=列名|表达式 FROM 表名
```

【例 3-20】查询学生的学号、姓名和籍贯。
```
SELECT s_id AS 学号, s_name 姓名, place 籍贯 FROM student;
```

2. 查询中使用常数列

有时候，需要将一些常量的默认信息添加到查询输出列中，以便说明。可以将增加的字符串用单引号括起来。

【例 3-21】查询学生的学校名称、学号和姓名。
```
SELECT '江扬学院' AS 学校名称,s_id AS 学号,s_name AS 姓名
FROM student;
```

在查询输出结果中多了名为"学校名称"的列，该列的所有数据都显示"江扬学院"。

3. 消除结果集中重复的记录

在查询一些明细数据时，经常会遇到某个数据同时出现多次的情况，这类相同数据出

现在查询结果中，可能影响数据查看分析操作，因此应将重复数据删除。

使用 DISTINCT 关键字可从 SELECT 语句的查询结果中消除重复的记录，其语法格式如下：

```
SELECT [DISTINCT] <选择列表> FROM <表名>
```

下面举例说明 DISTINCT 关键字使用前后的结果。

【例 3-22】查询课程表中 2020-2021 学年第一学期的课程类型。

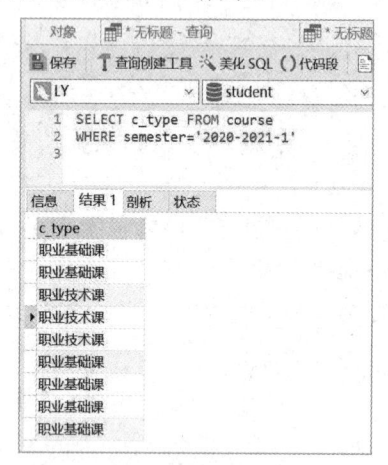

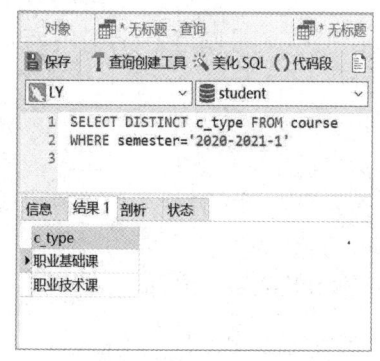

使用 DISTINCT 关键字之前：

```
SELECT c_type FROM course
WHERE semester='2020-2021-1';
```

执行结果如图 3-2 所示。

使用 DISTINCT 关键字之后：

```
SELECT DISTINCT c_type FROM course
WHERE semester='2020-2021-1';
```

执行结果如图 3-3 所示。

图 3-2 使用 DISTINCT 关键字之前　　　　图 3-3 使用 DISTINCT 关键字之后

由此可见，直接使用 SELECT 语句返回的结果集中包括重复的记录，而使用 DISTINCT 关键字后返回的结果集中消除了重复的记录。

4. 表达式作为查询列

在查询语句中，SELECT 子句后面可以是字段名，也可以是表达式，其中表达式不仅可以是算术表达式，也可以是字符串常量、函数等。

【例 3-23】查询学生表中 20040911 班学生的学号和年龄。

```
SELECT s_id,YEAR(NOW())-YEAR(born_date) 年龄
FROM student
WHERE class_id='20040911';
```

"YEAR (NOW())-YEAR(born_date)"是表达式，其含义是获取系统当前日期中的年份减去"出生日期"字段中的年份，计算学生的年龄。

本例中调用的函数可参考工作任务四中的日期函数。

3.2.6 按指定列名排序

在 SELECT 查询语句的语法格式中，ORDER BY 子句可以实现对查询结果按照一个或

多个字段进行排序的操作，排序方式分为升序（ASC）和降序（DESC）两种，若在指定的排序字段后面省略排序方式，则默认为升序（ASC）。

```
[ORDER BY <字段名> [ASC|DESC]]
```

【例3-24】根据出生日期降序显示学生表中学生的姓名和出生日期。

```
SELECT s_name,born_date
FROM student
ORDER BY born_date DESC;
```

【例3-25】查询成绩表中成绩高于60分的学生的学号、课程编号和成绩，查询结果按课程编号升序和学生成绩降序排列。

```
SELECT s_id,c_id,grade
FROM score
WHERE grade>60
ORDER BY c_id,grade DESC;
```

说明：如果在ORDER BY子句后面指定多个排序字段，那么先按第一个字段排序，若第一个字段值相同，再按第二个字段排序，依次类推。

3.2.7 LIMIT 子句限制返回的行数

一些查询需要返回限制的行数。例如，在测试的时候，如果数据库中有上万条记录，那么为了提高测试速度，只要检查几行数据是否有效即可，没有必要输出全部的数据。这时可以使用限制返回行数的查询。

LIMIT子句主要用于限制SELECT语句返回记录的行数，其语法格式如下：

```
SELECT <字段列表> FROM <表名> [LIMIT[<偏移量>,]行数]
```

偏移量指定从查询结果中哪一条记录开始返回。如果省略，则表示从第一条记录开始返回。第一条记录的位置为0，即初始行的偏移量为0。行数指返回的行数。比如"LIMIT 4,5"，表示从第5行开始返回5行。

【例3-26】查询返回学生记录中前5名女生的学号和家庭住址。

```
SELECT s_id,address
FROM student
WHERE s_sex='女'
LIMIT 5;
```

【例3-27】查询学生表中第4条记录开始的5条记录。

```
SELECT *
FROM student
LIMIT 3,5;
```

任务实施

1. 查询本班学生的籍贯

输入如下SQL语句：

```
SELECT DISTINCT place FROM student
WHERE class_id='21041011'
```

执行上述SELECT语句，查询结果如图3-4所示。

图 3-4　查询本班学生的籍贯

2. 查询本班苏南地区（江苏苏州、江苏无锡、江苏常州）的学生基本信息

输入如下 SQL 语句：

```
SELECT * FROM student
WHERE class_id='21041011'
AND (place='江苏苏州' OR place='江苏无锡' OR place='江苏常州');
```

执行上述 SELECT 语句，查询结果如图 3-5 所示。

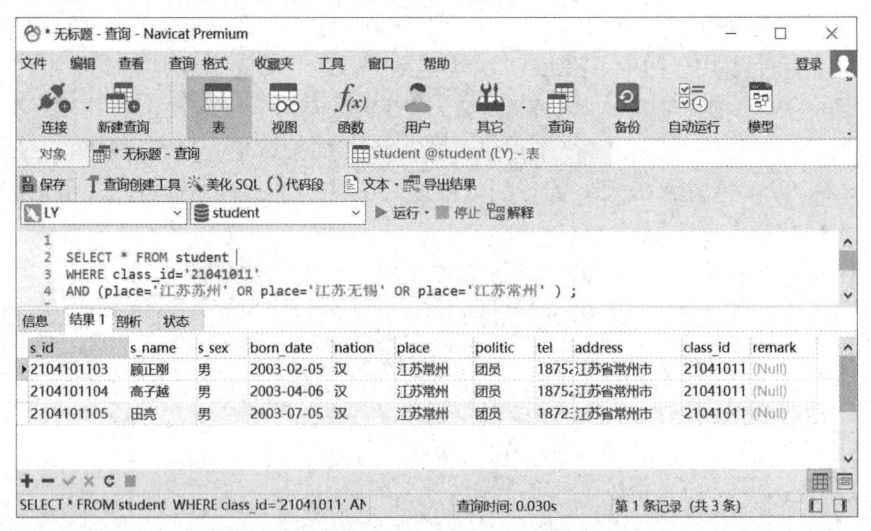

图 3-5　查询本班苏南地区的学生基本信息

3. 查询本班年龄为 19～20 岁的学生基本信息

输入如下 SQL 语句：

```
SELECT * FROM student
WHERE YEAR(NOW())-YEAR(born_date) BETWEEN 19 AND 20
AND class_id='21041011';
```

要查询的学生基本信息处于一个年龄范围，故在查询条件中使用 BETWEEN... AND。
执行上述 SELECT 语句，查询结果如图 3-6 所示。

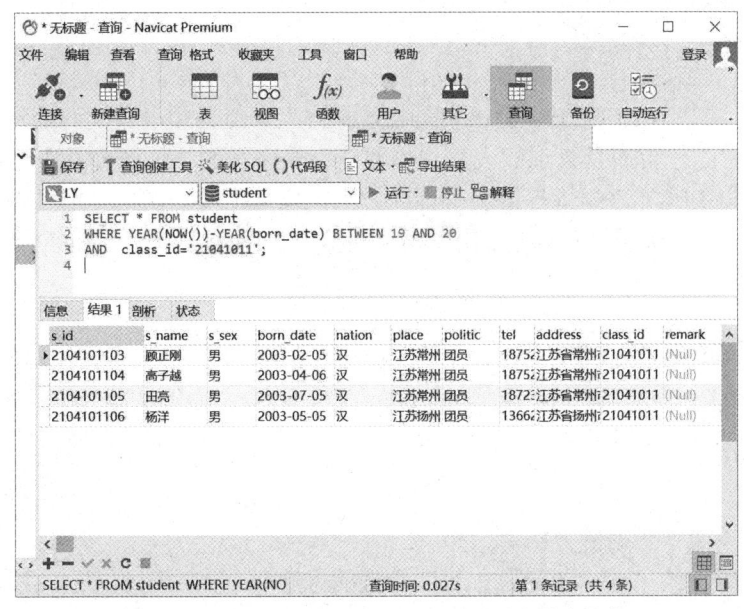

图 3-6　查询本班年龄为 19～20 岁的学生基本信息

4. 为任课教师提供花名册

按学号排序的班级学生名单，内容包括学号、姓名，为任课教师提供花名册。
输入如下 SQL 语句：

```
SELECT s_id AS 学号,s_name AS 姓名
FROM student
WHERE class_id='21041011'
ORDER BY s_id
```

本查询通过 WHERE 子句指定查询本班后，在输出学生的 s_id、s_name 信息的同时为其定义别名以方便阅读，并且按学号的升序输出结果。

执行上述 SELECT 语句，查询结果如图 3-7 所示。

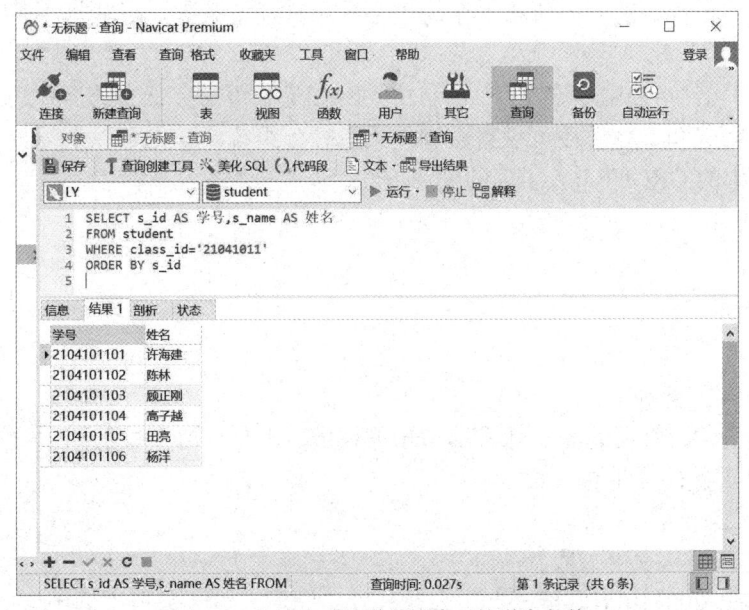

图 3-7　查询本班按学号排序后的学生名单

任务总结

在 SQL 语言中，SELECT 查询语句是功能最强大、使用频率最高的语句之一。在进行数据查询时，首先分析涉及查询的表，然后厘清对表中行的筛选条件及查询目标列。此任务介绍了使用 SELECT 语句进行单表查询的方法，包括条件查询、查询排序等；还介绍了如何对查询结果进行编辑，如对查询字段定义别名、消除重复记录、返回指定行等。

3.3 分组统计查询

知识目标

- 掌握简单统计数据的方法。
- 掌握对查询结果进行统计、分组和筛选的方法。

能力目标

- 利用聚合函数和 GROUP BY 子句对查询结果进行简单统计。
- 对查询结果进行统计、分组和筛选。

任务情境

K 老师："单表查询学习得如何呀？"

小 S："我觉得很简单。但是在实际查询中，我发现很多时候需要对数据进行统计计算，如查看淘宝中某个商品的最高价格、平均价格、用户评论条数，这些是不是也可以通过查询实现呀？"

K 老师："当然可以啦！在 SQL 语言中，SELECT 语句有强大的操作功能，除了可以对查询列进行筛选和计算，还可以对查询结果进行分组统计。你可以学习一下聚合函数和 SELECT 语句中的 GROUP BY 子句的使用方法。"

小 S："好的。"

任务描述

全院学生信息查询

教务处负责学籍管理的潘老师为填写相关报表，需要获取学生的如下信息。

1. 统计江苏籍的学生总人数。
2. 按班级统计学生人数。
3. 统计每班男、女生人数。
4. 分别统计 20041011 班男、女生人数，党、团员人数，来自不同地区的人数。

任务分析

此任务主要运用聚合函数和 GROUP BY 子句来实现数据的统计。
1. 利用 COUNT 函数实现人数的统计。
2. 通过对班级的分组实现班级人数统计。
3. 通过对班级、性别的两次分组实现班级男、女生人数统计。
4. 指定班级后,按性别、政治面貌、籍贯的分组完成统计。

知识导读

3.3.1 聚合(集合)函数

在实际生活中,用户通常需要对查询结果集进行统计,如求和、求平均值、求最大值、求最小值、求个数等,这些统计操作可以通过聚合函数实现。聚合函数可以对表中指定的若干列或行进行统计,并且在查询结果集中输出统计值。常用的聚合函数如表 3-4 所示。

表 3-4 常用的聚合函数

聚合函数	功 能	说 明
SUM	求和	返回表达式中所有值的总和
AVG	求平均值	返回表达式中所有值的平均值
COUNT	统计	统计满足条件的记录数
MAX	求最大值	返回表达式中的最大值
MIN	求最小值	返回表达式中的最小值

语法格式如下:

```
聚合函数([ALL|DISTINCT] 表达式)
```

说明:ALL 表示对表达式的数值集中所有的值进行聚合函数运算,DISTINCT 表示在消除重复的值后,对表达式的数值集进行聚合函数运算,默认为 ALL。表达式可以是涉及一个或多个列的算术表达式。

【例 3-28】统计学生表中学生的总人数和有特长的学生人数。

```
SELECT COUNT(*) AS 学生总人数, COUNT(remark) AS 特长人数
FROM student;
```

提示:如果将"*"作为参数,则统计所有行的数目(包括值为 NULL 的行)。如果 COUNT 函数将列名作为参数,则只统计该列值不为 NULL 的行的数目。

【例 3-29】统计课程表中课程类型的数量。

```
SELECT COUNT(DISTINCT c_type) 课程类型数量
FROM course;
```

课程表中课程类型数据重复,通过 DISTINCT 关键字消除重复数据,统计课程类型数量。

【例 3-30】查询成绩表中 200406 号课程的最高分和最低分。

```
SELECT MAX(grade) 最高分,MIN(grade) 最低分
FROM score
```

```
WHERE c_id='200406';
```

【例 3-31】计算成绩表中学号为 2002011102 的学生的平均分。

```
SELECT AVG(grade) 平均分
FROM score
WHERE s_id='2002011102';
```

在使用聚合函数对满足条件的查询结果的整体进行统计时,返回结果为一条统计记录。思考下面两个问题。

(1)代码可否写成如下所示?

```
SELECT s_id,AVG(grade) 平均分
FROM score
WHERE s_id='2002011102';
```

(2)如何统计每个学生的平均分?

3.3.2 分组统计

聚合函数实现了对表中满足筛选条件的记录的整体统计,只返回单个统计值。而在实际查询中,往往需要对一个字段或多个字段的值进行分组,然后分别对每一组进行统计。可以使用 GROUP BY 子句对表中记录进行分组,为每组产生一个统计值。

GROUP BY 子句的语法格式如下:

```
SELECT <[字段列表],[聚合函数(字段名)]>
FROM <表名>
GROUP BY <字段列表>
```

说明:

- GROUP BY<字段列表>是按照指定的字段分组,将该字段值相同的记录组成一组,对每组记录进行统计。
- 若在 SELECT 子句后存在字段列表,则其与 GROUP BY 子句后的字段列表必须一致。
- 在查询语句 SELECT 子句后面的字段列表中,如果既有字段名,又有聚合函数,那么该字段名要么被包含在聚合函数中,要么出现在 GROUP BY 子句中。
- 如果在 GROUP BY 子句后面有多个字段,那么先按第一个字段分组,若第一个字段值相同,再按第二个字段分组,以此类推。

【例 3-32】统计成绩表中每门课程的最高分、最低分和平均分。

```
SELECT c_id,MAX(grade) 最高分,MIN(grade) 最低分,AVG(grade) 平均分
FROM score
GROUP BY c_id;
```

本例统计每门课程的信息,不是对整个成绩表记录进行统计,而是对成绩表记录分组后再进行统计。这里根据课程编号进行分组,每一组(每一门课程)返回一条记录。

【例 3-33】统计成绩表中每个学生的总分和平均分,并且按总分降序排列。

```
SELECT s_id,SUM(grade) 总分,AVG(grade) 平均分
FROM score
GROUP BY s_id
ORDER BY 总分 DESC;
```

【例 3-34】统计学生表中男、女生人数。

```
SELECT COUNT(*) 人数
```

```
FROM student
GROUP BY s_sex;
```

或者：
```
SELECT s_sex,COUNT(*) 人数
FROM student
GROUP BY s_sex;
```

【例 3-35】统计教师表中每个系男、女教师人数。
```
SELECT dept_id,t_sex,COUNT(t_sex) 人数
FROM teacher
GROUP BY dept_id,t_sex
ORDER BY dept_id;
```
本例先对系分组，在此基础上再对教师性别分组。

3.3.3 分组筛选

HAVING 子句通常与 GROUP BY 子句一起使用。HAVING 子句可以对 GROUP BY 子句的分组结果进行筛选，输出满足一定条件的分组结果。

HAVING 子句的语法格式如下：
```
[HAVING <组筛选条件表达式>]
```
这里的<组筛选条件表达式>用于对分组后的查询结果进行筛选，其作用与 WHERE 子句相似，二者的区别如下：

- 作用对象不同。WHERE 子句作用于表和视图中的行，而 HAVING 子句作用于形成的组。WHERE 子句限制查询的行，HAVING 子句限制查询的组。
- 执行顺序不同。若查询语句中同时有 WHERE 子句和 HAVING 子句，执行时，先去掉不满足 WHERE 子句条件的行，然后分组，再去掉不满足 HAVING 子句条件的组。
- WHERE 子句中不能直接使用聚合函数，但 HAVING 子句的<组筛选条件表达式>可以包含聚合函数，也可以包含 GROUP BY 子句中的字段。
- 对于那些用在分组之前或之后都不影响返回结果集的搜索条件，在 WHERE 子句中指定较好。因为这样可以减少 GROUP BY 分组的行数，使程序更有效。

【例 3-36】统计成绩表中每个学生的总分和平均分，只输出总分高于 150 分的学生的学号、总分和平均分。
```
SELECT s_id 学号,SUM(grade) 总分,AVG(grade) 平均分
FROM score
GROUP BY s_id
HAVING SUM(grade)>150;
```

【例 3-37】统计学生表中籍贯为"江苏无锡"的学生人数。
```
SELECT  place,count(*) AS 人数
FROM student
WHERE place='江苏无锡'
GROUP BY  place;
```
或者：
```
SELECT  place,count(*) AS 人数
FROM student
GROUP BY  place
HAVING  place='江苏无锡';
```

该例分别使用 WHERE 子句和 HAVING 子句对查询范围做了限制，其运行结果相同。两者的区别在于前者先判断籍贯是否为"江苏无锡"，再进行分组；后者先用 GROUP BY 子句对籍贯进行分组，再用 HAVING 子句限定返回籍贯为"江苏无锡"的组。这里推荐使用 WHERE 子句，因为更高效。

思考：统计学生表中籍贯为"江苏无锡"的男、女生人数。

分析这两条语句运行的正确性。

```
SELECT s_sex,count(*) AS 人数
FROM student
WHERE place='江苏无锡'
GROUP BY s_sex

SELECT s_sex,count(*) AS 人数
FROM student
GROUP BY s_sex
HAVING place='江苏无锡'
```

任务实施

1. 统计江苏籍的学生总人数

输入如下 SQL 语句：

```
SELECT COUNT(s_id) AS 总人数 FROM student WHERE place LIKE '江苏%';
```

执行上述 SELECT 语句，查询结果如图 3-8 所示。

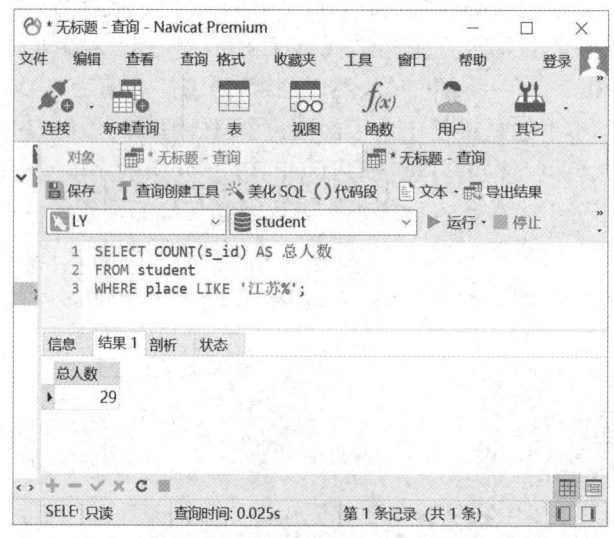

图 3-8　统计江苏籍的学生总人数

2. 按班级统计学生人数

输入如下 SQL 语句：

```
SELECT class_id AS 班级 , COUNT(*) AS 人数
FROM  student
GROUP BY class_id;
```

根据班级分组统计各班人数。执行上述 SELECT 语句，查询结果如图 3-9 所示。

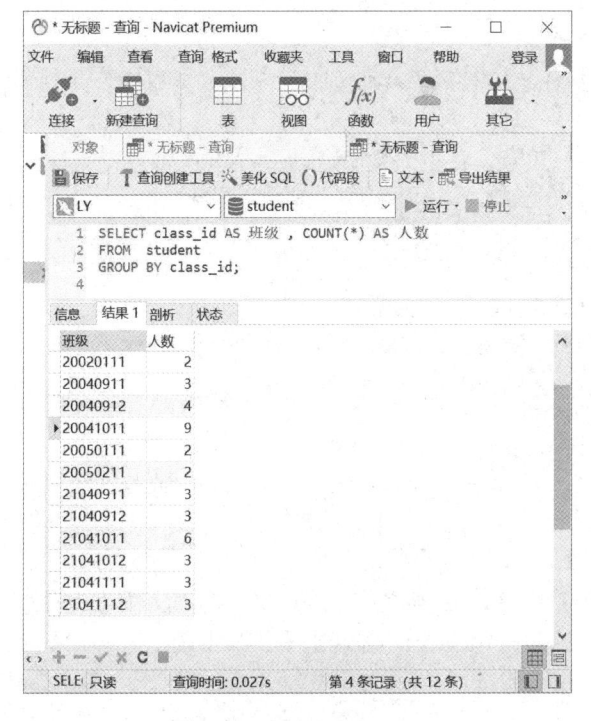

图 3-9 按班级统计学生人数

3. 统计每班男、女生人数

输入如下 SQL 语句：

```
SELECT class_id,s_sex,COUNT(s_sex)AS 人数
FROM student
GROUP BY class_id,s_sex;
```

根据班级和性别分组统计人数。执行上述 SELECT 语句，查询结果如图 3-10 所示。

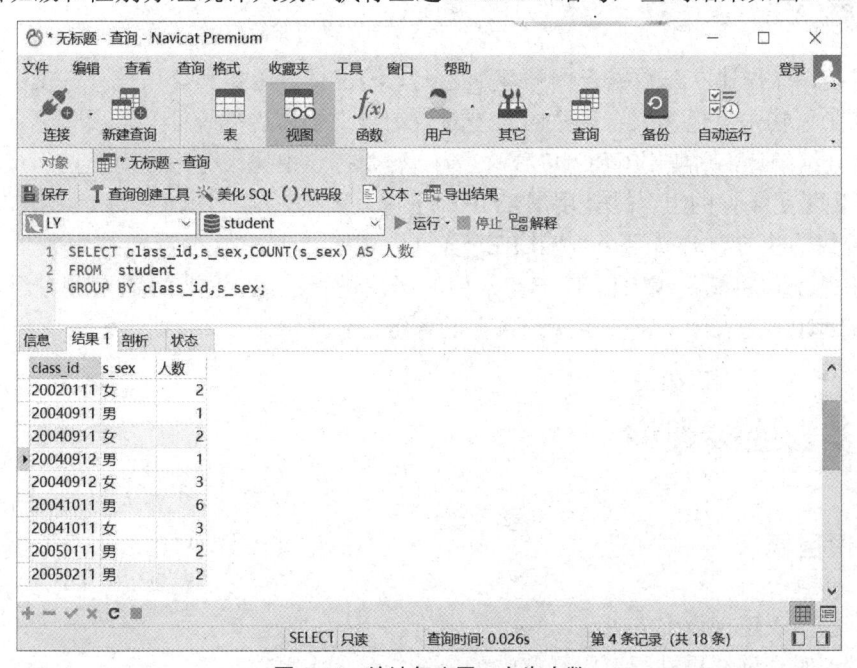

图 3-10 统计每班男、女生人数

4. 按要求统计人数

统计 20041011 班男、女生人数，党、团员人数，来自不同地区的人数，输入如下 SQL 语句。

1）统计 20041011 班男、女生人数。

```
SELECT s_sex AS 性别，COUNT(s_id) AS 人数 FROM student  WHERE class_id='20041011'
    GROUP BY s_sex;
```

2）统计 20041011 班党、团员人数。

```
SELECT  politic AS 政治面貌,COUNT(s_id) AS 人数 FROM student  WHERE class_id='20041011'
    GROUP BY politic;
```

3）统计 20041011 班来自不同地区的人数。

```
SELECT  place AS 籍贯，COUNT(s_id) AS 人数 FROM student  WHERE class_id='20041011'
    GROUP BY place;
```

本查询分别对 20041011 班的学生按性别、政治面貌、籍贯进行分组，并且统计出各组人数。执行上述 SELECT 语句，查询结果如图 3-11 所示。

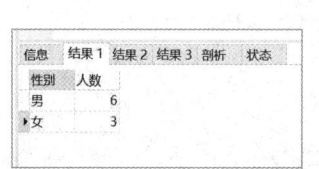

图 3-11　统计 20041011 班学生的相关数据

任务总结

分组统计操作建立在数据查询的基础之上，涉及聚合函数和分组统计关键字的使用。当 SELECT 子句中只包含聚合函数时，是对查询结果整体进行统计。若要根据一个或多个字段进行分组统计，则使用 GROUP BY 子句；若要在表中记录分组后对这些组按条件进行筛选以输出满足条件的组，则使用 HAVING 子句。WHERE、GROUP BY、HAVING 子句和聚合函数的执行次序如下：WHERE 子句从数据源中去掉不符合搜索条件的数据；GROUP BY 子句将满足 WHERE 子句条件的记录进行分组，聚合函数为各个组计算统计值；HAVING 子句去掉不符合组筛选条件的各组记录。

3.4　多表连接查询

知识目标

- 掌握多表连接查询的方法。
- 掌握对查询结果进行分组和筛选的方法。
- 掌握对查询结果按一定顺序进行排序的方法。

能力目标

- 进行多表连接查询。
- 对查询结果进行分组和筛选。
- 对查询结果按一定的顺序进行排序。

任务情境

K 老师:"通过前面的学习,你一定对查询操作学习得不错,我来考考你吧!"

小 S:"好的,我试试吧!"

K 老师:"如何查询某个学生的成绩单?"

小 S:"嗯,这个成绩单中的数据包括学生的学号、姓名、课程名称和成绩等信息。在我参与的'学生成绩管理系统'数据库的设计项目中,上述数据是分散在学生表、课程表和成绩表中的,要如何查询呢?"

K 老师:"你说得很对。在实际应用中,查询往往针对多个表,可能涉及两个或更多个表,SELECT 语句也提供了多表查询功能。"

小 S:"我这就去学。"

任务描述

学生考试成绩统计

计算机应用技术 1011 班(班级编号为 20041011)的班主任王老师需要对本班学生的期末考试成绩进行统计,将统计结果作为 2020-2021-2 学期奖学金的评定依据。

1. 查询本班学生各门课程的成绩,要求输出学号、姓名、课程名称、成绩,查询结果按学号的升序和分数的降序排列。

2. 查询本学期所有课程平均分高于 60 分(包括 60 分)的学生的学号、姓名、总分和平均分。

3. 统计本班本学期每门课程的最高分、最低分和平均分,并且按平均分降序排列。

4. 查询本学期不及格学生的学号、姓名、课程名称、成绩,查询结果按课程名称升序排列。

任务分析

1. 查询的数据分别来自 3 个表,属于多表查询。
2. 此任务按学号分组统计成绩信息后,使用 HAVING 子句对分组结果进行筛选。
3. 此任务按照课程编号对成绩进行分组统计。
4. 此任务属于多表查询。

> 知识导读

前两节任务的查询只是涉及单个表的查询,在数据库的实际应用中经常需要从多个表中查询出相关联的数据,这就需要对多个表进行连接。在关系数据库中,将同时涉及两个或多个表的查询称为多表连接查询。

在 SQL 语言中,可以使用两种方法实现多表连接查询:一种是在 WHERE 子句中使用连接谓词编写连接条件,从而实现多表连接,这是早期的 MySQL 定义的多表连接语法格式;另一种是在 FROM 子句中使用 JOIN...ON 关键字,将连接条件写在 ON 之后,这是美国国家标准学会(American National Standards Institute,ANSI)定义的多表连接语法格式。

3.4.1 使用连接谓词连接

使用连接谓词连接表的语法格式如下:

```
SELECT <输出字段列表>
FROM 表1,表2[,...n]
WHERE <表1.字段名1><连接谓词><表2.字段名2>
```

说明:连接谓词包括=、<、<=、>、>=、!=、<>等,从这些连接谓词可以看出,用于建立连接的两个字段必须具有可比性,这两个字段称为连接字段。通过连接谓词使"表1.字段名1"和"表2.字段名2"产生比较关系,从而将两个表连接起来。

1. 等值连接和不等值连接

连接谓词是"="的连接,称为等值连接。连接谓词使用其他运算符的连接,称为不等值连接。其中等值连接在实际应用中最常见。等值连接条件通常采用"主键列=外键列"的形式。

【例 3-38】在学生表和成绩表中查询学生的基本信息和成绩信息。

```
SELECT student.*,score.*
FROM student, score
WHERE student.s_id=score.s_id;
```

根据连接条件将学生表中主键 s_id 字段和成绩表中外键 s_id 字段值相等的记录连接起来。在查询结果中 s_id 字段出现两次,分别来源于学生表和成绩表。

2. 自然连接

在等值连接中,使输出字段列表中重复的字段只保留一个的连接称为自然连接。

在针对多表进行查询时,如果引用的字段被查询的多个表所共有,那么引用该字段时必须指定其属于哪个表,以提高查询语句的可读性。

【例 3-39】查询学生的基本信息和成绩信息,在输出结果中相同的字段只保留一个。

```
SELECT student.s_id,s_name,class_id,s_sex,nation,place,politic,
born_date,address,tel,student.remark,c_id,grade,
score.remark
FROM student,score
WHERE student.s_id=score.s_id;
```

3. 复合条件连接

含有多个连接条件的连接称为复合条件连接。

【例 3-40】查询学生的学号、姓名、所学课程名称和成绩。

```
SELECT student.s_id,s_name,c_name,grade
```

```
FROM student,score,course
WHERE student.s_id=score.s_id
AND score.c_id=course.c_id;
```

本例中输出的字段分别在学生表、课程表和成绩表中，它们通过学生表中的学号和成绩表中的学号等值，以及成绩表中的课程编号和课程表中的课程编号等值连接为一张表，从而得到所需数据。

【例 3-41】查询选修大学英语或计算机应用基础课程的学生成绩，要求显示学号、姓名、课程名称、成绩。

```
SELECT student.s_id,s_name,c_name,grade
FROM student,score,course
WHERE student.s_id=score.s_id
AND score.c_id=course.c_id
AND (course.c_name ='大学英语' OR course.c_name ='计算机应用基础');
```

本例在三表连接的基础上，多了一个限定课程的条件。

4. 自连接

一个表与其自身进行的连接称为自连接。如果想在同一个表中查询具有相同字段值的行，则可以使用自连接。在使用自连接时需要为表指定两个别名，并且对所引用的字段均采用别名指定其来源。

【例 3-42】查询同一课程成绩相同的学生的学号、课程编号和成绩。

```
SELECT a.s_id,b.s_id,a.c_id,a.grade
FROM score a,score b
WHERE a.grade=b.grade AND a.s_id<>b.s_id
AND a.c_id=b.c_id;
```

3.4.2 使用 JOIN 关键字连接

SQL 语句扩展了以 JOIN 关键字连接表的方式，增强了表的连接能力和连接灵活性。使用 JOIN 关键字连接表的语法格式如下：

```
SELECT <输出字段列表>
FROM 表名1 <连接类型> 表名2 ON <连接条件>
        [<连接类型> 表名3 ON <连接条件>]...
```

说明：
- 表名1、表名2、表名3 等用于指明需要连接的表。
- 连接类型有[INNER |{ LEFT | RIGHT | FULL } OUTER | CROSS] JOIN。
  - INNER JOIN 表示内连接；
  - OUTER JOIN 表示外连接，外连接又分左外连接（LEFT OUTER JOIN）、右外连接（RIGHT OUTER JOIN）和全外连接（FULL OUTER JOIN）；
  - CROSS JOIN 表示交叉连接。
- ON 用于指明连接条件。按照 ON 所指定的连接条件连接多个表，返回满足条件的行。

通过连接谓词进行的等值连接、不等值连接、自然连接和自连接都属于内连接。在实际应用中的连接查询一般为内连接查询。

1. 内连接

【例 3-43】查询学生基本信息和成绩信息。

```
SELECT student.*,score.*
```

```
FROM student INNER JOIN score
ON student.s_id=score.s_id;
```

【例 3-44】查询学号为 2004091203 的学生所在班级的名称。

```
SELECT class_name
FROM student JOIN class
ON student.class_id=class.class_id
WHERE student.s_id='2004091203';
```

【例 3-45】查询李东同学所在班级的名称。

```
SELECT class_name
FROM student JOIN class
ON student.class_id=class.class_id
WHERE student.s_name='李东';
```

【例 3-46】查询学号为 2004101108 的学生的基本信息和成绩信息。

```
SELECT  student.s_id,s_name,class_id,s_sex,born_date,place,student.address,
tel,nation,politic,student.remark,c_id,grade,score.remark
FROM student JOIN score
ON student.s_id=score.s_id
WHERE student.s_id='2004101108';
```

【例 3-47】查询每个学生的最高分、最低分，输出学号、姓名、最高分、最低分。

```
SELECT student.s_id AS 学号,s_name AS 姓名,MAX(grade) AS 最高分,MIN(grade) AS 最低分
FROM student JOIN score  ON student.s_id=score.s_id
GROUP BY  student.s_id,s_name;
```

【例 3-48】查询每个学生的成绩情况，输出学号、姓名、课程名称和成绩。

```
SELECT student.s_id AS 学号,s_name AS 姓名, c_name AS 课程名称, grade AS 成绩
FROM student JOIN score  ON student.s_id=score.s_id
JOIN course  ON course.c_id=score.c_id;
```

本例中涉及学生表、课程表和成绩表共 3 个表。连接时先将学生表和成绩表通过 s_id 字段等值连接，再将课程表与成绩表通过 c_id 字段等值连接。

2．自连接

【例 3-49】查询与学号为 2004091203 的学生在同一班级的学生的学号与姓名。

```
SELECT a.s_id,a.s_name
FROM  student a  JOIN student b ON a.class_id=b.class_id
WHERE b.s_id ='2004091203' AND a.s_id<>'2004091203';
```

【例 3-50】查询与李东同学在同一个班级的学生基本信息。

```
SELECT a.*
FROM student a  JOIN student b ON a.class_id=b.class_id
WHERE b.s_name='李东' AND a.s_name<>'李东';
```

3．外连接

在内连接中，只有满足连接条件的行才能显示在查询结果中，但有些情况下希望不满足条件的行也能出现在查询结果中，我们可以通过外连接实现。外连接不仅显示满足连接条件的行，还包括某个表中不满足连接条件的行。

外连接分为以下几种。

- 左外连接（LEFT OUTER JOIN）。查询结果除了显示满足条件的行，还包括左表的所有行。

- 右外连接（RIGHT OUTER JOIN）。查询结果除了显示满足条件的行，还包括右表的所有行。
- 全外连接（FULL OUTER JOIN）。查询结果除了显示满足条件的行，还包括两个表的所有行。

【例 3-51】查询 20050111 班学生的选课情况，未选课学生的信息也要输出。

```
SELECT *
FROM student LEFT OUTER JOIN score ON student.s_id=score.s_id
WHERE class_id ='20050111' ;
```

查询结果中包含 20050111 班所有学生的基本信息和成绩信息，未选课学生的成绩信息用 NULL 代替。

任务实施

1. 查询成绩

查询本班学生各门课程的成绩，要求输出学号、姓名、课程名称、成绩，查询结果按学号的升序和分数的降序排列。输入如下 SQL 语句：

```
SELECT student.s_id,s_name,course.c_name,score.grade
FROM student,course,score
WHERE  semester ='2020-2021-2' AND class_id='20041011'
AND student.s_id=score.s_id AND course.c_id=score.c_id
ORDER BY s_id ASC,grade DESC;
```

执行上述 SELECT 语句，查询结果如图 3-12 所示。

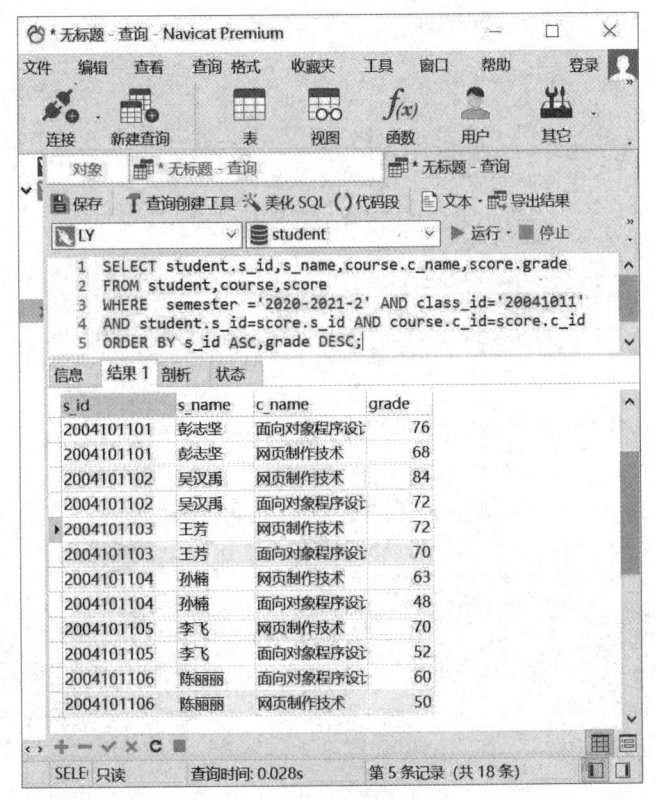

图 3-12　查询成绩

2. 查询平均分高于 60 分（包括 60 分）的学生信息

查询本学期所有课程平均分高于 60 分（包括 60 分）学生的学号、姓名、总分和平均分。输入如下 SQL 语句：

```
SELECT student.s_id AS 学号,s_name AS 姓名,SUM(grade) AS 总分 ,AVG(grade) AS 平均分
FROM student,course,score
WHERE semester ='2020-2021-2' and class_id='20041011'AND student.s_id=score.s_id AND course.c_id=score.c_id
GROUP BY student.s_id,s_name
HAVING AVG(grade)>=60
ORDER BY AVG(grade) DESC;
```

执行上述 SELECT 语句，查询结果如图 3-13 所示。

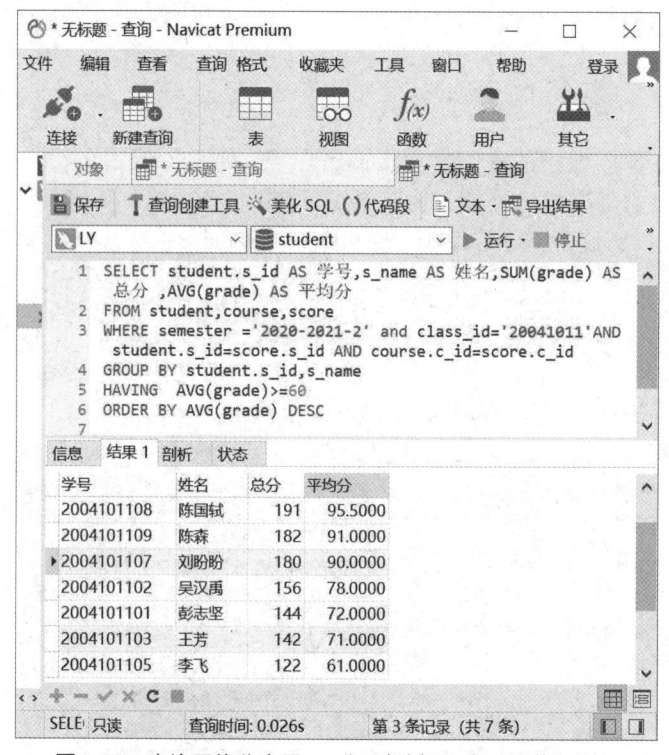

图 3-13 查询平均分高于 60 分（包括 60 分）的学生信息

3. 统计最高分、最低分和平均分

统计本班学生本学期每门课程的最高分、最低分和平均分，并且按平均分降序排列。输入如下 SQL 语句：

```
SELECT course.c_name AS 课程名称,MAX(grade) AS 最高分, MIN(grade) AS 最低分,AVG(grade) AS 平均分
FROM student,course,score
WHERE  semester ='2020-2021-2' AND class_id='20041011' AND student.s_id=score.s_id AND course.c_id=score.c_id
GROUP BY course.c_name
ORDER BY AVG(grade) DESC;
```

执行上述 SELECT 语句，查询结果如图 3-14 所示。

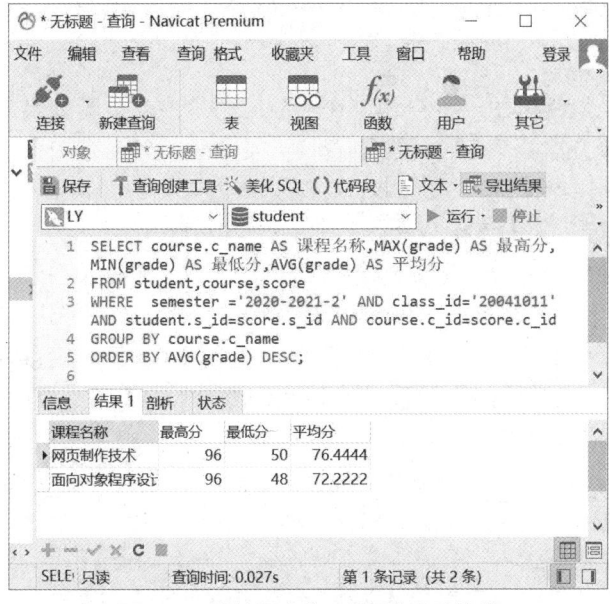

图 3-14 统计最高分、最低分和平均分

4. 查询不及格学生信息

查询本学期不及格学生的学号、姓名、课程名称、成绩，查询结果按课程名称升序排列。输入如下 SQL 语句：

```
SELECT student.s_id AS 学号,s_name AS 姓名,c_name AS 课程名称 ,grade AS 成绩
FROM student,course,score
WHERE  semester ='2020-2021-2' AND class_id='20041011'
AND grade<60 AND student.s_id=score.s_id
 AND course.c_id=score.c_id
ORDER BY c_name;
```

执行上述 SELECT 语句，查询结果如图 3-15 所示。

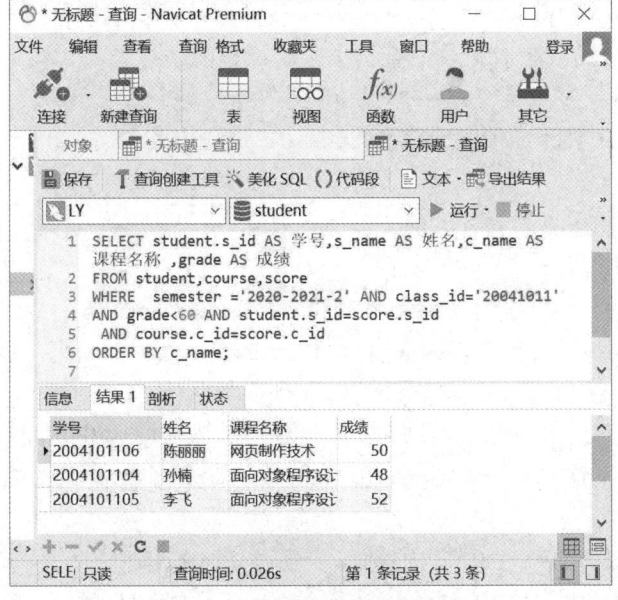

图 3-15 查询不及格学生信息

任务总结

多表连接查询是最常见的一种查询，在实际应用中内连接查询最为常用。编写查询语句可以采用六步分析方法。第一步：分析查询涉及的表，包括查询条件和查询结果涉及的表，确定 FROM 子句中的表名。第二步：如果是多表查询，分析表与表之间的连接条件，确定 JOIN 子句中 ON 后面的连接条件。第三步：分析查询是针对整个记录，还是选择部分行。如果是限制条件的部分行，那么确定 WHERE 子句中的行条件表达式。第四步：如果查询涉及分组统计，使用 GROUP BY 子句确定分组的列名；如果要对分完组的查询结果进行筛选，那么使用 HAVING 子句确定组筛选条件。第五步：确定查询目标列表达式。第六步：分析是否对查询结果进行排序，可以使用 ORDER BY 子句定义排序的列名和排序方式。

3.5 嵌套查询

知识目标

- 掌握使用子查询的方法。

能力目标

- 在查询中使用子查询。

任务情境

小 S：“为了更好地掌握查询语句的用法，我利用'学生成绩管理系统'数据库做了大量的练习。通过聚合函数在成绩表中查询出某门课程的平均分，代码如下所示。"

```
SELECT avg(grade) FROM score WHERE c_id='200406';
```

小 S：“通过学生表和成绩表查询出 20041011 班平均分高于 80 分（包括 80 分）的学生信息，代码如下所示。"

```
SELECT student.s_id AS 学号,s_name AS 姓名,AVG(grade) AS 平均分
FROM student,score
WHERE class_id='20041011' AND student.s_id=score.s_id
GROUP BY student.s_id,s_name
HAVING AVG(grade)>=80;
```

K 老师：“看来查询语句掌握得不错啊！"

小 S：“多谢夸奖。可是我今天遇到了难题。我想查询 200406 号课程成绩高于该课程平均分的学生基本信息。可是思考了半天也没有头绪。于是上网搜索，网友提供了如下答案。"

```
SELECT * FROM student
WHERE s_id in
(select s_id FROM score WHERE c_id='200406' AND grade>(SELECT AVG(grade) FROM score WHERE c_id='200406'));
```

K 老师："这条查询语句是正确的。它是通过嵌套查询实现的。你前面学习的查询都是单层查询，即查询中只有一个 SELECT-FROM-WHERE 查询块。而在实际应用中经常用到多层查询，即将一个查询块嵌套在 SELECT、INSERT、UPDATE 或 DELETE 语句中的 WHERE 或 HAVING 子句进行查询，这种查询称为嵌套查询。"

小 S："原来查询里还可以再带查询，真是学无止境呀！您快帮我分析分析这段代码吧！"

K 老师："此题在第一层查询中首先从成绩表中查询出 200406 号课程的平均分，将其作为第二层查询的条件之一；第二层查询从成绩表中查询出 200406 号课程成绩高于平均分的所有学生的学号，查询结果是个学号集合；最后一层查询将第二层查询出的学号集合作为查询条件，在学生表中找到对应的学生基本信息。"

小 S："原来如此，我有些明白了。"

K 老师："上题还可以用其他方法实现，代码如下所示。"

```
SELECT s.s_id,s_name,grade
FROM student s join score c on s.s_id=c.s_id
WHERE c_id='200406' and grade>(SELECT AVG(grade) FROM score WHERE c_id='200406');
```

K 老师："你在学习完嵌套查询的相关知识后可以去测试一下。"

任务描述

课程信息统计

教务处邓老师负责各班级的课程安排工作。她每学期都需要对各门课程的相关信息做统计分析，以便及时了解学生的学习情况及教师授课的情况。

1. 查询所有开设 C 语言课程的班级学生名单，提供学号、姓名及班级编号。
2. 查询 2020-2021-1 学期各位教师的任课信息，提供教师编号、教师姓名、课程名称及课时。
3. 查询课时数高于所有课程平均课时数的课程信息。
4. 查询成绩不及格及有缺考情况的课程相关信息，提供班级名称、学号、姓名、课程名称及成绩。
5. 查询平均分高于 80 分的课程相关信息，提供班级编号、课程名称、任课教师姓名及平均分。

任务分析

各项任务具体分析如下。

1. 此任务需要两层嵌套实现。在 course 表中先确定 C 语言课程的课程编号集合，再通过 score 表找到选修该课程的学生的学号集合，最后在 student 表中获取相关信息。也可采用三表连接查询。
2. 此任务采用三表连接查询。将 course、teach 和 teacher 三表连接后得到查询结果集，设置行选择条件，然后指定查询输出目标字段。

3. 此任务采用嵌套查询。子查询先从 course 表中查询出所有课程的平均课时数，再将其作为外查询的条件，通过关系运算符 ">" 设置关系表达式。

4. 此任务涉及 student、score、course 和 class 共四个表，四表连接后设置行选择条件，然后指定查询输出目标字段。

5. 此任务涉及 course、score、teacher 和 teach 共四个表。通过对班级编号、课程名称、任课教师姓名的分组，获得每个班级不同课程的平均分，再利用 HAVING 子句筛选出平均分高于 80 分的课程相关信息。

知识导读

3.5.1 嵌套查询概述

MySQL 允许多层嵌套查询，即一个子查询中可以嵌套其他子查询，外层的 SELECT 语句称为外查询（主查询），内层的 SELECT 语句称为内查询（子查询）。为了区分外查询和内查询，内查询应加圆括号。

嵌套查询的三种语法格式如下：

```
SELECT * FROM 表名 WHERE 表达式 关系运算符 [ALL|ANY|SOME] (子查询)
SELECT * FROM 表名 WHERE 表达式 [NOT] IN (子查询)
SELECT * FROM 表名 WHERE 表达式 [NOT] EXISTS (子查询)
```

使用嵌套查询需要注意以下几点：
- 子查询需要用圆括号括起来。
- 子查询的 SELECT 语句中不能使用 image、text、ntext 等数据类型。
- 子查询返回结果值的数据类型必须和新增列或 WHERE 子句中的数据类型匹配。
- 子查询中不能使用 ORDER BY 子句。ORDER BY 子句应该放在最外层的父查询中，对最终的查询结果排序。

3.5.2 使用关系运算符的嵌套查询

使用关系运算符的嵌套查询语法格式如下：

```
表达式 关系运算符 [ALL|ANY|SOME] (子查询)
```

说明：
- 当子查询返回的是单值时，子查询可以由一个关系运算符（=、<、<=、>、>=、!= 或<>）引入。
- 当子查询可能返回多个值时，可以将关系运算符与逻辑运算符 ANY、SOME 和 ALL 结合起来使用。
- ANY、SOME 是存在量词，表达式只要与子查询的结果集中的某个值满足比较关系，就返回 TRUE，否则返回 FALSE。两者含义相同，可互换。在 SQL 语句中，"=ANY|SOME" 等价于 "IN"，"<>ANY|SOME" 没有意义。
- ALL 也是存在量词，要求子查询的所有查询结果列都要满足搜索条件。在 SQL 语句中，"<>ALL" 等价于 "NOT IN"，"=ALL" 没有意义。

【例 3-52】利用嵌套查询，查询学号为 2004091203 的学生所在班级的名称。

利用嵌套查询将例 3-44 写成如下 SQL 语句：

```
SELECT class_name
FROM class                          父查询
WHERE  class_id=
(SELECT  class_id
FROM  student                       子查询
WHERE s_id ='2004091203');
```

本例中子查询语句"SELECT class_id FROM student WHERE s_id ='2004091203'"嵌套在父查询语句"SELECT class_name FROM class WHERE class_id="的 WHERE 条件中。通过子查询在学生表中查询到学号为 2004091203 的学生所在的班级编号作为父查询的条件，从而查询出班级表中对应的班级名称。子查询在学生表中查询到学号为 2004091203 的学生所在的班级编号，由于返回的是单值，所以在父查询中用关系运算符"="设置关系表达式查询班级名称。

【例 3-53】查询与 2004091203 号学生在同一班级的其他学生的学号与姓名。

```
SELECT s_id ,s_name
FROM student
WHERE class_id=
(SELECT class_id FROM student WHERE s_id ='2004091203') AND s_id<>'2004091203';
```

通过子查询在学生表中查询到 2004091203 号学生所在的班级编号，由于返回的是单值，所以在父查询中用关系运算符"="设置关系表达式查询其他学生的信息。本例题可以通过自连接查询实现（见例 3-49）。

【例 3-54】查询选修了 200402 号课程且成绩比 2004091102 号学生成绩高的学生的学号、课程编号和成绩。

```
SELECT s_id,c_id,grade
FROM score
WHERE c_id='200402'
AND grade>(SELECT grade
FROM score
WHERE s_id='2004091102'
AND c_id='200402');
```

通过子查询查询到 2004091102 号学生选修的 200402 号课程的成绩，由于返回的成绩为单值，所以在父查询的 WHERE 子句中用比较运算符">"设置成绩查询条件。

【例 3-55】查询选修了 200402 号课程且成绩比学号为 2004101107 和 2004101108 学生的 200402 号课程成绩都高的学生的学号、课程编号和成绩。

```
SELECT s_id,c_id,grade
FROM score
WHERE c_id='200402'AND
grade>ALL(SELECT grade
FROM score
WHERE (s_id='2004101107' or  s_id='2004101108')
AND c_id='200402') ;
```

通过子查询查询到 2004101107 号和 2004101108 号学生选修 200402 号课程的成绩，因为父查询中要求成绩同时高于子查询结果的两个值，所以在父查询 WHERE 子句中用">ALL"设置成绩查询条件。

3.5.3 使用谓词 IN 的嵌套查询

使用谓词 IN 的子查询结果是一个集合。将子查询的结果作为外部查询的条件，判断外

部查询中的某个值是否属于子查询的结果集,使用谓词 IN 的嵌套查询语法格式如下:

表达式 [NOT] IN (子查询)

若使用谓词 IN,则当表达式的值属于子查询的结果集时,结果返回 TRUE,否则结果返回 FALSE。若使用 NOT IN,则返回的值刚好与 IN 相反。

【例 3-56】查询李东同学所在班级的名称。

```
SELECT class_name
FROM class
WHERE class_id IN
(SELECT class_id
FROM student
WHERE s_name='李东');
```

由于李东同学在学生表中可能有重名的现象,也就是说,在子查询中所得到的查询结果不唯一,所以该查询使用谓词 IN 设置查询条件。

【例 3-57】查询与李东同学在同一班级的学生的学号与姓名。

```
SELECT s_id ,s_name
FROM student
WHERE class_id
IN (SELECT class_id FROM student WHERE s_name ='李东') AND s_name<>'李东';
```

【例 3-58】查询选修了 200402 号课程的学生的学号、姓名和班级编号。

```
SELECT s_id,s_name,class_id
FROM student
WHERE s_id IN
(SELECT s_id
FROM score
WHERE c_id='200402');
```

通过子查询查询到选修了 200402 号课程的学生学号,由于选修 200402 号课程的学生可能有若干名,查询结果中的学号构成了集合,所以在父查询中用谓词 IN 设置查询条件。

【例 3-59】查询选修了 200402 号课程且成绩高于 80 分的学生的学号、姓名和班级编号。

```
SELECT s_id,s_name,class_id
FROM student
WHERE s_id IN
(SELECT s_id
FROM score
WHERE c_id='200402'AND grade>80);
```

思考:上述 3 个例题是否能够通过多表连接查询实现?

【例 3-60】查询未选修 200401 号课程的学生的学号、姓名和班级编号。

```
SELECT s_id,s_name,class_id
FROM student
WHERE s_id NOT IN
(SELECT s_id
FROM score
WHERE c_id='200401');
```

3.5.4 使用谓词 EXISTS 的嵌套查询

逻辑运算符 EXISTS 代表存在。使用谓词 EXISTS 的子查询不返回任何实际数据,它只产生逻辑真值 TRUE 或逻辑假值 FALSE。若子查询结果非空，则外层的 WHERE 子句返回 TRUE，否则返回 FALSE。EXISTS 也可以与 NOT 结合使用，即 NOT EXISTS，其返回值与谓词 EXISTS 刚好相反。由于子查询不返回任何实际数据，只产生 TRUE 或 FALSE，所以使用谓词 EXISTS 的子查询的 SELECT 子句投影列表可指定多个表达式，其列名常为"*"。使用谓词 EXISTS 的嵌套查询语法格式如下：

```
[NOT] EXISTS (子查询)
```

【例 3-61】查询选修了 200401 号课程的学生的学号、姓名和班级编号。

```
SELECT s_id,s_name,class_id
FROM student
WHERE EXISTS (SELECT * FROM score WHERE
c_id='200401' AND s_id =student.s_id);
```

本例可使用谓词 IN 实现：

```
SELECT s_id,s_name,class_id
FROM student
WHERE s_id IN
(SELECT s_id
FROM score
WHERE c_id='200401');
```

EXISTS 和 IN 的区别在于运行效率不同。如果外层查询表小于子查询表，则用 EXISTS；如果外层查询表大于子查询表，则用 IN；如果外层查询表和子查询表差不多，则两者都可。

本例可使用连接查询实现：

```
SELECT student.s_id,s_name,class_id
FROM student,score
WHERE c_id='200401' AND score.s_id=student.s_id;
```

3.5.5 带子查询的数据更新

前面介绍了 SELECT 语句中的嵌套查询，在 INSERT、UPDATE 和 DELETE 语句中，也可以嵌套查询语句，用于将子查询的结果插入新表，或者设置修改和删除记录的条件。也可以复制表结构及数据到新表。

1. 带子查询的复制表操作

复制表结构及数据到新表使用 CREATE TABLE…SELECT 语句。语法格式如下：

```
CREATE TABLE  <新表名>
SELECT *|[(字段列表)]
FROM <表名>
[WHERE <查询条件>]
```

说明：旧表中的主键、索引、自动增减属性等不能复制到新表中。

【例 3-62】复制 student 表的结构到新表 student_new，包含 s_id, s_name, s_sex, class_id 字段。

```
CREATE TABLE  student_new
SELECT s_id,s_name,s_sex,class_id
FROM student
LIMIT 0;
```

说明：这里通过 LIMIT 语句设置插入数据 0 行。

2. 带子查询的插入操作

向表中插入子查询结果集使用 INSERT INTO…SELECT 语句。语法格式如下：

```
INSERT [INTO] <新表名> [(字段列表)]
SELECT [(字段列表)]
FROM <表名>
[WHERE <查询条件>]
```

说明：

- 新表名后面指定的字段列表要与 SELECT 子句的查询结果集的字段列表一一对应，即个数相同且数据类型匹配。
- INSERT 语句也可以省略字段列表，但 SELECT 子句提供的字段必须按照新表中定义的字段顺序为全部字段提供值。

【例 3-63】将班级号为 20041011 的学生记录插入 student_new 中，包含 s_id, s_name, s_sex, class_id 字段。

```
INSERT INTO student_new
SELECT s_id,s_name,s_sex,class_id
FROM student
WHERE class_id='20041011';
```

3. 带子查询的修改操作

带子查询的修改语句使用 UPDATE…SELECT 语句，子查询用于指定修改记录的条件。语法格式如下：

```
UPDATE <表名>
SET [字段名1=值1,字段名2=值2,…,字段名n=值n]
WHERE 字段名 运算符 子查询
```

【例 3-64】将计算机应用基础课程成绩统一减去 1 分。

```
UPDATE score
SET grade=grade-1
WHERE c_id IN(SELECT c_id FROM course WHERE c_name='计算机应用基础');
```

4. 带子查询的删除操作

带子查询的删除语句使用 DELETE…SELECT 语句，子查询用于指定删除记录的条件。语法格式如下：

```
DELETE FROM <表名>
WHERE 字段名 运算符 子查询
```

【例 3-65】删除没有选修 200407 号课程的学生记录。

```
DELETE FROM student
WHERE s_id not in
(SELECT s_id
FROM score
WHERE c_id='200407');
```

任务实施

1. 查询学生基本信息

查询所有开设 C 语言课程的班级学生名单，提供学号、姓名及班级编号。

方法一：嵌套查询。

```
SELECT  s_id,s_name,class_id
FROM student
WHERE  s_id in(SELECT  s_id
FROM score WHERE  c_id in (SELECT  c_id
FROM course WHERE c_name like '%C语言%'));
```

执行上述 SELECT 语句，部分查询结果如图 3-16 所示。

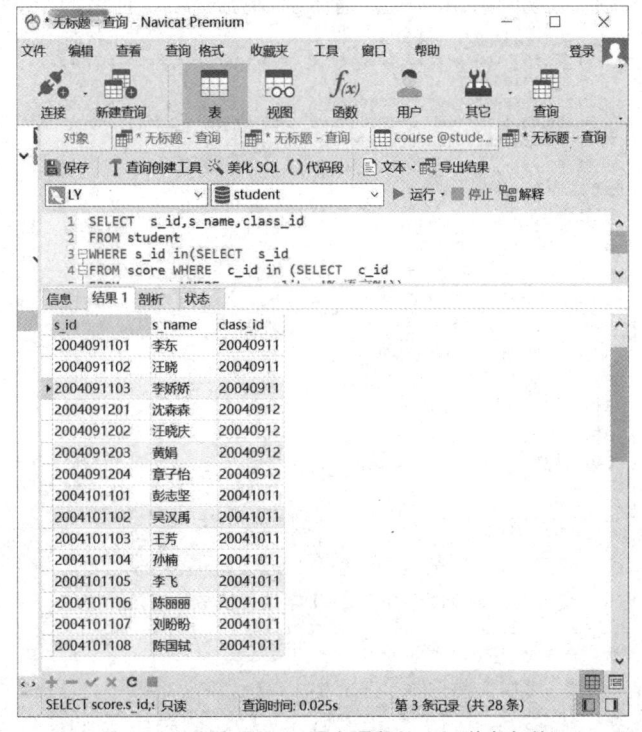

图 3-16 查询开设 C 语言课程的班级学生名单

方法二：三表连接查询。

```
SELECT score.s_id,s_name ,class_id
FROM student JOIN score ON score.s_id=student.s_id
JOIN course ON score.c_id= course.c_id
WHERE  c_name like '%C语言%';
```

2. 查询教师任课信息

查询 2020-2021-1 学期各位教师的任课信息，提供教师编号、教师姓名、课程名称及课时。输入如下 SQL 语句：

```
SELECT teach.t_id,teacher.t_name,course.c_name,course.c_period
FROM teach,course,teacher
WHERE semester='2020-2021-1' AND teach.t_id=teacher.t_id AND teach.c_id=course.c_id;
```

执行上述 SELECT 语句，查询结果如图 3-17 所示。

3. 查询课程信息

查询课时数高于所有课程平均课时数的课程信息。输入如下 SQL 语句：

```
SELECT * FROM course
WHERE c_period > (SELECT  AVG(c_period) FROM course);
```

执行上述 SELECT 语句，查询结果如图 3-18 所示。

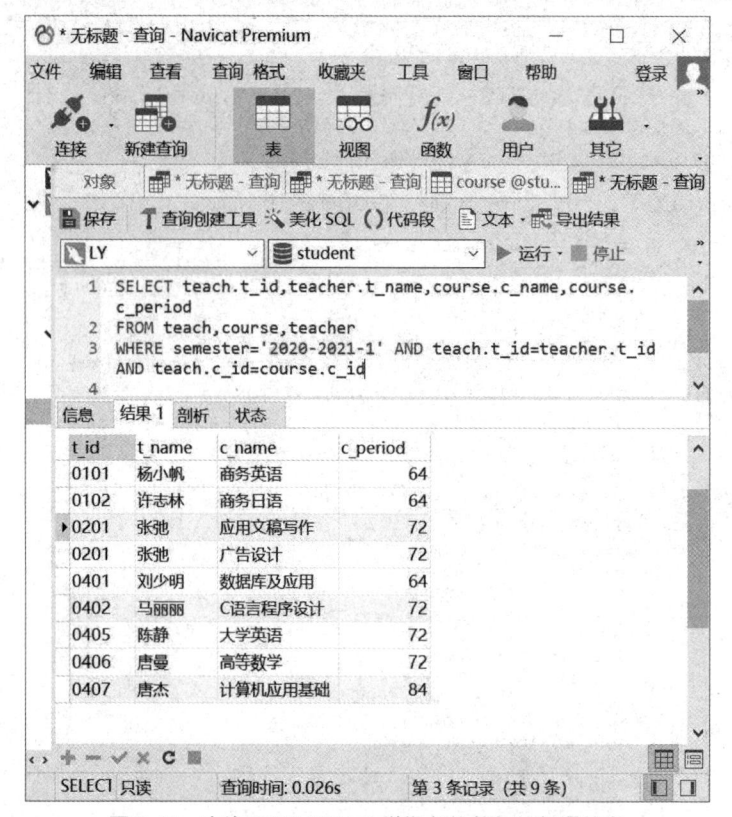

图 3-17　查询 2020-2021-1 学期各位教师的任课信息

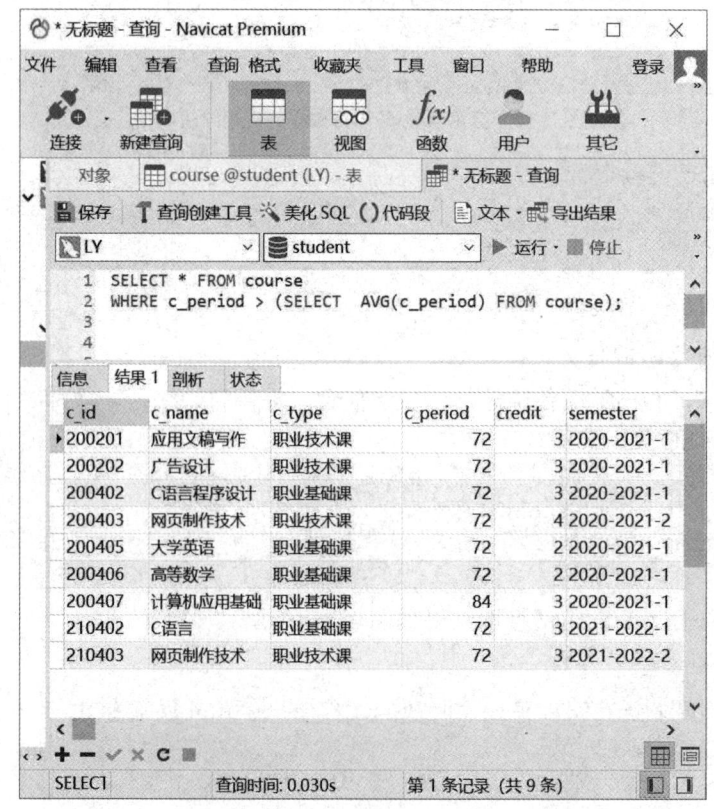

图 3-18　查询课时数高于所有课程平均课时数的课程信息

4. 查询成绩不及格及有缺考情况的课程相关信息

查询成绩不及格及有缺考情况的课程相关信息，提供班级名称、学号、姓名、课程名称及成绩。输入如下 SQL 语句：

```
SELECT class_name,student.s_id,s_name,c_name,grade
FROM student,score,course,class
WHERE (grade <60 or grade is NULL)
AND student.s_id=score.s_id
AND class.class_id=student.class_id
AND course.c_id=score.c_id;
```

执行上述 SELECT 语句，部分查询结果如图 3-19 所示。

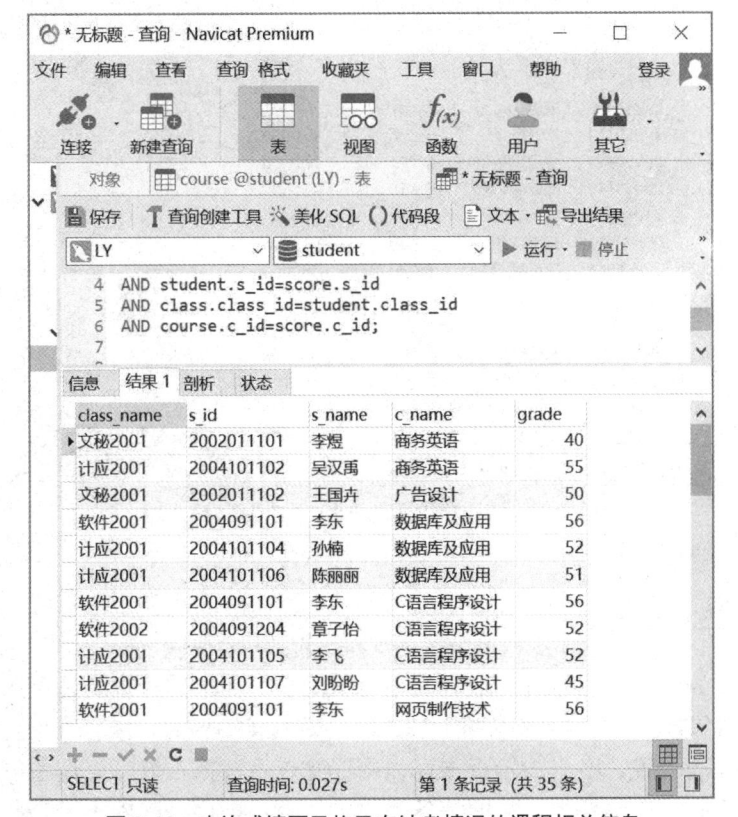

图 3-19 查询成绩不及格及有缺考情况的课程相关信息

5. 查询平均分高于 80 分的课程相关信息

查询平均分高于 80 分的课程相关信息，提供班级编号、课程名称、任课教师姓名及平均分。输入如下 SQL 语句：

```
SELECT  LEFT(s_id,8) AS 班级编号,c_name AS 课程名称,t_name  AS 教师姓名,AVG(score.grade)AS 平均分
FROM score,course,teacher ,teach
WHERE course.c_id =score.c_id and teacher.t_id=teach.t_id
and teach.c_id=score.c_id and LEFT(s_id,8) in
(SELECT LEFT(s_id,8) FROM score)
GROUP BY LEFT(s_id,8),course.c_name ,t_name
HAVING AVG(score.grade)>80;
```

执行上述 SELECT 语句，查询结果如图 3-20 所示。

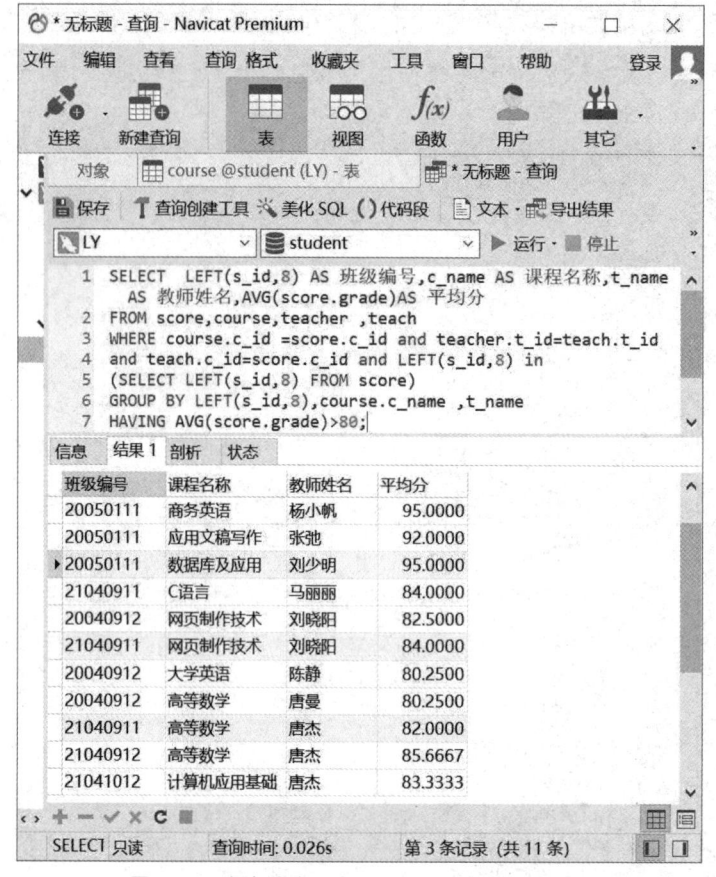

图 3-20　查询平均分高于 80 分的课程相关信息

任务总结

本任务主要介绍了嵌套查询。嵌套查询可以用多个简单的查询构造复杂的查询，从而提高 SQL 语言的能力，但嵌套不能超过 32 层。多表连接查询和嵌套查询可能都会涉及两个或多个表。一般来说，多表连接查询可以用嵌套查询替换，嵌套查询将复杂的多表连接查询分解成一系列的逻辑步骤，从而使条理更加清晰；但反过来则不一定。多表连接查询可以合并两个或多个表中的数据，而嵌套查询的 SELECT 语句的结果只能来自一个表，子查询的结果是用于选择结果数据进行参照的。嵌套查询比较灵活、方便、形式多样，适合作为查询的筛选条件。多表连接查询有执行速度快的优点，它更适合查看多表的数据。

3.6　索引

知识目标

- 理解索引的概念。
- 掌握索引的优点、分类、规则和作用。

微课视频

能力目标

- 使用多种方法创建和管理索引。

任务情境

小 S 在数据库项目开发中发现随着数据量的增加,查询的速度会减慢。他去请教 K 老师。

K 老师:"用户对数据库最频繁的操作是数据查询。在执行查询操作时,一般情况下会对整个表进行数据查询。当数据很多时,查询数据所花费的时间自然会增加,从而造成服务器资源的浪费。为了提高数据查询的速度,数据库引入了索引机制来优化查询。"

小 S:"那索引是通过什么方式提高查询速度的呢?"

K 老师:"数据库中的索引和书籍的目录类似。利用目录可以快速地找到书中的内容,无须翻阅整本书。相应地,利用索引可以快速地找到数据表中的内容。例如,在数据库中,执行'SELECT * FROM book WHERE id=106'语句,如果没有索引,必须遍历整个表,直到找到'id=106'这一行为止;为 id 创建索引后,可以直接在索引列找到 106,继而得到这一行的地址,根据其地址,很快就能找到这一行。索引起到了定位的作用。"

小 S:"原来如此。"

任务描述

学生基本信息快速查询

学生需要根据本人学号或姓名在数据库中查询个人信息。学校目前的在校生约有 5000 人,数据库中存储的信息量相当大,这给查询工作带来些许不便。因此,希望通过某种方式来提高查询速度。

任务分析

索引对表中记录按查询字段的大小进行排序,可以提高查询的速度。在本任务中要提高学生按学号和姓名查询信息的速度,可以在学生表中分别为学号列和姓名列创建索引。

知识导读

3.6.1 索引概述

用户对数据库最基本、最频繁的操作是数据查询。在数据查询时,系统可以不必遍历数据表中的所有记录,而是查询索引列,提高查询速度,降低服务器负载。

索引类似于汉语字典中按拼音或笔画排序的目录页。在对数据进行查询时,系统先查询索引页,从索引项中找到所需数据的指针,再直接通过指针从数据页读取数据。

1. 索引的优点

在数据库中创建索引进行数据查询具有以下优点。

- 保证数据记录的唯一性。唯一性索引的创建可以保证表中的数据记录不重复。
- 提高数据查询速度。
- 提高表与表之间的连接速度,并且实现表与表之间的参照完整性。
- 在使用分组和排序子句进行数据查询时,可以显著减少查询中分组和排序的时间。

2. 索引的分类

MySQL 的主要索引类型如下。

(1) 普通索引

普通索引是最基本的索引类型,可以加快对数据的访问。它没有唯一性的限制,索引数据列允许有重复值。创建普通索引的关键字是 INDEX。

(2) 唯一性索引

唯一性索引和普通索引类似,但索引列的所有值都只能出现一次,即索引数据列值必须唯一,但允许是空值。一张表可以有多个唯一性索引。如果是组合索引,则列值的组合必须唯一。

(3) 主键

主键是一种特殊的唯一性索引,它必须指定为 "PRIMARY KEY"。主键一般在创建表的时候指定,也可以通过修改表的方式加入主键,但是每个表只能有一个主键。

(4) 全文索引

MySQL 支持全文检索和全文索引。全文索引主要用于检查文本中的关键字,只能在 Char、Varchar 或 Text 类型的列上创建。

索引作用在数据列上。索引可以由单列组成,被称为单列索引;也可以由多列组成,被称为组合索引。

3.6.2 使用 Navicat 图形化工具创建与删除索引

【例 3-66】使用 Navicat 图形化工具在 course 表的 c_id 字段创建唯一性索引,在 c_name 字段创建普通索引。具体步骤如下。

(1) 打开 Navicat 图形化工具,在控制台中依次展开服务器 "LY" → "student" 数据库→ "表" 节点,找到 course 表。

(2) 右击 course 表,在弹出的快捷菜单中选择 "设计表" 选项(右击工具栏中的 "设计表" 按钮),打开 "表设计器窗口",如图 3-21 所示。

(3) 切换到 "索引" 选项窗口,如图 3-22 所示。单击工具栏上的 "添加索引" 按钮,在课程表 (course) 的 c_id 字段创建唯一性索引 un_cid,在 c_name 字段创建普通索引 no_cname。

- 名:索引的名称。
- 字段:索引的字段名(可指定多个字段,并可调整字段顺序)。
- 索引类型(INDEX/UNIQUE/FULLTEXT):普通索引/唯一性索引/全文索引。
- 索引方法(BTREE/HASH):两种索引结构。MyISAM 和 InnoDB 支持 BTREE 索引;MEMORY 和 HEAP 支持 HASH 和 BTREE 索引。

(4) 单击工具栏上的 "保存" 按钮。

在 "索引" 选项窗口中,选择需要删除的索引,单击工具栏上的 "删除索引" 按钮,所选的索引即可删除,最后单击工具栏上的 "保存" 按钮。

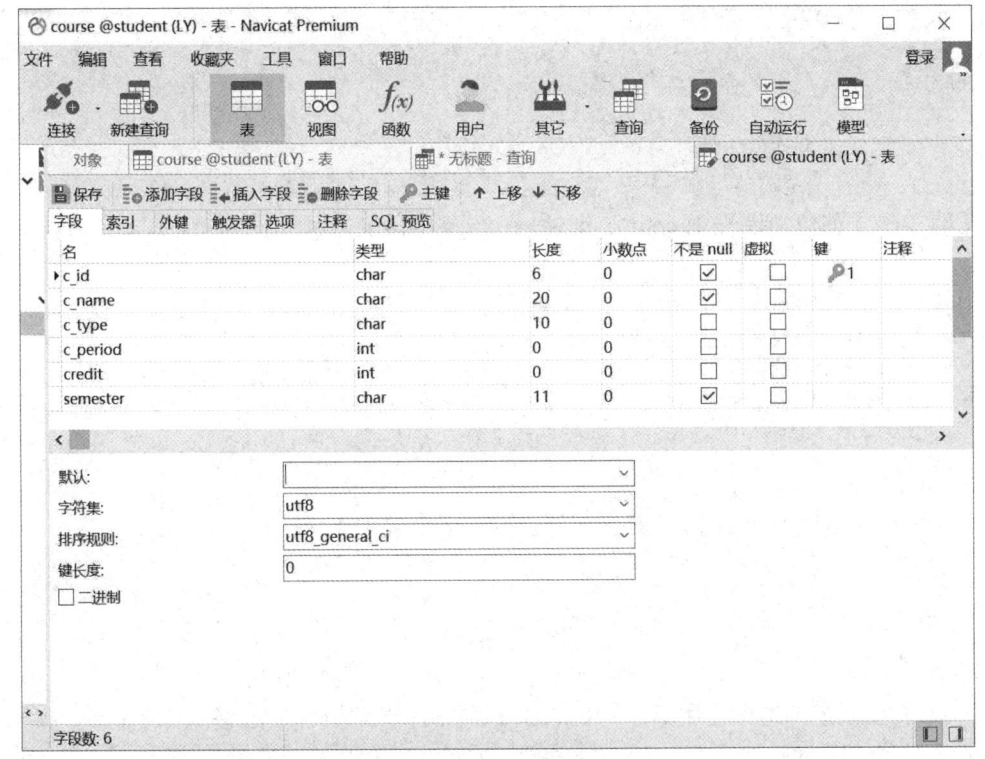

图 3-21 课程表的表设计器窗口

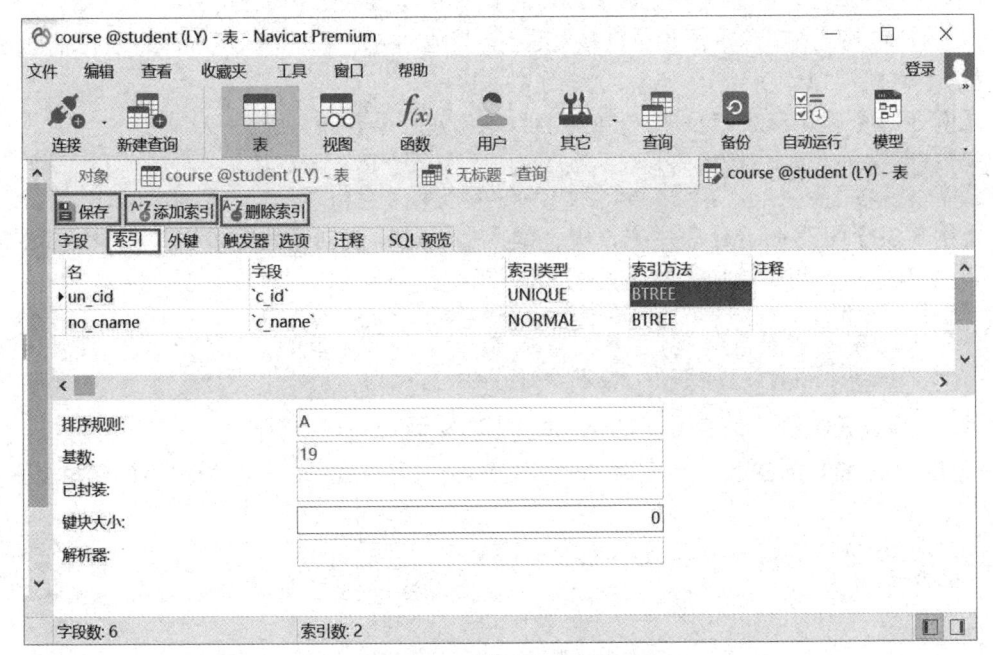

图 3-22 "索引"选项窗口

3.6.3 创建索引

1. 使用 CREATE TABLE 语句创建索引

使用 CREATE TABLE 语句在创建数据表的同时创建索引，语法格式如下：

```
CREATE  TABLE <表名 >
```

```
 (列名，…|[索引项]）;
其中索引项包括：
PRIMARY KEY (列名[ASC|DESC][,…n])        /*添加主键*/
|INDEX  [索引名]  (列名[ASC|DESC][,…n])   /*添加普通索引*/
|UNIQUE  [索引名]  (列名[ASC|DESC][,…n])  /*添加唯一性索引*/
|FULLTEXT [索引名]  (列名[ASC|DESC][,…n]) /*添加全文索引*/
```

【例 3-67】创建新课程表 course_new，在 c_id 字段创建唯一性索引，在 c_name 字段创建普通索引。

```
CREATE TABLE course_new (
  c_id char(6) NOT NULL PRIMARY KEY,
  c_name char(20) NOT NULL,
  c_type char(10) ,
  c_period int NULL ,
  credit int NULL ,
  semester char(11) NOT NULL,
  CHECK(c_period>0 AND credit>0),
  UNIQUE un_cid(c_id),
  INDEX no_cname(c_name)
) ENGINE=InnoDB DEFAULT CHARSET=utf8;
```

2. 在已存在的数据表中使用 ALTER TABLE 语句创建索引

如果表已存在，也可使用 ALTER TABLE 语句添加索引。语法格式如下：

```
ALTER TABLE <表名>
ADD    索引项
```

在该语法格式中，除了添加 ADD 关键字，其他部分和 CREATE TABLE 语句中创建索引的语法格式相似。

【例 3-68】在班级表 class 的"班级名"列创建一个普通索引。

```
ALTER TABLE class
ADD INDEX index_class_name (class_name);
```

【例 3-69】假设 teacher 表中未设置主键，为 teacher 表创建教师编号主键，教师姓名和职称为复合索引，用于增加表的检索速度。

```
ALTER TABLE teacher
ADD PRIMARY KEY (t_id),
ADD INDEX index_teacher_name (t_name,title);
```

3. 在已存在的数据表中使用 CREATE INDEX 语句创建索引

使用 CREATE INDEX 语句可以在已存在的表上创建索引，一个表可以创建多个索引。语法格式如下：

```
CREATE [UNIQUE|FULLTEXT] INDEX <索引名>
ON 表名(列名 [ASC|DESC][,…n])
```

说明：

- 索引名：索引的名称，索引在一个表中的名称必须是唯一的。
- 列名：表示创建索引的列名。
- ASC|DESC：规定索引按升序（ASC）还是降序（DESC）排序，默认为 ASC。如果一条 SELECT 语句中的某列按照降序排序，那么在该列上定义一个降序索引可以加快处理速度。
- UNIQUE | FULLTEXT：UNIQUE 表示创建的是唯一性索引，FULLTEXT 表示创建

全文索引。若无 UNIQUE 和 FULLTEXT 关键字，则是普通索引。

在一个索引的定义中可以包含多个列，中间用逗号隔开，但是它们应属于同一个表。这样的索引被称为复合索引。

【例 3-70】在 student 数据库中为 score 表的 c_id 列和 grade 列创建名为 index_course_grade 的复合索引。

```
CREATE INDEX index_course_grade
ON score (c_id, grade);
```

3.6.4 使用 SHOW INDEX 语句查看索引

索引创建完成后，可以通过 SHOW INDEX 语句查看已经存在的索引。语法格式如下：

```
SHOW INDEX FROM <表名>
```

【例 3-71】查看 student 数据库中 score 表上的索引。

```
SHOW INDEX FROM score;
```

3.6.5 使用 DROP INDEX 语句删除索引

删除索引可以使用 DROP 语句，语法格式如下：

```
DROP INDEX <索引名> ON <表名>
```

【例 3-72】删除 student 数据库中 score 表上名为 index_course_grade 的复合索引。

```
DROP INDEX index_course_grade ON score;
```

任务实施

1. 创建学号索引

因为学生表中的学号是主键，所以在创建约束时会自动创建主键索引，通过 SHOW INDEX FROM student 语句查看，如图 3-23 所示。

图 3-23 创建学号索引

2. 创建姓名索引

输入如下 SQL 语句：

```
CREATE INDEX index_s_name ON student (s_name);
```

任务总结

MySQL 访问数据库的方式有两种：一种是扫描表的所有页，被称为表扫描；另一种是使用索引技术。当使用表扫描的时候，必须对整个表中的数据进行查询，效率较低，而通过索引可以提高查询的效率。将数据表中的某些列（如主键）设置成索引，在查询数据时先查看索引而不扫描整个数据表，可以减少查询过程中的排序时间，提高表与表之间的连接速度，提高数据查询的效率。但是创建索引需要占用磁盘空间并花费一定的时间，维护索引也会花费时间和降低数据修改速度。

3.7 视图的创建与应用

知识目标

- 理解视图的概念。
- 了解视图与基本表的区别。
- 掌握创建、管理和使用视图的方法。
- 掌握通过视图管理基本表中数据的方法。

能力目标

- 根据需要创建、管理和使用视图。

任务情境

在前面的学习环节中，小 S 已经学会了如何将多表连接整合为一个大表，并完成各项复杂的查询任务。但是他心中仍然有疑问，于是他找到 K 老师。

小 S："我们当初在设计表时，为了减少数据冗余、防止操作异常，将信息尽量分散到不同的表中存储。例如，学生、课程和成绩信息分别存储于独立的表中，而在工作中又经常要同时查看这三个表的信息，那么我们当初的设计是不是不合理呢？"

K 老师："当初，在设计表结构的时候，是根据范式来规范化关系模式并进行设计的，其目的是使数据的存储更方便，但是对于用户查看数据而言，确实有些困难。不过，问题总有办法解决，可以设计一些专门给用户查看的表。"

小 S："好的。请您快告诉我，到底是什么样的表呢？和我们之前的表不一样吗？"

K 老师："我们之前所说的表是物理表，用于存储真实的数据，它对数据库管理员开放。其实，还可以在此基础上构建虚拟表，普通用户可以通过它一站式地查看自己所需要的数据，就不用进行复杂的多表连接查询啦！这个虚拟表，就是数据库中的视图。"

小 S："太好了，我们学习一下视图的知识吧！"

任务描述

学生信息定制

各班班主任都比较关心本班学生的基本信息和成绩信息，同时也希望对本班学生的基本信息进行管理。请帮助各班班主任完成此项工作，使信息的获取及管理更加方便、快速和安全。

任务分析

各班班主任的查询需求是固定的,每次都写同样的查询语句非常麻烦,我们可通过视图定制班主任所需的数据,以满足其需要。完成任务的具体步骤如下:

1. 学生的基本信息存储于 student 表中,基于 student 表创建班主任所需的学生基本信息视图;

2. 学生成绩的具体信息涉及 student、course、score 三个表,通过连接三个表创建班主任所需的学生成绩信息视图;

3. 利用创建的视图,使用相关语句实现对指定班级的学生信息的管理。

知识导读

3.7.1 视图概述

1. 视图的概念

视图(View)是一种数据对象,它是以基本表(Table)为基础,通过 SELECT 查询语句定义的虚拟表。视图的创建允许用户根据自定义的需求来定义视图的查询语句。

视图和基本表在操作上没有什么区别,但二者的本质是不同的:基本表是实际用来存储与记录的地方,其数据存储于磁盘中;视图并不保存任何记录,它存储的是查询语句,其所呈现出来的记录实际来自一个或多个基本表或视图。用户可以根据查询需要创建不同的视图,而且数据库的数据量不会因此而增加。由于视图中的数据都来自基本表,而且是在视图被引用时动态生成的,所以当基本表中的数据发生变化时,由视图查询出来的数据也随之改变;当通过视图更新数据时,实际上是在更新基本表中存储的数据。

2. 视图的优点

视图是定义在基本表之上的,对视图的一切操作最终也要转化为对基本表的操作。既然如此,为什么还要定义视图呢?这是因为合理使用视图有以下优点。

(1)视图可以简化用户对数据的理解

用户只关心自己感兴趣的某些特定数据,而那些不需要的或无用的数据则不在视图中显示,因此视图可以让不同的用户以不同的方式查看同一个数据集。

(2)视图可以简化用户操作

使用视图,用户不必了解数据库及实际表的结构,就可以方便地使用和管理数据。用户可以将不同表中经常使用的部分数据定义为视图,在每次执行相同查询操作时,只需要一条简单的 SELECT 语句就可以得到结果,而不必重新编写复杂的查询语句。

(3)视图提供了限制访问敏感数据的安全机制

通过视图,用户只能查看和修改所看到的数据,对于其他数据库,用户既看不到也无法访问。数据库的授权命令可以使每个用户对数据库的查询限制在特定的数据库对象上,而不能授权到数据库特定的行或列上。

3.7.2 使用 Navicat 图形化工具创建视图

【例 3-73】在 student 数据库中创建一个名为 v_place 的视图,通过该视图只能查看籍贯为 "常州" 的学生信息。

(1) 打开 Navicat 图形化工具,在控制台中依次展开服务器 "LY" → "student" 数据库。

(2) 右击 "student" 数据库,在弹出的快捷菜单中选择 "新建视图" 选项,打开新建视图窗口,如图 3-24 所示。

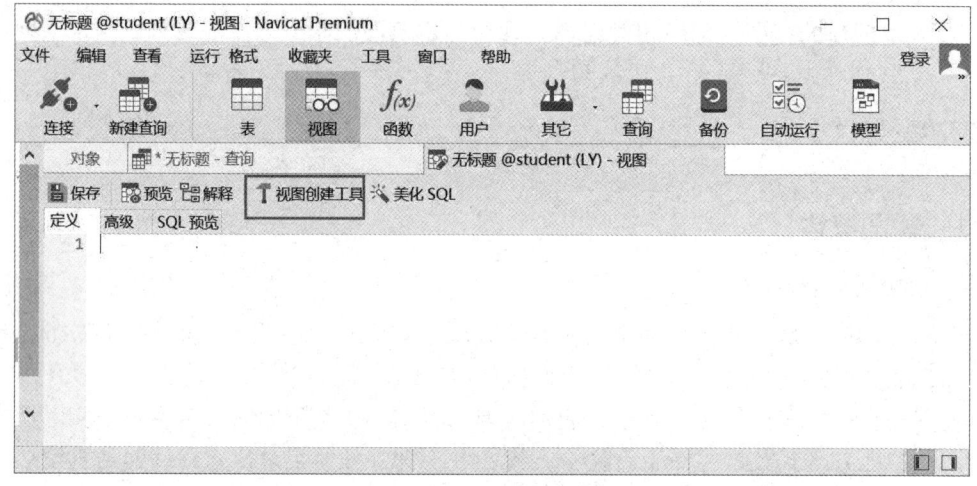

图 3-24 新建视图窗口

(3) 在该窗口中单击工具栏上的 "视图创建工具" 按钮,弹出如图 3-25 所示的视图设计对话框。

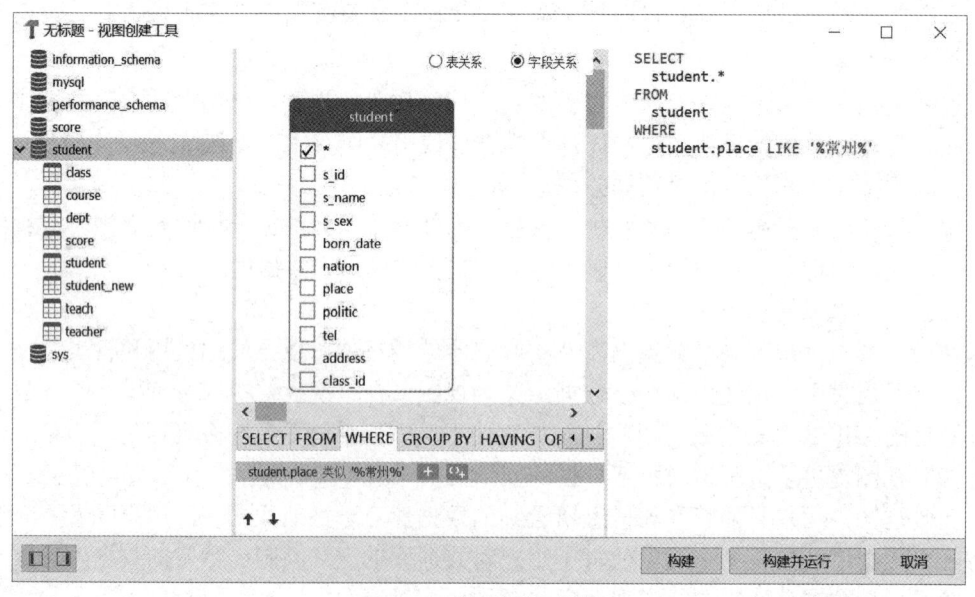

图 3-25 视图设计对话框

(4) 双击视图设计对话框左侧的 student 表,将 student 表自动添加到窗口右上方的 "关系窗格" 中,同时在该 "关系空格" 中可以定义字段的别名及查询条件等。

（5）单击"构建"按钮，返回新建视图窗口，在"定义"选项卡中自动生成查询语句，单击工具栏中的"预览"按钮，可以预览该语句的查询结果。如图 3-26 所示。

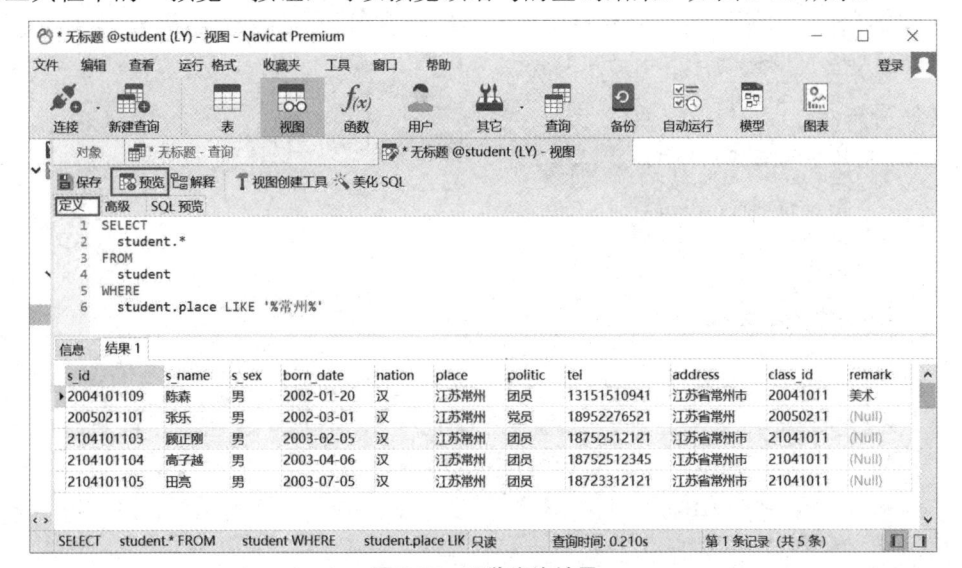

图 3-26 预览查询结果

（6）选择"SQL 预览"选项卡，则可以预览自动生成的创建视图语句，如图 3-27 所示。

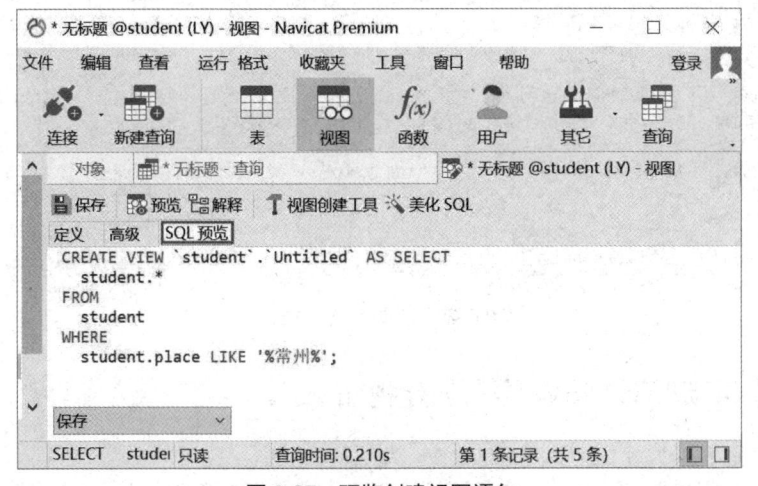

图 3-27 预览创建视图语句

（7）单击工具栏中的"保存"按钮，在弹出的对话框中输入视图名称"v_place"，单击"确定"按钮，完成视图的创建。并通过展开服务器"LY"→"student"数据库→"视图"节点进行查看。

（8）视图创建完成后，可以通过该视图进行数据查询。在"查看视图"界面，单击"打开视图"按钮，即可查询该视图，如图 3-28 与图 3-29 所示。

（9）如果需要修改视图，可在视图创建工具对话框中，根据需要对已存在的视图进行修改。

（10）在已创建的视图上右击，在弹出的快捷菜单中选择"删除视图"选项，在弹出的"确认删除"提示对话框中，单击"删除"按钮即可删除该视图。

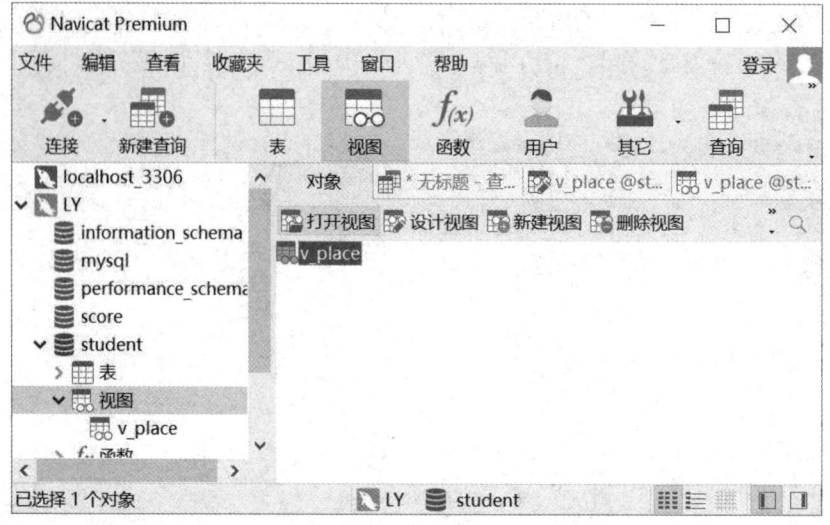

图 3-28　查询视图（一）

图 3-29　查询视图（二）

3.7.3　使用 CREATE VIEW 语句创建视图

语法格式如下：

```
CREATE VIEW<视图名>[字段名…]
AS
<SELECT 语句>
[WITH [CASCADED|LOCAL] CHECK OPTION]
```

说明：
- 字段名列表：使用可选的字段名列表子句，列出由逗号隔开的字段名。字段名列表中的字段数量必须等于 SELECT 语句检索的列数。
- SELECT 语句：定义视图所包含的数据列和行，即视图的结构和内容。
- WITH CHECK OPTION：表示更新视图时要保证所进行的修改均符合 SELECT 语句所指定的限制条件，这样可以确保数据修改后，仍可通过视图看到修改的数据。当视图基于另一个视图创建时，WITH CHECK OPTION 给出 LOCAL 和 CASCADED 两个参数来决定检查测试的范围。LOCAL 关键字使 CHECK OPTION 只对定义的视图进行检查，CASCADED 则会对所有视图进行检查。如果未指定任何关键字，则默认值为 CASCADED。

【例 3-74】在 student 数据库中创建一个名为 view_student 的视图，通过视图只能看到学生的学号、姓名、性别和班级。

```
CREATE VIEW view_student
AS
SELECT s_id AS 学号, s_name AS 姓名, s_sex AS 性别 , class_id AS 班级
FROM  student ;
```

定义视图后，通过查询语句对视图进行查询。创建视图可以对最终用户隐藏复杂的表连接，简化了用户的 SQL 程序设计。

【例 3-75】通过 view_student 视图查询学生信息，代码如下。查询学生信息运行结果如图 3-30 所示。

```
SELECT * FROM view_student;
```

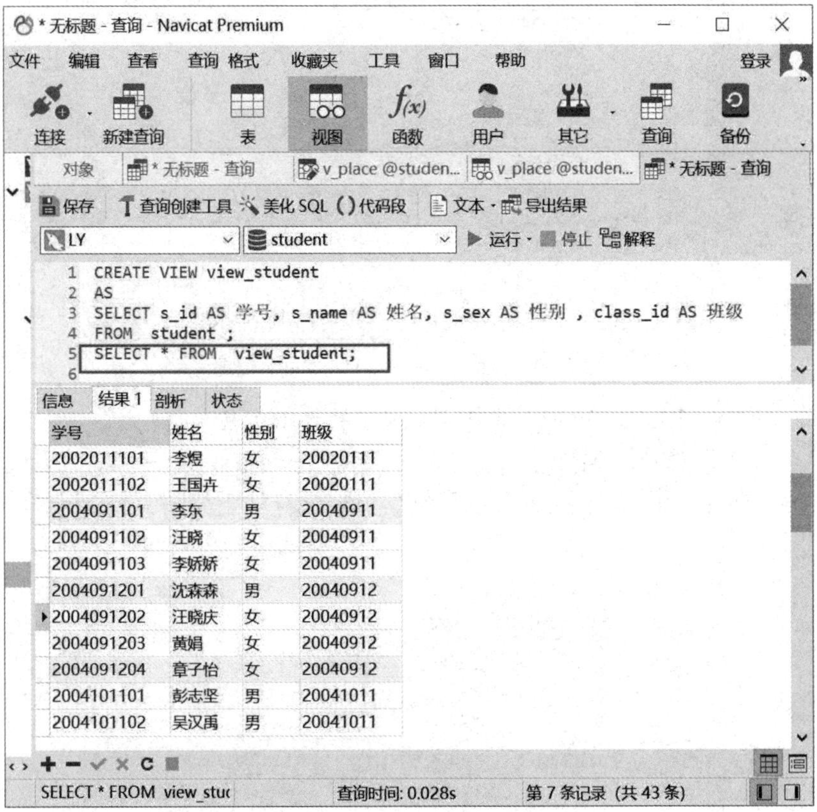

图 3-30 查询学生信息运行结果

【例 3-76】在 student 数据库中创建一个名为 view_teacher 的视图。通过该视图，只能访问到信息工程系教师的信息，代码如下。

```
CREATE  VIEW view_teacher
AS
SELECT dept_name,t_id,t_name,t_sex,title
FROM  teacher,dept
WHERE dept_name='信息工程系'AND
dept.dept_id=teacher.dept_id;
```

3.7.4 使用 SQL 语句查看视图

查看视图是指查看数据库中已存在的视图。在查看视图之前必须拥有 SHOW VIEW 权限。

1. 使用 DESCRIBE/DESC 语句查看视图的基本信息

```
DESCRIBE |DESC <视图名>
```

【例 3-77】查看视图 view_student 的基本信息。运行结果如图 3-31 所示。

```
DESC view_student;
```

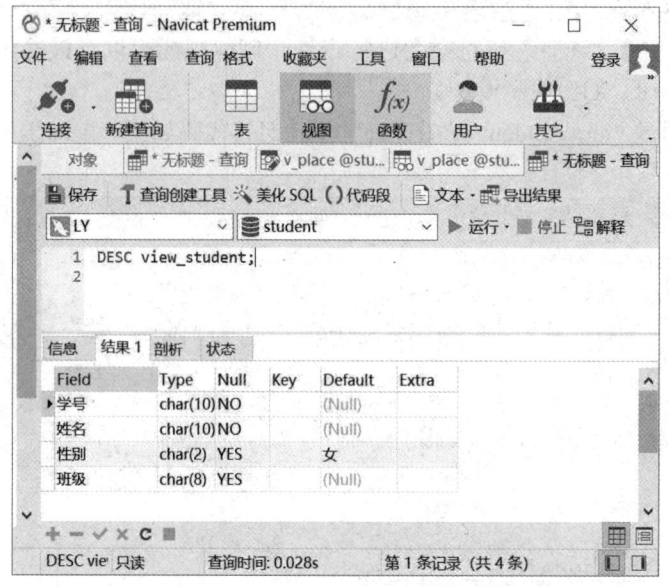

图 3-31 视图 view_student 的基本信息

2. 使用 SHOW CREATE VIEW 语句查看视图的详细信息

```
SHOW CREATE VIEW <视图名>
```

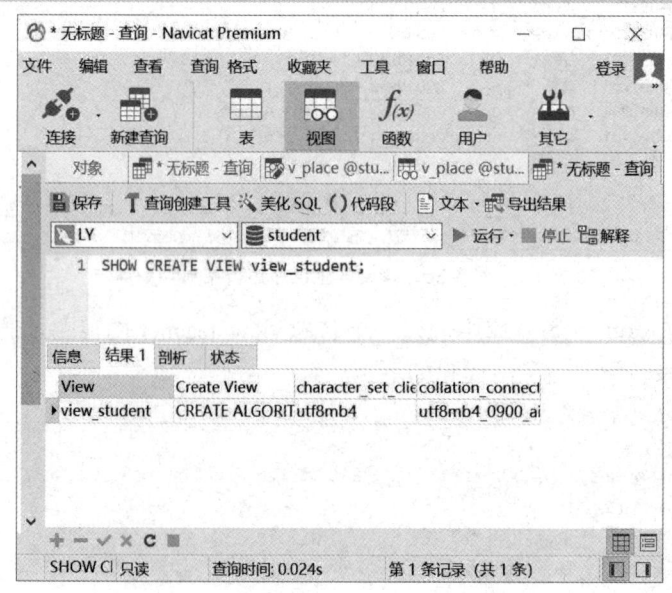

【例 3-78】查看视图 view_student 的详细信息。运行结果如图 3-32 所示。

```
SHOW CREATE VIEW view_student;
```

图 3-32 视图 view_student 的详细信息

3.7.5 使用 ALTER VIEW 语句修改视图

使用 ALTER VIEW 语句可修改已存在的视图,语法格式如下:

```
ALTER VIEW 视图名[字段名...]
AS
SELECT 语句
[WITH [CASCADED|LOCAL] CHECK OPTION]
```

【例 3-79】修改 student 数据库中的视图 view_student,使其只包含男学生的学号、姓名、性别和班级编号,并且对视图进行操作时应满足条件表达式。

```
ALTER VIEW view_student
AS
SELECT s_id AS 学号,s_name AS 姓名,s_sex AS 性别,class_id AS 班级编号
FROM student
WHERE s_sex='男'
WITH CHECK OPTION;
```

视图的修改应与视图的定义相呼应。如果原来的视图定义语句使用了 WITH ENCRYPTION 或 WITH CHECK OPTION,那么在修改视图的语句中也应包含此类语句。

3.7.6 使用 DROP VIEW 语句删除视图

当不再需要一个视图时,可以使用 DROP VIEW 语句对视图进行删除,语法格式如下:

```
DROP VIEW [视图名,...n]
```

【例 3-80】在 student 数据库中,使用 DROP VIEW 语句删除视图 view_teacher,代码如下:

```
DROP VIEW view_teacher;
```

3.7.7 通过视图管理数据

通过视图可以查看表中数据,也可以通过视图对基本表中的数据进行管理,操作方式包括 INSERT、UPDATE 和 DELETE。视图操作的语法格式与基本表操作的语法格式完全相同。

提示:
- 由于视图只取基本表中的部分列,通过视图添加的记录也只能传递部分列的数据,所以在视图中不存在的列允许为空值(NULL),或者有默认值以及其他能自动计算或自动赋值(如 IDENTITY)的属性,否则不能向视图中插入数据。
- 视图中被修改的列必须直接引用基本表中的原始数据,不能通过聚合函数、计算等方式派生。
- 如果在视图定义语句中使用了 WITH CHECK OPTION,则在视图中插入的数据必须符合定义视图的 SELECT 语句所设置的条件。
- 如果在定义视图的查询语句中使用了 DISTINCT 关键字、聚合函数、GROUP BY 子句、HAVING 子句,则不允许对视图进行插入、修改或删除操作。
- INSERT、UPADTE 和 DELETE 操作只能针对一个基本表的列。
- 通过视图删除基本表中的数据时,DELETE 语句中 WHERE 条件所引用的字段必须是视图中已定义的字段。

1. 查询数据

【例3-81】在 student 数据库中，通过视图 view_student 查询 20041011 班男学生的学号、姓名和性别。代码如下：

```
SELECT 学号,姓名,性别
FROM  view_student
WHERE  班级编号='20041011';
```

执行结果如图 3-33 所示。

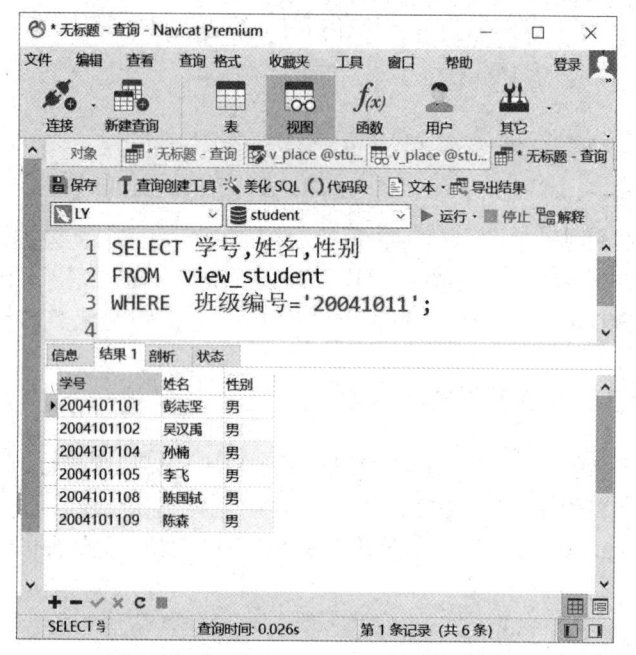

图 3-33 使用 view_student 视图查询数据

思考：查询结果为什么只有男生信息？

2. 插入记录

【例3-82】在 student 数据库中，通过视图 view_student 向学生表中插入一条记录。代码如下：

```
INSERT view_student(学号,姓名,性别,班级编号)
VALUES('2004101120','张霆峰','男','20041011');
```

思考：如果插入以下语句，那么结果如何？

```
INSERT view_student(学号,姓名,性别,班级编号)
VALUES('2004101121','张美凤','女','20041011');
```

3. 修改记录

【例3-83】在 student 数据库中，通过视图 view_student 将学号为 2004101120 的学生姓名改为"谢霆锋"。代码如下：

```
UPDATE view_student
SET  姓名='谢霆锋'
WHERE 学号='2004101120';
```

4. 删除记录

【例3-84】在 student 数据库中，通过视图 view_student 删除学号为 2004101120 的学生记录。代码如下：

```sql
DELETE FROM view_student WHERE 学号='2004101120';
```

任务实施

1. 创建学生基本信息视图

学生的基本信息存储于 student 表中,基于 student 表创建班主任所需的学生基本信息视图 view_classstudent。

输入如下 SQL 语句:

```sql
CREATE VIEW view_classstudent
AS
SELECT s_id AS 学号,s_name AS 姓名,s_sex AS 性别,
born_date AS 出生日期,nation AS 民族,place AS 籍贯,
politic AS 政治面貌,tel AS 联系电话,address AS 家庭住址,
class_id AS 班级
FROM student ;
```

单击"运行"按钮,完成视图 view_classstudent 的创建。再展开"student"数据库中的"视图"节点,可以看到视图 view_classstudent 已经创建成功。

2. 创建学生成绩视图

学生的成绩信息涉及 student、course、score 三个表,通过连接三个表创建班主任所需的学生成绩信息视图 view_coursescore。

输入如下 SQL 语句:

```sql
CREATE OR REPLACE VIEW view_coursescore
AS
SELECT class_id AS 班级,student.s_id AS 学号,s_name AS 姓名,c_name AS 课程名称,grade AS 成绩
FROM student,course,score
WHERE student.s_id=score.s_id
AND course.c_id=score.c_id;
```

单击"运行"按钮,完成视图 view_coursescore 的创建。

3. 通过视图管理数据

利用所创建的视图,使用相关语句实现对指定班级学生信息的管理。

1)通过视图查看信息。

视图创建完成后,不同班级的班主任只需要通过 SELECT 语句,即可方便地查询到本班学生的信息。

① 查询 20041011 班和 21041011 班学生的基本信息。代码如下:

```sql
SELECT * FROM view_classstudent WHERE 班级='20041011';
SELECT * FROM view_classstudent WHERE 班级='21041011';
```

② 查询 20041011 班和 21041011 班学生的成绩信息。代码如下:

```sql
SELECT * FROM view_coursescore WHERE 班级='20041011';
SELECT * FROM view_coursescore WHERE 班级='21041011';
```

③ 查询 20041011 班和 21041011 班平均分高于 80 分(包括 80 分)的学生成绩信息,并且按成绩的降序输出结果。代码如下:

```sql
SELECT 学号,姓名,AVG(成绩) AS 平均分
FROM view_coursescore
```

```
WHERE 班级='20041011'
GROUP BY 学号,姓名
HAVING AVG(成绩)>=80
ORDER BY 平均分 DESC;
SELECT 学号,姓名,AVG(成绩) AS 平均分
FROM view_coursescore
WHERE 班级='21041011'
GROUP BY 学号,姓名
HAVING AVG(成绩)>=80
ORDER BY 平均分 DESC;
```

2)通过视图修改信息。

① 21041011班新增了一个学生,班主任可以通过如下代码实现学生基本信息的添加:

```
INSERT INTO view_classstudent
VALUES('2104101120','夏伟','男','2002-11-1','汉','江苏苏州','党员',17952892345,'江苏省苏州市','21041011');
```

② 当学生基本信息发生变化时,可以通过 UPDATE 语句对视图进行修改,如将上述学生的性别修改为"女",代码如下:

```
UPDATE view_classstudent
SET 性别='女'
WHERE 学号='2104101120';
```

任务总结

数据库的三级结构包括:视图(View)、基本表(Table)和数据库(Database)。视图的创建与操作是以基本表为基础的,它是查看表中数据的另一种方式。在面向应用时,将查询定义为视图,然后将视图用于其他查询中,可以简化数据查询操作,并且提高数据的安全性。

知识巩固 3

一、选择题

1. 在 SQL 中,SELECT 语句的完整语法比较复杂,但至少应该包括(　　)部分。
   A. SELECT,INTO   B. SELECT,FROM
   C. SELECT,GROUP   D. 仅 SELECT
2. 在 SQL 中,查询表中数据的命令是(　　)。
   A. USE   B. SELECT   C. UPDATE   D. DROP
3. 在 SQL 中,条件"年龄 BETWEEN 15 AND 35"表示年龄在 15 岁与 35 岁之间,并且(　　)。
   A. 包括 15 岁和 35 岁   B. 不包括 15 岁和 35 岁
   C. 包括 15 岁但不包括 35 岁   D. 包括 35 岁但不包括 15 岁
4. "SELECT s_no=学号,s_name=姓名 FROM information WHERE 班级名='软件 021'"表示(　　)。
   A. 查询 information 表中软件 021 班学生的学号、姓名

B. 查询 information 表中软件 021 班学生的所有信息

C. 查询 information 表中学生的学号、姓名

D. 查询 information 表中计算机系学生的记录

5. 模糊查询 LIKE '_a%'，其结果是（　　）。

　　A. aili　　　　　　B. bai　　　　　　C. bba　　　　　　D. cca

6. 表示职称为"副教授"且性别为"男"的表达式为（　　）。

　　A. 职称='副教授' OR 性别='男'　　　　B. 职称='副教授' AND 性别='男'

　　C. BETWEEN '副教授' AND '男'　　　　D. IN ('副教授','男')

7. 要查询 information 表内学生姓名中含有"张"的学生基本信息，可使用（　　）命令。

　　A. SELECT * FROM information WHERE s_name LIKE '张%'

　　B. SELECT * FROM information WHERE s_name LIKE '张_'

　　C. SELECT * FROM information WHERE s_name LIKE '%张%'

　　D. SELECT * FROM information WHERE s_name='张'

8. 在 SQL 中，不是逻辑运算符号的是（　　）。

　　A. AND　　　　　　B. NOT　　　　　　C. OR　　　　　　D. YR

9. 查询员工工资信息时，结果按工资降序排序，正确的命令为（　　）。

　　A. ORDER BY 工资　　　　　　　　B. ORDER BY 工资 DESC

　　C. ORDER BY 工资 ASC　　　　　　D. ORDER BY 工资 DISTINCT

10. 查询毕业学校名称与"清华"有关的记录应该使用（　　）命令。

　　A. SELECT * FROM 学习经历 WHERE 毕业学校 LIKE '*清华*'

　　B. SELECT * FROM 学习经历 WHERE 毕业学校 = '%清华%'

　　C. SELECT * FROM 学习经历 WHERE 毕业学校 LIKE '?清华?'

　　D. SELECT * FROM 学习经历 WHERE 毕业学校 LIKE '%清华%'

11. 在 SQL 中，SELECT 语句的 "SELECT DISTINCT" 表示查询结果中（　　）。

　　A. 属性名都不相同　　　　　　　　B. 去掉了重复的列

　　C. 行都不相同　　　　　　　　　　D. 属性值都不相同

12. 在（　　）子查询中，内层查询只处理一次，得到一个结果集，再依次处理外层查询。

　　A. IN　　　　　　　　　　　　　　B. EXIST

　　C. NOT EXIST　　　　　　　　　　D. JOIN

13. 命令 "SELECT s_no, AVG(grade) AS '平均分' FROM score GROUP BY s_no HAVING AVG(grade)>=85" 表示（　　）。

　　A. 查询 score 表中平均分高于 85 分的学生的学号和平均分

　　B. 查询平均分高于 85 分的学生

　　C. 查询 score 表中各科成绩高于 85 分的学生

　　D. 查询 score 表中各科成绩高于 85 分的学生的学号和平均分

14. SELECT 语句中与 HAVING 子句同时使用的是（　　）子句。

　　A. ORDER BY　　　B. WHERE　　　C. GROUP BY　　　D. 无法确定

15. 数据库中有两个表：教师（教师编号，姓名）和课程（课程号，课程名，教师编号），为快速查询出某位教师所讲授的课程，应该（　　）。

　　A. 在教师表上按教师编号创建索引　　B. 在课程表上按课程号创建索引

C. 在课程表上按教师编号创建索引　　D. 在教师表上按姓名创建索引

16. 查询 student 表中所有第一位为 8 或 6，并且第三位为 0 的电话号码（列名：telephone），应使用（　　）命令。

　　A. SELECT telephone FROM student WHERE telephone LIKE '[8,6]%0*'
　　B. SELECT telephone FROM student WHERE telephone LIKE '(8,6)*0%'
　　C. SELECT telephone FROM student WHERE telephone LIKE '[8,6]_0%'
　　D. SELECT telephone FROM student WHERE telephone LIKE '[8,6]_0*'

17. 创建索引的目的是（　　）。
　　A. 降低数据查询的速度　　　　　　　B. 与 SQL Server 数据查询的速度无关
　　C. 加快数据库的打开速度　　　　　　D. 提高 SQL Server 数据查询的速度

18. 在 SQL 中，CREATE VIEW 语句用于创建视图。如果要求在对视图进行更新时必须满足查询中的表达式，应当在该语句中使用（　　）。
　　A. WITH　UPDATE　　　　　　　　B. WITH　INSERT
　　C. WITH　DELETE　　　　　　　　D. WITH　CHECK　OPTION

19. 数据库中只存储视图的（　　）。
　　A. 操作　　　　B. 对应的数据　　　　C. 定义　　　　D. 限制

20. 在视图上不能完成的操作是（　　）。
　　A. 更新视图数据　　　　　　　　　　B. 查询
　　C. 在视图上定义新的基本表　　　　　D. 在视图上定义新视图

二、填空题

1. _____子句查询与 WHERE 子句查询类似，不同的是 WHERE 子句限定于行的查询，而该子句限定于对统计组的查询。

2. 如果表的某一列被指定具有 NOT NULL 属性，则表示_____。

3. 当使用 SELECT 语句进行模糊查询时，可以使用模糊匹配操作符_____或_____，但要在条件值中使用_____或_____等通配符来配合查询。模糊查询只能针对字段类型是_____的列进行查询。

4. 在查询语句中，选择字段名的关键字是_____。说明数据表的关键字是_____，说明查询条件的关键字是_____。

5. 在查询语句中，说明排序使用的是关键字_____，说明分组查询使用的关键字是_____。

6. 向表或视图中插入记录使用_____语句，修改表中的记录使用_____语句，删除表中的记录使用_____语句。

7. _____命令用于删除记录，将表中的所有记录都删除，但表仍然存在；而_____命令用于删除表，删除表的同时，表中的记录自然也不再存在。

8. 已知有学生表 S(SNO,SNAME,AGE,DNO)，各属性的含义依次为学号、姓名、年龄和所在系号；学生选课表 SC(SNO,CNO,SCORE)，各属性的含义依次为学号、课程号和成绩。分析以下 SQL 语句：

```
SELECT SNO
FROM SC
WHERE SCORE = (SELECT MAX(SCORE) FROM SC WHERE CNO='002')
```

上述 SQL 语句完成的查询操作是_____。

9. _____本身并不保存数,其数据被保存在_____中。

10. 索引是一种重要的数据对象,能够提高数据的_____,使用索引还可以确保列的唯一性,从而保证数据的_____。

三、简答题

1. 简述 SQL 中的 SELECT 查询语句的各子句的功能。

2. 简述 WHERE 子句与 HAVING 子句的区别。

3. 简述索引对查询的影响以及索引的弊端。

4. 比较表和视图的区别。

工作任务四 MySQL 数据库数据的程序式处理

4.1 存储过程和存储函数的创建与应用

知识目标

- 掌握流程控制语句的使用方法。
- 理解存储过程和存储函数的概念与作用。
- 掌握存储过程和存储函数的创建方法。
- 掌握存储过程和存储函数调用、查看、删除的方法。

微课视频

能力目标

- 创建多种类型的存储过程和存储函数。
- 执行多种类型的存储过程和存储函数。
- 管理存储过程和存储函数。

任务情境

小 S 参与的项目采用了 JSP 技术，因此他除了学习数据库相关知识，还学习了 JSP 课程。在系统开发过程中，他遇到了一些问题，于是去请教 K 老师。

小 S："我在开发应用系统时，一般会在程序中直接嵌入一段 SQL 代码，但是我发现有些代码实现的功能是相同的。在开发初期，我觉得相同功能的代码复制粘贴也比较方便，但是随着开发的深入，我发现一旦业务需求发生变更，哪怕只是改动一个字段，都要将涉及的程序源代码逐一修改，程序维护的工作量太大了。在 MySQL 中有没有像 C 语言自定义函数一样的对象，将 SQL 代码封装，通过参数传递提高代码的复用性和灵活性？"

K 老师："你的想法非常好，MySQL 的存储过程和存储函数可以帮你解决这个问题。"

小 S："那真是太好了，我一定要认真学习。"

任务描述

任务 1：学生成绩等级自动转换。

教务处要求考试科目的成绩以百分制登记，并自动转换为等级。请设计一个成绩等级自动转换程序，实现将分数转换为等级，转换规则如下：高于 90 分（包括 90 分）为"优秀"，80~89 分为"良好"，70~79 分为"中等"，60~69 分为"及格"，低于 60 分为"不及格"。

任务 2：学生成绩调整。

由于 200101 号课程的试卷难度过大，学生整体成绩不太理想。教务处同意，对该门课程的成绩进行提分，提分规则如下：先将原有成绩提高 5 分，100 分封顶，再判断修改后的成绩，如果成绩为 55~59 分之间的任意值，则将成绩修改为 60 分。

任务 3：教师任课课程成绩统计。

每学期期末考试结束后，任课老师除了需要将学生的总评成绩录入数据库，还需要对所任班级的课程成绩进行统计，得出最高分、最低分、平均分和考试通过率并打印统计结果。

任务分析

任务 1：该任务通过存储过程实现。需要设计一个输入参数用于传递考试的成绩，由于 5 个分数段的等级各不相同，所以采用 CASE 语句分情况转换。

任务 2：学生成绩调整。查询 200101 号课程的学生成绩是多行记录，需要对每行记录中的成绩做出判断后，再分别进行处理。这里需要用游标才能实现学生成绩调整。

任务 3：该任务可利用存储过程实现。为了在运行该存储过程时能将计算结果输出，需要使用 OUTPUT 关键字定义输出参数，同时定义两个输入参数，接收要统计成绩的班级编号和课程名称。

知识导读

4.1.1 MySQL 编程基础

4.1.1.1 SQL 概述

SQL（Structured Query Language）是一种结构化的查询语言，它主要包括以下类型。

（1）数据查询语言（DQL）：用于查询数据库的基本功能，利用 SELECT 语句查询表中的数据。

（2）数据定义语言（DDL）：用于创建一个数据库对象，可以使用 CREATE、ALTER、DROP 语句创建及管理数据库、数据表、视图、索引等对象。

（3）数据操纵语言（DML）：使用 INSERT、UPDATE、DELETE 语句实现对数据库中数据的操作。

（4）数据控制语言（DCL）：使用 GRANT、REVOKE 语句对数据访问权限进行控制。

1. 标识符命名规则

标识符用来命名一些对象，如数据库、表、列、变量等。MySQL 标识符中的合法字符如下。

（1）不加引号的标识符必须由系统字符集中的字母和数字，再加上"_"和"$"字符组成。

（2）不加引号的标识符不允许完全由数字字符构成。

（3）第一个字符可以是满足以上条件的任意字符（包括数字）。

说明：

（1）MySQL 中的关键词、列名、索引名、变量名、常量名、函数名、存储过程名等不区分大小写，但数据库名、表名、视图名则跟操作系统有关，在 Windows 中不区分大小写，而一般在 Unix 中往往需要区分大小写。

（2）以特殊字符@@、@开头的标识符一般用于系统变量和用户变量。

（3）不符合规则的符号若想用作标识符，可以用引号括起来后使用。

2. 注释

注释是程序中不被执行的部分，可以对程序进行解释说明，以及屏蔽暂时不需要使用的代码。MySQL 有以下两种注释。

（1）单行注释：--（双连字符）加上一个空格或 #。这些注释字符可以与代码处在同一行，也可另起一行。从双连字符开始到行尾的内容均为注释。如果注释内容占用多行，则必须在每一行的最前面使用该注释符。

（2）多行注释：/*...*/（斜杠星号字符对）。这些注释字符可以与代码处在同一行，也可另起一行，而且可以在代码内部。注释开始号（/*）与注释结束号（*/）之间的所有内容均是注释部分。即使注释内容占用多行，也只需要一个注释对。

4.1.1.2 变量

变量是指在程序运行过程中其值可以改变的量，变量名不能与 MySQL 中的命令或已有的函数名称相同。MySQL 中的变量分为系统变量、用户变量和局部变量。

1. 系统变量

系统变量是在 MySQL 数据库服务器启动时被创建并初始化为默认值的，它用于存储系统的配置设定值和统计数据，可以直接使用。用户不能创建系统变量，且多数系统变量名称以@@开头，为了保证兼容性，也有部分系统变量在使用时省略@@。

输出系统变量使用 SELECT 语句，语法格式如下：

SELECT<系统变量>[,…]

常用的系统变量如表 4-1 所示。

表 4-1 常用的系统变量

序 号	系 统 变 量	含 义
1	@@VERSION	MySQL 的版本信息
2	@@HOSTNAME	本地服务器的名称
3	CURRENT_USER	当前用户
4	CURRENT_DATE	当前日期
5	CURRENT_TIME	当前时间
6	@@CHARACTER_SET_CLIENT	当前客户端的字符集
7	@@CHARACTER_SET_CONNECTION	当前连接的字符集

【例 4-1】查看当前使用的 MySQL 的版本信息和当前用户。运行结果如图 4-1 所示。

SELECT @@VERSION AS '当前 MySQL 的版本', CURRENT_USER AS '当前用户';

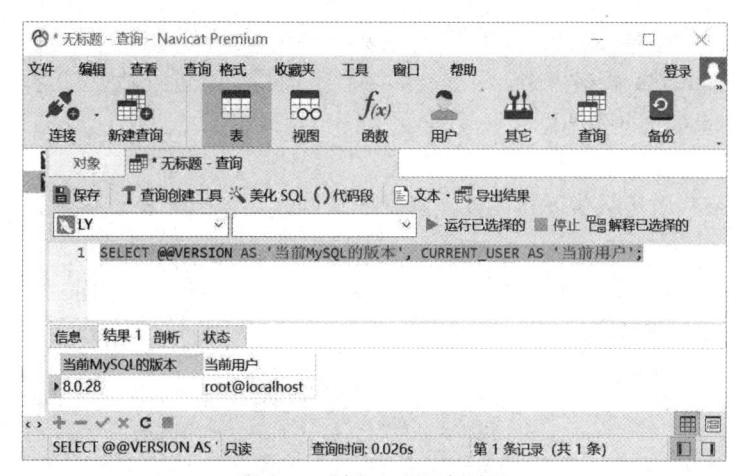

图 4-1 【例 4-1】运行结果

2. 用户变量

用户变量是由用户自定义、其作用域限制在用户连接中的一种变量类型。不同用户会话中的用户变量相互不受影响。用户变量在使用前必须先定义和初始化，未进行初始化的用户变量，其值默认为 NULL。

定义和初始化用户变量的语法格式如下：

SET <@变量名1>=表达式1[,<@变量名2>=表达式2,...]

说明：

（1）用户变量以"@"开始，并符合标识符的命名规则。

（2）将表达式的值赋给变量，可以是常量、变量或表达式。

（3）用户变量的数据类型是根据其所赋予的值的数据类型而自动定义的。如果在使用时没有初始化的变量，其值默认为 NULL。

例如：

```
SET  @name='admin';
SET  @name=2;
```

用户变量@name 的数据类型由字符型变为整型，即@name 变量的数据类型是由所赋值的数据类型而决定的。

（4）定义用户变量时，变量的值可以是一个表达式。

```
SET  @name=@name+4;
```

（5）可以将查询结果赋给用户变量。

```
SET @sno=(SELECT s_name FROM student WHERE s_id='2004091101') ;
```

输出用户变量的语法格式如下：

```
SELECT  <@变量名>[,...]
```

【例 4-2】定义并初始化用户变量@sno 的值为 2004091101，查询学号为该变量值的学生信息。

```
SET @sno='2004091101';
SELECT * FROM student WHERE s_id=@sno;
```

【例 4-3】查询学号为 2004091101 的学生所在班级所有学生的信息，通过定义用户变量完成。

```
SET @cno= (SELECT class_id FROM student
WHERE s_id='2004091101');
```

```
SELECT * FROM student WHERE class_id =@cno;
```

【例 4-4】在 student 数据库中,根据教师编号查询马丽丽老师的信息及与她相邻的教师的信息。运行结果如图 4-2 所示。

分析如下:

(1)利用 SET 语句赋值,将马丽丽老师的教师姓名赋给 t_name 字段,查询马丽丽老师的信息;

(2)查询马丽丽老师的教师编号,并且使用 SELECT 语句将其赋值给局部变量;

(3)将马丽丽老师的教师编号加 1 或减 1,查询与其相邻的教师的信息。

```
-- 查询马丽丽老师的信息
SET  @name='马丽丽';                           -- 使用 SET 语句赋值
SELECT t_id,t_name,t_sex,title,dept_id FROM teacher
WHERE t_name=@name;
-- 查询马丽丽老师的教师编号
SET @teacher_id=(SELECT t_id FROM teacher WHERE  t_name=@name);
-- 查询与马丽丽老师相邻的教师的信息
SELECT t_id,t_name,t_sex,title,dept_id
FROM teacher
WHERE (t_id=@teacher_id+1) OR (t_id=@teacher_id-1) ;
```

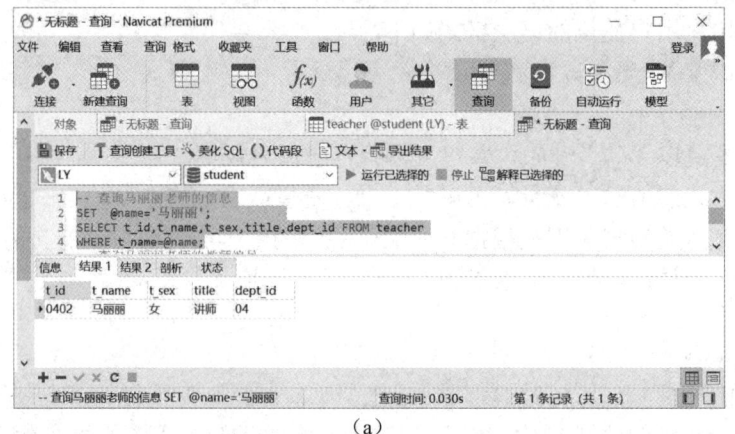

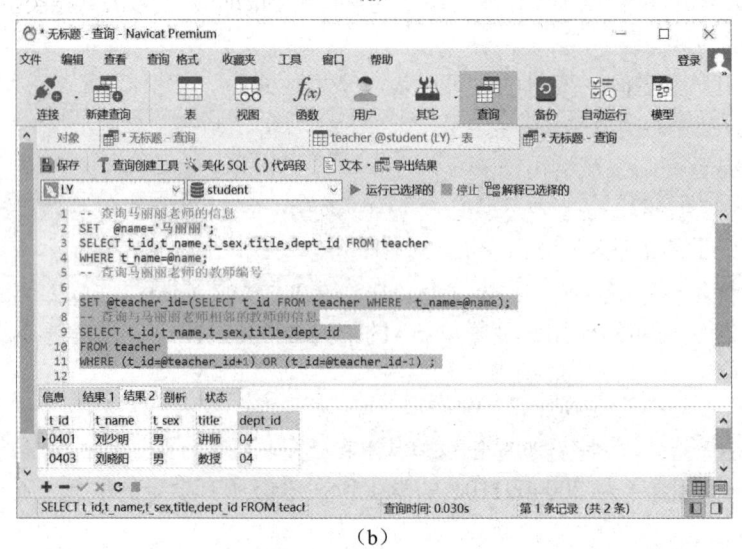

(a)

(b)

图 4-2 【例 4-4】运行结果

3. 局部变量

MySQL 局部变量是一个能够拥有特定数据类型的对象，它的作用范围仅限制在程序内部，一般用在存储过程、存储函数和触发器的 BEGIN...END 语句块之间，在 BEGIN...END 语句块运行完之后，局部变量就消失了。该部分内容将在 4.1.2 节中具体介绍。

定义局部变量的语法格式如下：

```
DECLARE<变量名> [,…]数据类型 [DEFAULT 默认值][,变量名 数据类型 [DEFAULT 默认值]...]
```

说明：

（1）使用 DECLARE 语句可以同时声明多个变量，变量名之间用逗号隔开。

（2）DECLARE 语句用于设置变量的默认值。如果不指定，则变量的默认值为 NULL。

例如，定义一个名为 mySUB 的局部变量，INT 类型，默认值为 100。

```
DECLARE mySUB INT DEFAULT 100;
```

局部变量赋值的语法格式如下：

（1）使用 SET 语句给变量赋值

```
SET <局部变量名1>=表达式1[,<局部变量名2>=表达式2,...]
```

例如，给变量 mySUB 赋值，值为 10，定义三个整型变量 a1、a2、s，使用 SET 语句给 a1、a2 赋值，并将 a1、a2 的和赋给变量 s。

```
SET mySUB=10;
DECLARE  a1,a2,s INT;
SET a1=20;
SET a2=80;
SET s=a1+a2;
```

（2）使用 SELECT...INTO 语句给变量赋值

```
SELECT<字段名1>[,…]INTO <局部变量名1>[,…]FROM<表名> WHERE<查询条件>
```

例如，在学生表中查询学号为 2004091101 的学生所在班级的班级编号，并将值赋给变量 myclass。

```
DECLARE myclass char(8);
SELECT class_id INTO myclass FROM student WHERE s_id='2004091101';
```

该部分内容将在 4.1.2 节和 4.1.3 节中具体介绍。

4.1.1.3　内置函数

MySQL 提供了一些内置函数，不同的函数可以实现不同的功能，各种类别的函数都可以和 SELECT 语句联合使用。常用的四类函数分别是数学函数、字符串函数、日期函数和系统函数。

1. 数学函数

数学函数用于对数字类型的数据进行处理，并且返回处理结果。如果在使用过程中产生错误，该函数将返回空值。常用的数学函数如表 4-2 所示。

表 4-2　常用的数学函数

序号	函数名	说明
1	ABS(x)	返回 x 的绝对值
2	CEIL(x)	返回大于 x 的最小整数
3	FLOOR(x)	返回小于 x 的最大整数
4	MOD(x,y)	返回 x/y 的模，与 $x\%y$ 的作用相同

续表

序号	函数名	说明
5	RAND()	返回 0~1 的随机数
6	ROUND(*n*,*m*)	返回 *n* 四舍五入之后含有 *m* 位小数的值，*m* 默认为 0
7	TRUNCATE(*n*,*m*)	返回数字 *n* 被截断为 *m* 位小数的值
8	SQRT(*x*)	返回 *x* 的平方根
9	POW(*x*,*y*)	返回 *x* 的 *y* 次方

【例 4-5】查询圆周率，利用截断函数对数字 2.26 进行操作。
```
SELECT PI(),TRUNCATE(2.26,1);
```

【例 4-6】计算 2 的 7 次方，25 的平方根，-25 的绝对值。
```
SELECT POW(2,7),SQRT(25),ABS(-25);
```

2. 字符串函数

字符串函数用于对字符串数据进行处理。字符串函数主要包括计算字符长度函数、字符串转换函数、字符串比较函数、查找指定字符串位置函数等。常用的字符串函数如表 4-3 所示。

表 4-3　常用的字符串函数

序号	函数名	说明
1	CONCAT(*s1*,...,*s2*,...,*sn*)	把传入的参数连接成一个字符串
2	CONCAT(*x*,*s1*,...,*s2*,...,*sn*)	同 CONCAT(*s1*,*s2*,...,*sn*)函数，但要使用连接符 *x* 来连接每个字符串
3	INSERT(*str*,*m*,*n*,*inser_str*)	将 *str* 从 *m* 位置开始的 *n* 个字符替换为 *inser_str*
4	LOWER(*str*)/UPPER(*str*)	将字符串 *str* 转换成小写/大写
5	LEFT(*str*,*n*)/RIGHT(*str*,*n*)	分别返回 *str* 最左边/最右边的 *n* 个字符，如果 *n* 为 *Null*，则不返回任何字符
6	LPAD(*str*,*n*,*pad*)/RPAD(*str*,*npad*)	用字符串 *pad* 对 *str* 的最左边/最右边进行填充，直到 *str* 含有 *n* 个字符为止
7	TRIM(*str*)/LTRIM(*str*)/RTRIM(*str*)	去除字符串 *str* 的左右空格/左空格/右空格
8	REPLACE(*str*,*sear_str*,*sub_str*)	将字符串 *str* 中出现的所有 *sear_str* 字符串替换为 *sub_str*
9	STRCMP(*str1*,*str2*)	以 ASCII 码比较字符串 *str1* 和 *str2*，并返回-1(*str1*<*str2*)/0(*str1*=*str2*)/1(*str1*> *str2*)
10	SUBSTRING(*str*,*n*,*m*)	返回字符串 *str* 中从 *n* 起 *m* 个字符长度的字符串。
11	LENGTH(*s*)	返回字符串 *s* 的字节长度，在 UTF-8 编码中，一个汉字算 3 字节
12	CHAR_LENGTH(*s*)	返回字符串 *s* 的字符数，一个多字节字符算一个字符

【例 4-7】分别计算字符"MySQL"和"数据库"的字符数和字节长度。
```
SELECT CHAR_LENGTH('MySQL'),CHAR_LENGTH('数据库'),
LENGTH('MySQL'),LENGTH('数据库');
```

【例 4-8】将学生表中学号和姓名字段连接成一个字段输出。
```
SELECT CONCAT(s_id,s_name),CONCAT_WS('-',s_id,s_name)FROM student;
```

3. 日期函数

日期函数用于对日期数据进行处理，常用的日期函数如表 4-4 所示。

表 4-4 常用的日期函数

序 号	函 数 名	说 明
1	CURDATE()	返回当前日期
2	CURTIME()	返回当前时间
3	NOW()	返回当前日期+时间
4	UNIX_TIMESTAMP(NOW))	返回 UNIX 当前时间的时间戳
5	FROM_UNIXTIME()	将时间戳（整数）转换为"日期+时间"的形式
6	WEEK(NOW())	返回当前时间是本年的第几周
7	YEAR(NOW())	返回当前是 XXXX 年
8	MONTH(*d*)	返回日期 *d* 中的月份值（1～12）
9	MONTHNAME(*d*)	返回日期 *d* 中的月份名称（如 January）
10	DAYNAME(*d*)	返回日期 *d* 是星期几（如 Monday）
11	DAYOFWEEK(*d*)	返回日期 *d* 是星期几（1～7）
12	WEEKDAY(*d*)	返回日期 *d* 是星期几（0～6）
13	WEEK(*d*)	返回日期 *d* 是本年的第几周（1～53），假设星期天是每周的第一天
14	WEEKOFYEAR(*d*)	返回日期 *d* 是本年的第几周（1～53），假设星期一是每周的第一天
15	DAYOFYEAR(*d*)	返回日期 *d* 是本年的第几天
16	DAYOFMONTH(*d*)	返回日期 *d* 是本月的第几天
17	YEAR(*d*)	返回日期 *d* 中的年份值

【例 4-9】返回当前日期和时间。

```
SELECT CURDATE(),CURTIME(),NOW();
```

【例 4-10】返回当前年份、月份、日期和星期。

```
SELECT NOW(),YEAR(NOW()),MONTH(NOW()),DAY(NOW()),DAYNAME(NOW());
```

4. 系统函数

系统函数用于获取 MySQL 中对象和设置的系统信息。常用的系统函数如表 4-5 所示。

表 4-5 常用的系统函数

序 号	函 数 名	说 明
1	DATABASE()	返回当前打开的数据库
2	VERSION()	返回当前使用的数据库版本
3	USER()	返回当前登录的用户
4	INET_ATON(*ip*)	返回 ip 地址的网络字节顺序
5	INET_NTOA	返回数字代表的 ip
6	PASSWORD(*str*)	返回加密的 str 字符串
7	MD5()	在应用程序中进行数据加密

4.1.2 存储过程

4.1.2.1 存储过程概述

1. 存储过程的概念

存储过程是数据库管理系统中的预先编译并保存的、能实现某种功能的一组 SQL 代码程序段。存储过程作为数据库对象被预先保存在数据库中，经过首次创建后，可以被多次调用。存储过程包含程序流、逻辑及对数据库的相关操作，也可以接收参数、输出参数、返回记录集及需要的值。

2. 存储过程的优点

存储过程和存储函数一般用于处理需要与数据库进行频繁交互的业务，使用存储过程具有以下优点。

（1）执行速度快

存储过程比普通 SQL 语句功能更强大，而且能够实现功能性编程。执行成功后会存储在数据库服务器中，并允许客户端直接调用。

（2）封装了复杂操作

存储过程允许包含一条或多条 SQL 语句，这些语句完成一个或者多个逻辑功能。调用者无须考虑功能的具体实现过程，直接调用即可。

（3）具备较强的灵活性

存储过程可以使用流程控制语句编写，也可以完成较复杂的判断和运算。

（4）模块化设计

存储过程封装业务逻辑，使数据库管理员与应用系统开发人员的分工更明确，支持模块化设计。

（5）具有良好的安全性

存储过程可以作为安全机制来运用，其保存在数据库中，用户只须提交存储过程名就可以直接执行，避免了攻击者非法截取 MySQL 代码以获取用户数据的风险。另外，还可以通过设置操作权限，实现对相应数据访问权限的限制，从而避免非授权用户对数据的访问，保证数据的安全。

（6）减少网络流量

SQL 语句被封装在存储过程，该语句被执行时，网络中传送的只有调用语句，从而降低了网络负载。

4.1.2.2 使用 CREATE PROCEDURE 语句创建存储过程

语法格式如下：

```
CREATE PROCEDURE<存储过程名>([<参数列表>])
[characteristic …]
<存储过程体>
```

说明：

（1）存储过程名应符合 MySQL 的命名规则，尽量避免使用与 MySQL 内置函数相同的名称。

（2）存储过程可以不使用参数，也可以使用一个或多个参数。当存储过程无参数时，存储过程名称后面的括号不可省略。如果有多个参数，则各参数之间使用逗号进行分隔。

（3）characteristic 参数用于指定存储过程的特征，其主要取值如下。

① [NOT] DETERMINISTIC：指定 DETERMINISTIC 的优化器是否开启，默认选项为 NOT DETERMINISTIC。

② CONTAINS SQL|NO SQL|READS SQL DATA|MODIFIES SQL DATA：指定子程序使用 SQL 语句的限制。CONTAINS SQL 表示子程序包含 SQL 语句，但不包含读和写数据的语句；NO SQL 表示子程序中不包含 SQL 语句；READS SQL DATA 表示子程序中包含读数据的语句；MODIFIES SQL DATA 表示子程序中包含写数据的语句。默认选项为 CONTAINS SQL。

③ SQL SECURITY{DEFINER|INVOKER}：指定谁有权限来执行存储函数。DEFINER 表示只有定义者自己才能执行；INVOKER 表示调用者可以执行。默认选项为 DEFINER。

④ COMMENT 'string'：表示注释信息。

（4）<存储过程体>是存储过程的主体部分，其内容包含了可执行的 SQL 语句，并使用 BEGIN...END 来标志 SQL 代码的开始和结束。

（5）由于 MySQL 中默认的结束符为分号，而存储过程中的 SQL 语句也以分号为结束符。若通过命令行程序来创建存储过程，为了避免冲突，则需要临时使用 DELIMITER 命令修改会话的命令结束符，等存储过程执行结束后，再把结束符修改为分号。

例如，先使用"DELIMITER \$\$"将 MySQL 的结束符设置为"\$\$"，再使用"DELIMITER ；"将结束符设置为分号"；"。其语法格式如下：

```
mysql> DELIMITER $$
mysql>CREATE PROCEDURE <存储过程名>( )
-> BEGIN
->    #内部各种语句，可以使用分号(;)作为命令结束符
->
-> ...
->
-> END    $$
mysql> DELIMITER ；
```

1. 创建无参数的存储过程

语法格式如下：

```
CREATE PROCEDURE<存储过程名>( )
[characteristic …]
<存储过程体>
```

【例 4-11】在 student 数据库中，创建一个不带参数的存储过程 pro_stu_info，用于查询学生的姓名、班级和联系方式。

```
CREATE PROCEDURE pro_stu_info()
BEGIN
SELECT s_name,class_id,tel FROM student;
END
```

运行该段代码。程序执行完毕后，没有提示任何错误信息，表示存储过程创建成功。如图 4-3 所示。

【例 4-12】在 student 数据库中，创建存储过程 pro_class_info，用于查询 20041011 班学生的基本信息。

```
CREATE PROCEDURE pro_class_info()
BEGIN
SELECT * FROM  student WHERE class_id='20041011';
END
```

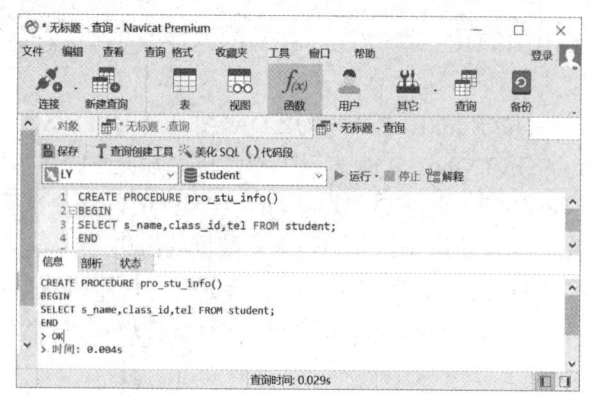

图 4-3 【例 4-11】运行结果

2. 创建带参数的存储过程

在【例 4-12】中，存储过程 pro_class_info 查询了班级编号为 20041011 的学生基本信息，它只能固定地查询指定班级的学生基本信息，不能动态地查询不同班级的学生基本信息。若想让用户根据自己的需求，通过班级编号查询指定班级的学生基本信息，则在上述的存储过程中引入一个输入参数即可。

参数的定义格式如下：

```
[IN|OUT|INOUT]<参数名><参数类型>
```

MySQL 的存储过程支持 3 种类型的参数：输入参数、输出参数和输入/输出参数，关键字分别使用 IN、OUT、INOUT，默认的参数类型为 IN。

输入参数在调用时向存储过程传递参数，此类参数可用于在存储过程中传入值；输出参数用于存储从存储过程返回的一个或多个值，即当存储过程执行后，会将返回值存储于输出参数中，供其他 SQL 语句读取访问，输出参数还可用于将存储过程内部的数据传递给调用者；输入/输出参数既可以作为输入参数，又可以作为输出参数，既可以把数据传入存储过程，又可以把存储过程中的数据传递给调用者。存储过程的参数名不要使用数据表中的字段名，否则 SQL 语句会将参数视为字段名，从而引发不可预知的结果。

【例 4-13】在 student 数据库中，创建一个带输入参数的存储过程 pro_class_info1，该存储过程可以根据给定班级的编号，查询该班级学生的所有信息。

```
CREATE PROCEDURE pro_class_info1(IN classid char(8))
BEGIN
SELECT * FROM  student WHERE class_id= classid;
END;
```

【例 4-14】在 student 数据库中，创建一个名为 pro_student_grade 的存储过程，该存储过程可以查询某个学生某门课程的成绩。

```
CREATE PROCEDURE pro_student_grade(IN sname char(10),IN cname char(20))
BEGIN
 SELECT student.s_id AS 学号,s_name AS 姓名,
c_name AS 课程名称,grade AS 成绩
FROM   student,course,score
WHERE  student.s_id=score.s_id AND course.c_id=score.c_id
AND student.s_name=sname AND course.c_name=cname;
END;
```

【例 4-15】创建存储过程 pro_classnum，该存储过程能根据用户给定的班级编号统计该班的学生人数，并将学生人数返回用户。

```
CREATE  PROCEDURE pro_classnum(IN classid char(8), OUT num int )
BEGIN
SELECT COUNT(*) INTO num FROM student
WHERE class_id=classid ;
END
```

4.1.2.3　使用 CALL 语句调用存储过程

存储过程创建成功后，用户可在程序、触发器或者其他存储过程中被调用。语法格式如下：

CALL <存储过程名> ([参数列表]);

说明：当存储过程含有多个输入参数时，要注意参数值的个数及顺序。

【例 4-16】调用【例 4-11】的存储过程 pro_stu_info。运行结果如图 4-4 所示。

```
CALL pro_stu_info;
```

【例 4-17】调用【例 4-12】的存储过程 pro_class_info。运行结果如图 4-5 所示。

```
CALL pro_class_info;
```

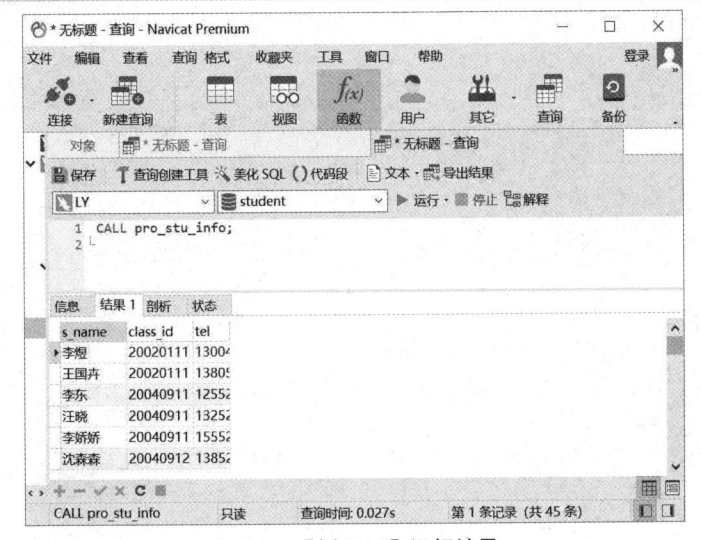

图 4-4　【例 4-16】运行结果

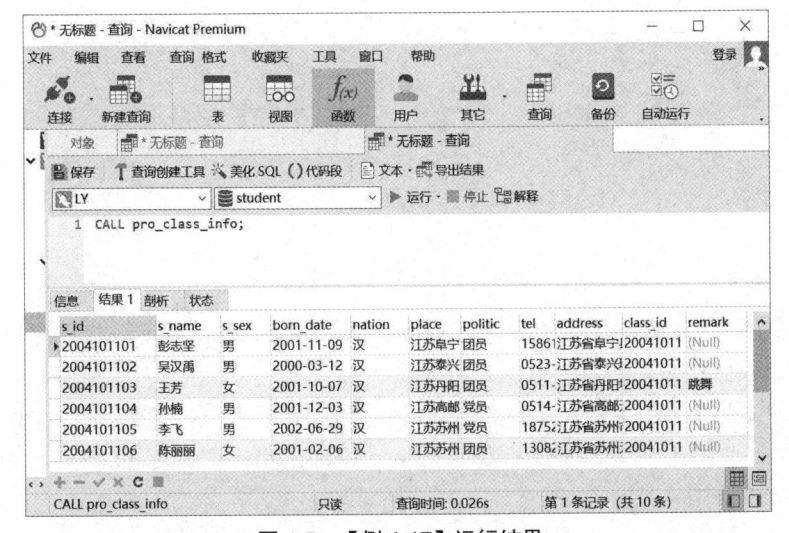

图 4-5　【例 4-17】运行结果

【例 4-18】调用【例 4-13】的存储过程 pro_class_info1。分别查询班级编号为 20040911 和 20040912 的学生基本信息。

```
CALL pro_class_info1 ('20040911');
CALL pro_class_info1 ('20040912');
```

设置不同参数后执行该存储过程的返回结果如图 4-6 所示。可以看出，使用参数后，用户可以根据需求灵活地查询信息。

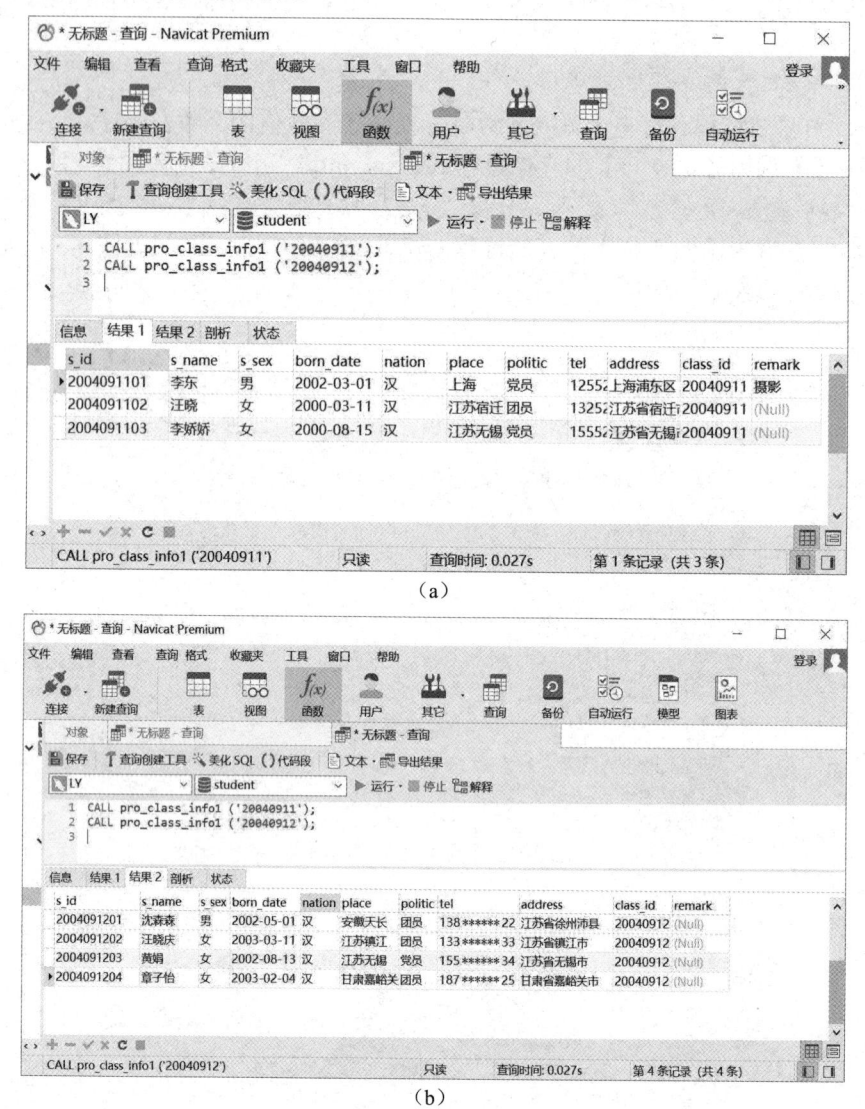

(a)

(b)

图 4-6 【例 4-18】运行结果

【例 4-19】调用【例 4-14】的存储过程 pro_student_grade，查询孙楠同学网页制作技术课程的成绩。运行结果如图 4-7 所示。

```
CALL pro_student_grade ('孙楠','网页制作技术');
```

【例 4-20】调用【例 4-15】的存储过程 pro_classnum，查询班级编号为 20041011 班级人数。运行结果如图 4-8 所示。

```
CALL  pro_classnum ('20041011',@num);
SELECT @num AS '班级人数';
```

图 4-7 【例 4-19】运行结果

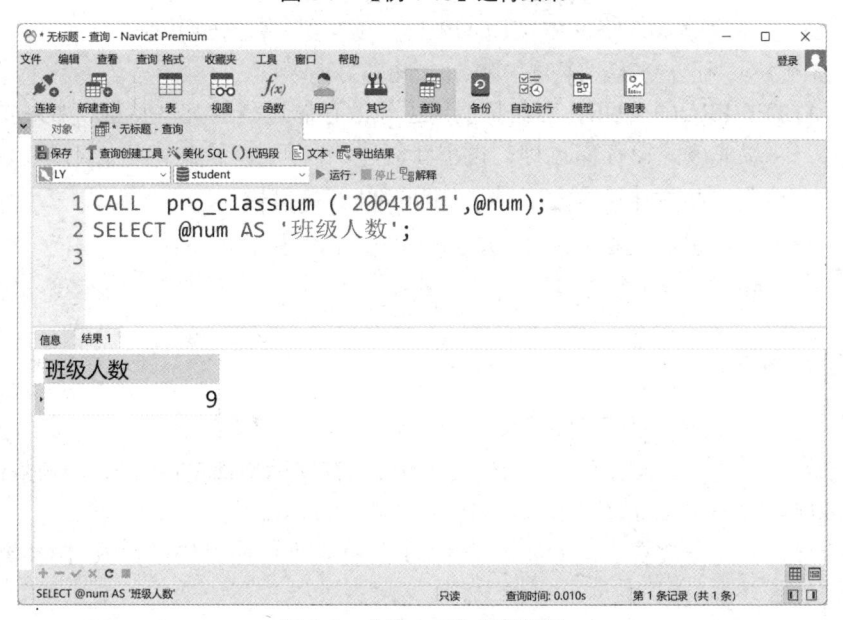

图 4-8 【例 4-20】运行结果

【例 4-21】创建存储过程 pro_grade，根据用户给定的学号统计学生选修课程的总数和平均分，并通过输出参数返回。运行结果如图 4-9 所示。

```
CREATE PROCEDURE pro_grade(IN sid char(10),OUT num int,OUT avggrade FLOAT)
BEGIN
SELECT COUNT(*),AVG(grade) INTO num,avggrade
FROM score
WHERE s_id=sid;
END;
CALL pro_grade('2004101107',@num,@avggrade);
SELECT @num AS '选修课程数',@avggrade AS '平均分';
```

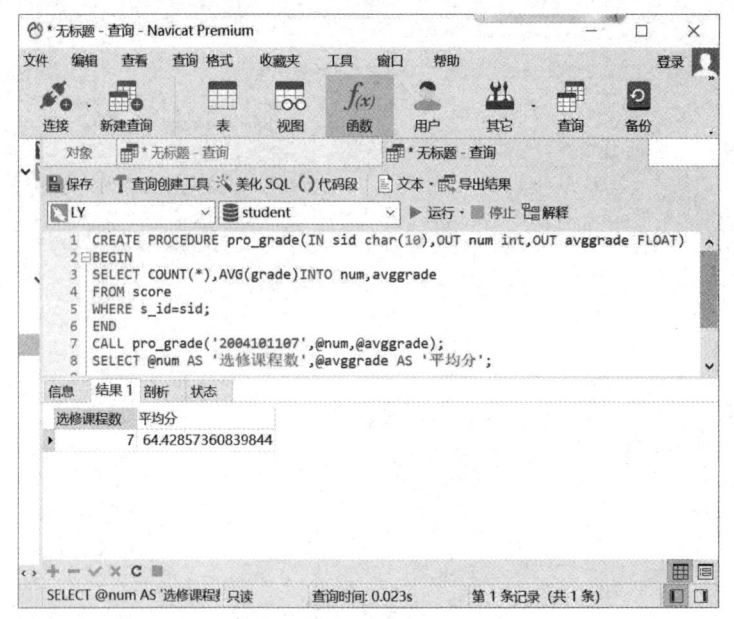

图 4-9　【例 4-21】运行结果

4.1.2.4　使用 ALTER PROCEDURE 语句修改存储过程

修改存储过程使用 ALTER PROCEDURE 语句，语法格式如下：

```
ALTER PROCEDURE<存储过程名> [characteristic …]
```

说明：ALTER PROCEDURE 语句只能用于修改存储过程的某些特征，如果要修改存储过程的内容，可以先删除原存储过程，再重新创建。

4.1.2.5　使用 DROP PROCEDURE 语句删除存储过程

删除存储过程使用 DROP PROCEDURE 语句，语法格式如下：

```
DROP  PROCEDURE<存储过程名>
```

4.1.3　存储函数

4.1.3.1　使用 CREATE FUNCTION 语句创建存储函数

存储函数即用户自定义函数。与存储过程相似，存储过程都是由 SQL 语句封装组成的，并在应用程序中被调用，存储函数与存储过程的区别如下。

（1）存储过程的参数有 IN、OUT、INOUT 三种类型；而存储函数只有 IN 类型，没有输出函数，其本身有返回值。

（2）存储过程在声明时不需要返回类型；而存储函数在声明时需要描述返回类型，且存储函数体中必须包含一条 RETURN 语句以得到返回值。

（3）存储过程中的语句功能更强大，可以实现很复杂的业务逻辑；而存储函数则有很多限制，实现的功能有较强的针对性。

（4）存储过程可以调用存储函数，而存储函数不能调用存储过程。

（5）存储过程一般作为一个独立的部分来执行使用（CALL 语句调用），而存储函数可以作为查询语句的部分来使用。

语法格式如下：

```
CREATE FUNCTION<存储函数名>（[<参数列表>]）
RETURNS<函数返回值类型>
```

```
[characteristic …]
<存储函数体>
```

说明:

(1) RETURNS 定义了函数结果的数据类型。

(2) characteristic 参数指定函数的特性,其取值方式与存储过程中参数的取值方式一样。

(3) <存储函数体>是 SQL 代码的内容。使用 BEGIN...END 来标志 SQL 代码的开始和结束。函数体中必须包含通过 RETURN 返回值的语句。该返回值的数据类型由之前的"RETURNS<函数返回值类型>"指定。

【例 4-22】在 student 数据库中,创建一个存储函数 fun_course_name,该存储函数可以根据给定的课程号查询课程名称。

```
CREATE FUNCTION fun_course_name (cid char(6))
RETURNS  char(20)
DETERMINISTIC
BEGIN
DECLARE cname  char(20) ;
SELECT  c_name  INTO cname  FROM course  WHERE  c_id= cid;
RETURN cname;
END
```

代码也可写成:

```
CREATE FUNCTION fun_course_name (cid char(6))
RETURNS  char(20)
DETERMINISTIC
BEGIN
RETURN (SELECT c_name FROM course  WHERE c_id= cid);
END
```

【例 4-23】在 student 数据库中,创建一个名为 fun_student_grade 的存储函数,该存储过程可以查询某个学生某门课程的成绩。

```
CREATE FUNCTION fun_student_grade(sname char(10),cname char(20))
RETURNS int
DETERMINISTIC
BEGIN
DECLARE fungrade int ;
SELECT grade into fungrade
FROM  student,course,score
WHERE   student.s_id=score.s_id AND course.c_id=score.c_id
AND student.s_name=sname AND course.c_name=cname;
RETURN fungrade;
END
```

【例 4-24】创建存储函数 fun_classnum,可以根据用户给定的班级编号统计该班级的学生人数,并将学生人数返回用户。

```
CREATE FUNCTION fun_classnum(classid char(8))
RETURNS int
DETERMINISTIC
BEGIN
DECLARE  num int;
SELECT COUNT(*) INTO num FROM student
WHERE class_id=classid ;
RETURN num ;
```

```
END;
```

4.1.3.2 使用 SELECT 语句调用存储函数

调用存储函数的方法与使用 MySQL 的内部函数的方法一样。其语法格式如下：

```
SELECT 存储函数名([参数列表]);
```

【例 4-25】调用【例 4-22】的存储函数 fun_course_name，返回课程号为 200101 的课程名称。运行结果如图 4-10 所示。

```
SELECT fun_course_name('200101') AS '课程名称';
```

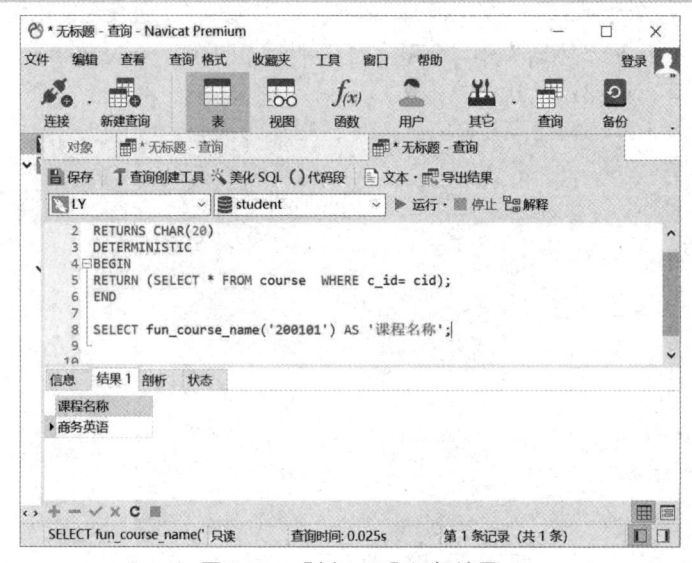

图 4-10 　【例 4-25】运行结果

【例 4-26】调用【例 4-23】的存储函数 fun_student_grade，查询"孙楠"同学的"网页制作技术"课程的成绩。运行结果如图 4-11 所示。

```
SELECT fun_student_grade('孙楠','网页制作技术') AS'成绩';
```

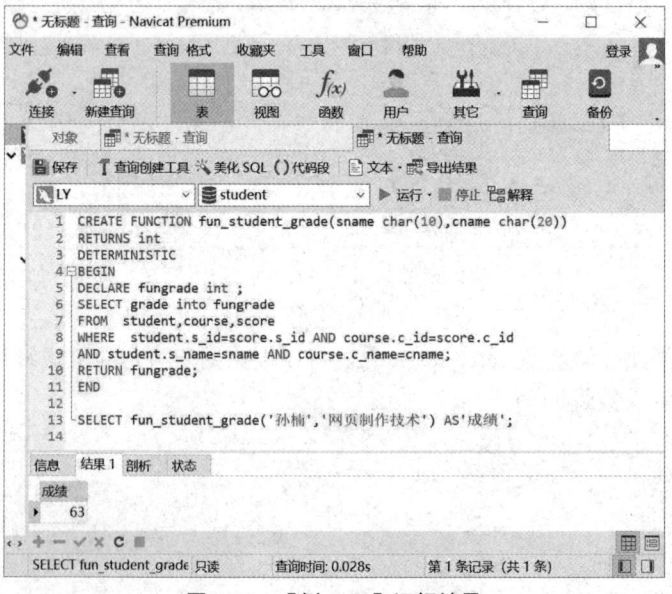

图 4-11 　【例 4-26】运行结果

【例 4-27】调用【例 4-24】的存储过程 fun_classnum，查询班级编号为 20041011 的班级人数。运行结果如图 4-12 所示。

```sql
SELECT fun_classnum ('20041011') AS '班级人数';
```

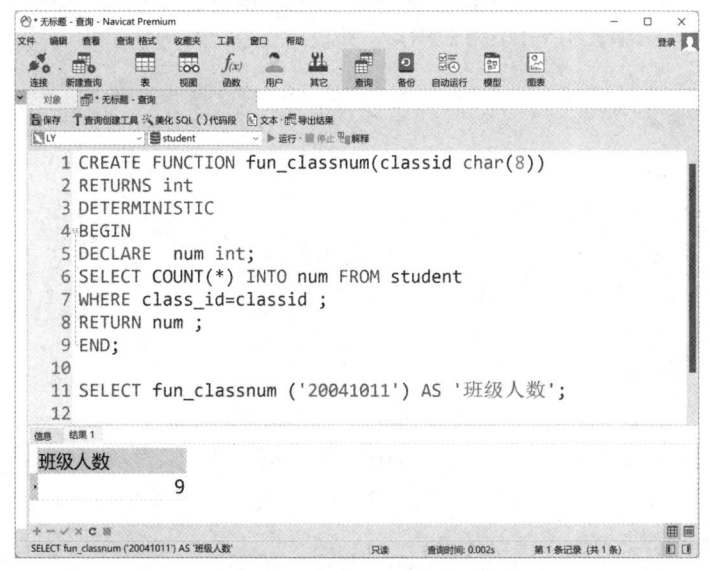

图 4-12 【例 4-27】运行结果

此例实现的功能与【例 4-15】的存储过程 pro_classnum 的功能类似。

4.1.3.3 使用 ALTER FUNCTION 语句修改存储函数

修改存储函数使用 ALTER FUNCTION 语句，语法格式如下：

```sql
ALTER FUNCTION<存储函数名>[characteristic …]
```

说明：ALTER FUNCTION 语句只能用于修改存储函数的某些特征。

4.1.3.4 使用 DROP FUNCTION 语句修改存储函数

删除存储函数使用 DROP FUNCTION 语句，语法格式如下：

```sql
DROP  FUNCTION<存储函数名>
```

4.1.4 流程控制语句

目前大多数数据库管理系统在支持使用标准 SQL 实现对数据库操作的基础上，还对标准 SQL 进行了扩展，提供了程序流程控制语句，增强了 SQL 的灵活性。这些流程控制语句可用于在数据库管理系统所支持的 SQL 语句、存储过程和触发器中，并且能根据用户业务流程的需要实现真实的业务处理。在 SQL 中，常用的流程控制语句有以下几种。

- 顺序结构控制语句：BEGIN...END 语句。
- 分支结构控制语句：IF...ELSE 语句和 CASE...END 语句。
- 循环结构控制语句：WHILE 语句、REPEAT 语句、LOOP 语句和 LEAVE 语句。

1. BEGIN...END 语句

在程序中，使用最普遍的结构是顺序结构。顺序结构控制语句的执行过程是按照从前往后的顺序执行的。BEGIN...END 语句能够将多条 SQL 语句组合成一个 SQL 语句块，并且将它们视为一个单元处理。其语法格式如下：

```sql
BEGIN
```

```
        SQL 语句 1
        SQL 语句 2
        ...
END
```

在流程控制语句中，BEGIN 和 END 分别表示 SQL 语句块的开始和结束，必须成对使用。

2. IF...ELSE 语句

IF...ELSE 语句属于分支结构控制语句，用于判断某一条件是否成立，并且根据判断结果执行相应的 SQL 语句块。语法格式如下：

```
IF <条件表达式 1>  THEN <语句块 1>
[ELSEIF <条件表达式 2>  THEN <语句块 2>]
…
[ELSE <语句块 N>]
END IF
```

说明：

（1）如果条件表达式 1 成立，则执行语句块 1 中的代码；否则判断条件表达式 2 是否成立，如果成立，则执行语句块 2 中的代码。以此类推，如果所有条件表达式都不成立，则执行 ELSE 子句中语句块 N 中的代码。

（2）ELSEIF 和 ELSE 子句都是可选的。

（3）在 ELSEIF 子句中只能有一个条件表达式成立，或者所有条件表达式都不成立，各条件表达式之间是互为排斥的关系。

【例 4-28】在 student 数据库中，创建一个不带参数的存储过程 pro_grade_info，统计大学英语课程的平均分。如果平均分高于 70 分（包括 70 分），则显示前三名学生的考试信息；如果平均分低于 70 分，则显示后三名学生的考试信息。

```
CREATE PROCEDURE pro_grade_info()
BEGIN
-- 查询大学英语课程的平均分
DECLARE objectavg float;
SELECT AVG(grade) into objectavg FROM score,course
WHERE c_name='大学英语' AND course.c_id=score.c_id;
SELECT  objectavg AS '平均分';
-- 根据平均分查询成绩
IF (objectavg>=70) THEN
    SELECT score.s_id,s_name,c_name,grade
    FROM student,score,course
    WHERE c_name='大学英语' AND course.c_id=score.c_id
    AND student.s_id=score.s_id
    ORDER BY grade DESC
    LIMIT 3;
ELSE
    SELECT score.s_id,s_name,c_name,grade
    FROM student,score,course
    WHERE c_name='大学英语' AND course.c_id =score.c_id
    AND student.s_id=score.s_id
    ORDER BY grade
    LIMIT 3;
END IF;
END;
```

调用存储过程 pro_grade_info。运行结果如图 4-13 所示。
```
CALL pro_grade_info();
```

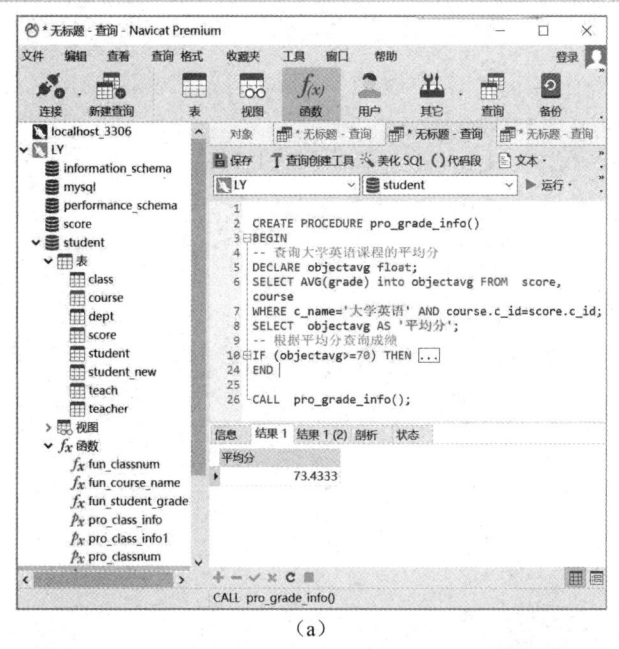

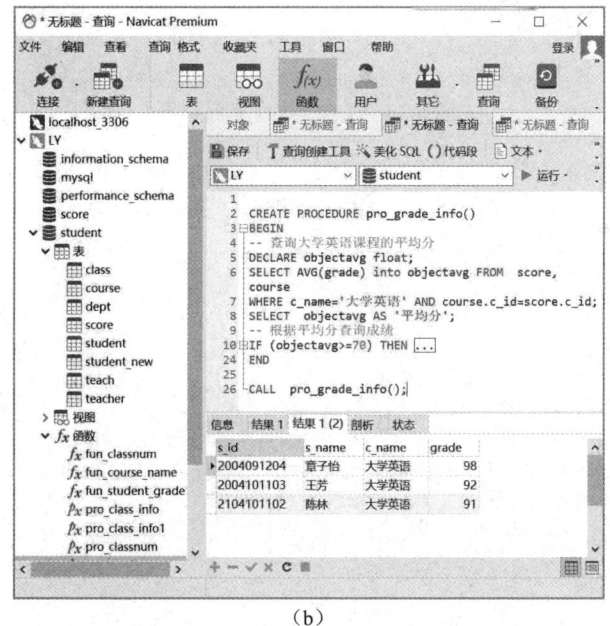

（a）

（b）

图 4-13 【例 4-28】运行结果

【例 4-29】在 student 数据库中，创建一个名为 pro_student_gradestate 的存储过程。该存储过程用于查询某个学生某门课程的成绩是否及格，成绩大于等于 60 分为及格。
```
CREATE PROCEDURE pro_student_gradestate(IN sname char(10),IN cname char(20),OUT gradestate char(6))
  BEGIN
   DECLARE  gradestu INT ;
   SELECT grade INTO gradestu
   FROM  student,course,score
```

```
    WHERE  student.s_id=score.s_id AND course.c_id=score.c_id
      AND student.s_name=sname AND course.c_name=cname;
IF gradestu>=60 THEN
   SET gradestate='及格';
ELSE
   SET gradestate='不及格';
END IF ;
END
```

调用存储过程 pro_student_gradestate。运行结果如图 4-14 所示。

```
CALL pro_student_gradestate('孙楠','网页制作技术',@gradestate);
SELECT @gradestate;
```

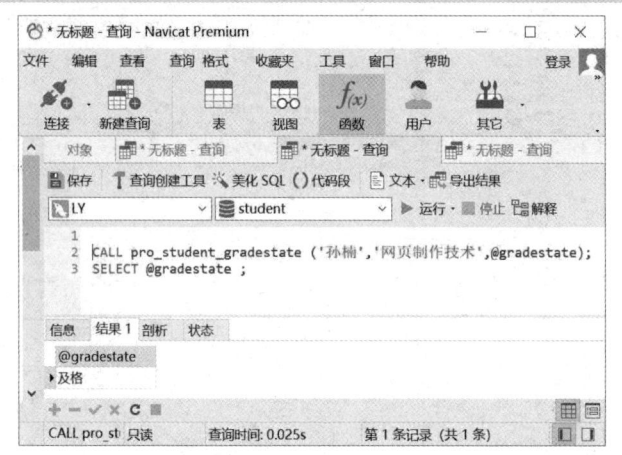

图 4-14 【例 4-29】运行结果

【例 4-30】在 student 数据库中，创建一个名为 pro_student_graderank 的存储过程。该存储过程用于查询某个学生某门课程的成绩，并把成绩折算成等级。

```
CREATE PROCEDURE pro_student_graderank(IN sname char(10),IN cname char(20),
OUT graderank char(6))
  BEGIN
    DECLARE  gradestu INT ;
    SELECT grade INTO gradestu
    FROM  student,course,score
    WHERE  student.s_id=score.s_id AND course.c_id=score.c_id
         AND student.s_name=sname AND course.c_name=cname;
    IF gradestu>=90 THEN
      SET graderank='优秀';
    ELSEIF gradestu>=80 THEN
      SET graderank='良好';
    ELSEIF gradestu>=70 THEN
      SET graderank='中等';
    ELSEIF gradestu>=60 THEN
      SET graderank='及格';
    ELSE
      SET graderank='不及格';
    END IF;
END;
```

调用存储过程 pro_student_graderank。运行结果如图 4-15 所示。

```
CALL pro_student_graderank('孙楠',
'C语言程序设计',@graderank);
```

```
SELECT @graderank AS '成绩等级';
```

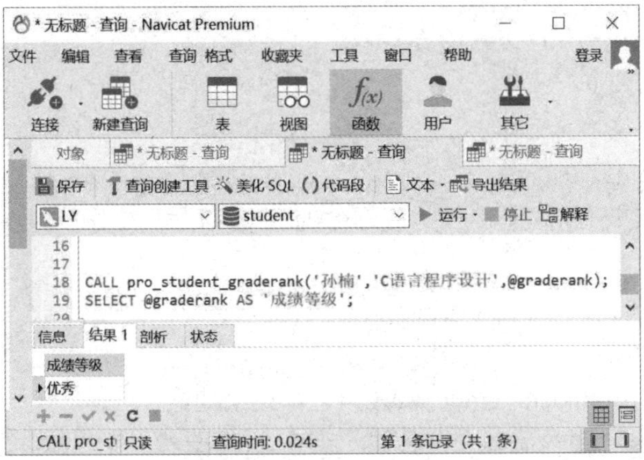

图 4-15　【例 4-30】运行结果

3. CASE...END 语句

CASE...END 语句可以计算多个条件表达式,并且将其中一个符合条件的结果表达式返回,属于多分支结构控制语句,可以实现比 IF...ELSE 语句更复杂的条件判断。CASE...END 语句根据不同的使用形式,可以分为简单 CASE...END 语句和搜索 CASE...END 语句。

(1) 简单 CASE...END 语句的语法格式如下:

```
CASE  <条件表达式>
    WHEN 常量表达式 THEN SQL 语句
    [...n]
    [ELSE SQL 语句]
END
```

简单 CASE...END 语句将条件表达式与常量表达式进行比较,当两个表达式的值相等时,执行相应的 THEN 后面的 SQL 语句;当条件表达式与所有常量表达式都不相等时,执行 ELSE 后面的 SQL 语句。

(2) 搜索 CASE...END 语句的语法格式如下:

```
CASE
    WHEN 条件表达式 THEN  SQL 语句
    [...n]
    [ELSE SQL 语句]
END
```

在搜索 CASE...END 语句中,如果条件表达式的值为逻辑真,则执行相应的 THEN 后面的 SQL 语句;如果没有一个条件表达式的值为逻辑真,则执行 ELSE 后面的 SQL 语句。

CASE...END 语句用于执行多分支判断,它的选择过程像一个多路开关,即由 CASE...END 语句的条件表达式的值决定切换至哪条语句去执行。在实现多分支结构控制语句时,用 CASE...END 语句编写程序比用 IF...ELSE 语句更简洁、清晰。

【例 4-31】在 student 数据库中,创建一个名为 pro_student_graderank1 的存储过程。该存储过程用于查询某个学生某门课程的成绩,并把成绩折算成等级(使用 CASE...END 语句实现)。

```
CREATE PROCEDURE pro_student_graderank1(IN sname char(10),IN cname
char(20),OUT graderank char(6))
   BEGIN
    DECLARE  gradestu INT ;
```

```
    SELECT grade INTO gradestu
    FROM  student,course,score
    WHERE  student.s_id=score.s_id AND course.c_id=score.c_id
       AND student.s_name=sname AND course.c_name=cname;
  CASE
    WHEN gradestu>=90 THEN    SET graderank='优秀';
    WHEN gradestu>=80 THEN    SET graderank='良好';
    WHEN gradestu>=70 THEN    SET graderank='中等';
    WHEN gradestu>=60 THEN    SET graderank='及格';
    ELSE  SET graderank='不及格';
  END  CASE ;
  END;
```

调用存储过程 pro_student_graderank1。运行结果如图 4-16 所示。

```
CALL pro_student_graderank1('孙楠','C语言程序设计',@graderank);
SELECT @graderank AS '成绩等级';
```

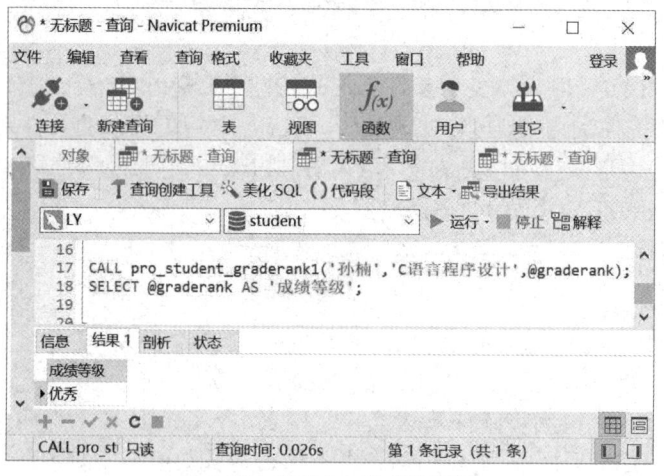

图 4-16 【例 4-31】运行结果

CASE...END 语句可以直接用于 SELECT 语句中，用于完成复杂的查询。

【例 4-32】使用 CASE...END 语句对学生性别显示不同字样，将"男"改为"男同学"，将"女"改为"女同学"。运行结果如图 4-17 所示。

```
SELECT s_id '学号',s_name  '姓名',
CASE  s_sex
    WHEN  '男'  THEN  '男同学'
    WHEN  '女'  THEN  '女同学'
END  AS  '性别'
FROM student;
```

【例 4-33】使用 CASE...END 语句，查询学号、姓名、课程名称、成绩和成绩等级。运行结果如图 4-18 所示。

```
SELECT score.s_id AS '学号',s_name AS '姓名',c_name AS '课程名称',grade AS '成绩',
  CASE
    WHEN grade>=90 THEN '优秀'
    WHEN grade>=80 THEN '良好'
    WHEN grade>=70 THEN '中等'
    WHEN grade>=60 THEN '及格'
    ELSE '不及格'
```

```
END  AS '成绩等级'
FROM  student,course,score
WHERE  student.s_id=score.s_id AND course.c_id=score.c_id;
```

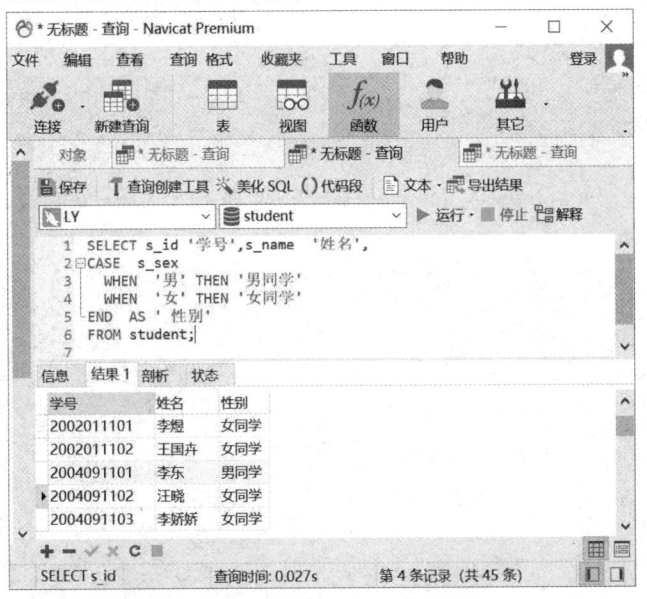

图 4-17　【例 4-32】运行结果

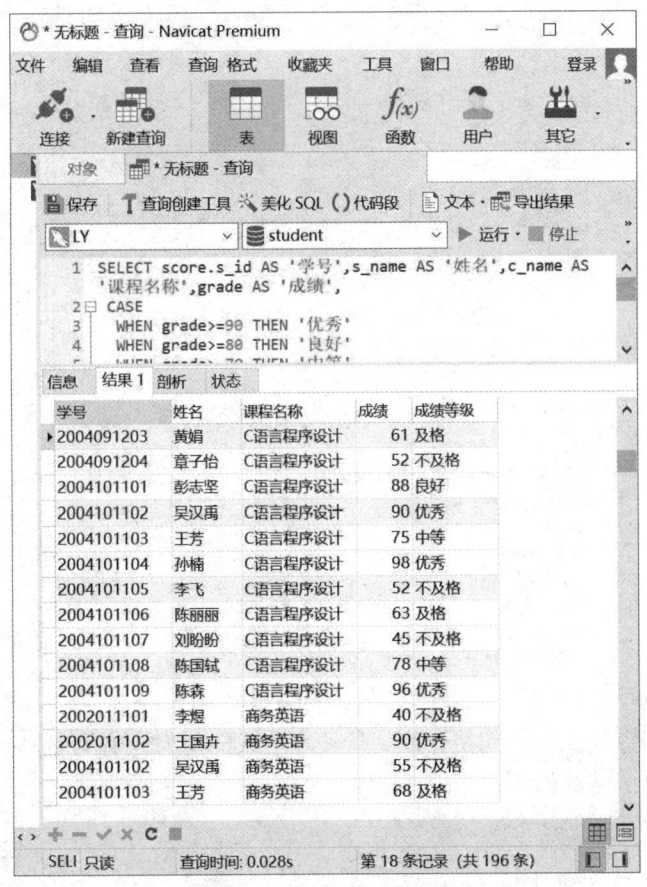

图 4-18　【例 4-33】运行结果

4. WHILE 语句

WHILE 语句在条件表达式成立时，重复执行语句块，直至条件表达式的值为逻辑假时，结束循环体的执行。

WHILE 语句的语法格式如下：

```
WHILE <条件表达式>  DO
     SQL 语句块
END  WHILE
```

【例 4-34】创建一个存储函数 fun_sum_while，计算 1+2+3+…+n 的值。运行结果如图 4-19 所示。

```
CREATE FUNCTION fun_sum_while(n INT)
RETURNS INT
DETERMINISTIC
BEGIN
DECLARE i,sum INT;
SET i=1, sum=0;
WHILE i<=n DO
SET sum=sum+i;
SET i=i+1;
END WHIlE;
RETURN sum;
END;
SELECT fun_sum_while(100)AS'求和';
```

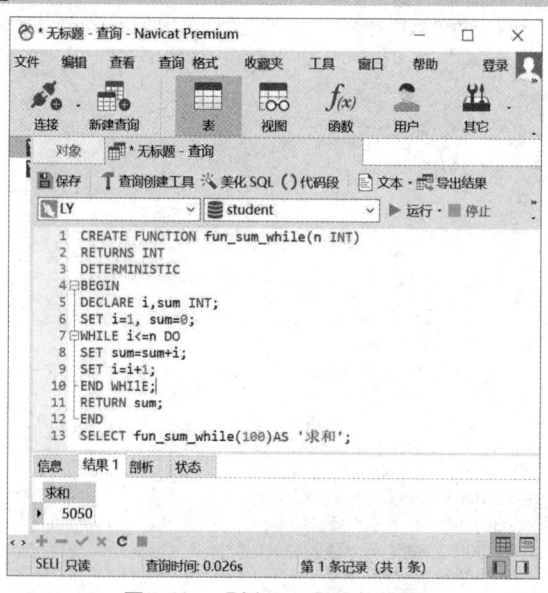

图 4-19　【例 4-34】运行结果

5. REPEAT 语句

REPEAT 语句重复执行语句块，直到条件表达式的值为逻辑真时，结束循环体的执行。
REPEAT 语句的语法格式如下：

```
REPEAT
      SQL 语句块
    UNTIL <条件表达式>
END  REPEAT
```

【例4-35】创建一个存储函数 fun_sum_repeat，计算 $1+2+3+\cdots+n$ 的值（使用 REPEAT 语句实现）。运行结果如图 4-20 所示。

```
CREATE FUNCTION fun_sum_repeat (n INT)
RETURNS INT
DETERMINISTIC
BEGIN
DECLARE i, sum INT;
SET i=1, sum=0;
REPEAT
SET sum=sum+i;
SET i=i+1;
UNTIL i>n
END REPEAT;
RETURN sum;
END;
SELECT fun_sum_repeat(100) AS '求和';
```

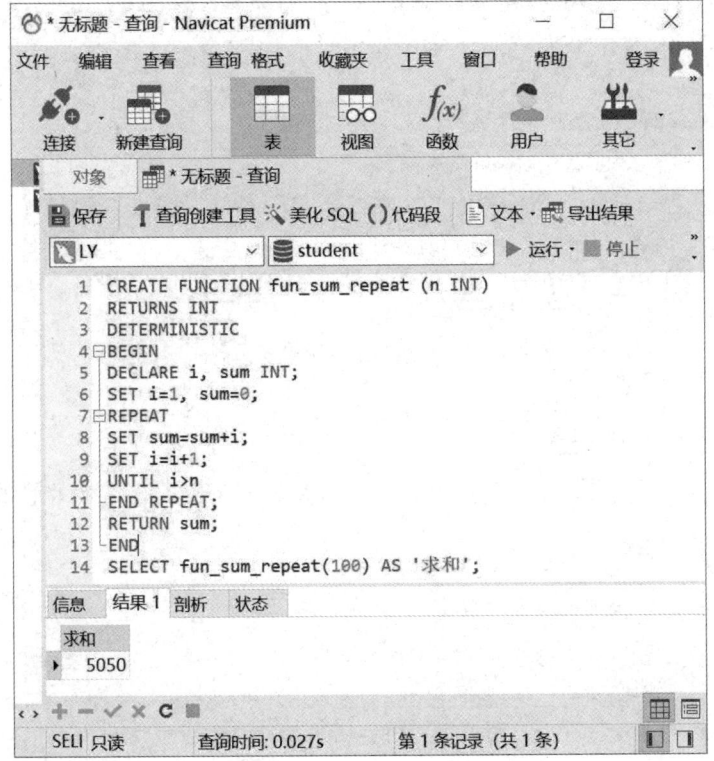

图 4-20　【例 4-35】运行结果

6. LOOP 语句和 LEAVE 语句

LOOP 语句可以使某些特定的语句重复执行，实现一个简单的循环。但是它本身没有终止循环的语句，必须配合 LEAVE 语句终止循环，否则将出现死循环。其语法格式如下：

```
[label:]LOOP
    SQL 语句块
    [LEAVE label]
END LOOP [label]
```

说明：
- LOOP 语句重复执行 SQL 语句块，直到遇到 LEAVE 语句时，才能结束循环体的执行。

- LEAVE 语句可用于从循环体内跳出，即结束当前循环。LEAVE 语句还可以结束 WHILE、REPEAT、LOOP 等语句的执行。

【例 4-36】创建一个存储函数 fun_sum_loop，计算 $1+2+3+\cdots+n$ 的值（使用 LOOP 语句和 LEAVE 语句实现）。运行结果如图 4-21 所示。

```
CREATE FUNCTION fun_sum_loop(n INT)
RETURNS INT
DETERMINISTIC
BEGIN
DECLARE i,sum INT;
SET i=1, sum=0;
num: LOOP
SET sum=sum+i;
SET i=i+1;
IF i>n THEN
 LEAVE num;
END IF;
END LOOP num;
RETURN sum;
END
SELECT fun_sum_loop(100) AS '求和';
```

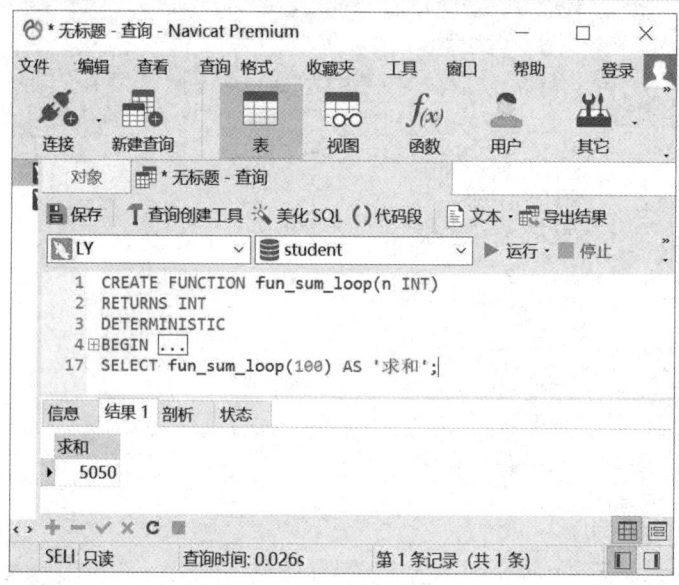

图 4-21 【例 4-36】运行结果

4.1.5 游标

为了方便用户对结果集中的单条记录行进行访问，MySQL 提供了一种特殊的访问机制——游标。游标主要包括游标结果集和游标位置两部分。其中，游标结果集是指定义游标的 SELECT 语句所返回的记录集合；游标相当于指向这个结果集中某一行的指针。

游标一定要在存储过程或存储函数中使用，不能单独在查询中使用。存储过程将查询结果保存到游标中，并通过循环语句对结果集中的数据逐行进行处理。由于游标中的数据保存在内存中，从游标中提取数据的速度要比从数据表中直接提取数据的速度快得多。

游标的操作包括声明游标、打开游标、读取游标和关闭游标。

1. 声明游标

使用 DECLARE 语句声明创建游标。语法格式如下:

```
DECLARE <游标名> CURSOR FOR <SELECT 语句>
```

SELECT 语句能够返回一行或多行记录数据,但不能使用 INTO 子句。

例如,声明一个名为 curGrade 的游标,从成绩表(score)中查询课程编号为 200101 的课程的成绩,输出学号和成绩字段。

```
DECLARE curGrade  CURSOR FOR SELECT s_id ,grade FROM score WHERE c_id='200101';
```

2. 打开游标

声明游标后,若想使用游标提取数据,则必须先打开游标。打开游标的语法格式如下:

```
OPEN <游标名> ;
```

在程序中,一个游标可以打开多次,由于其他的用户或程序本身已经更新了数据表,所以每次打开的结果可能不同。

例如,打开名为 curGrade 的游标。

```
OPEN curGrade;
```

3. 读取游标

游标打开后,使用 FETCH 语句从打开的游标中逐行读取数据,以进行相关的操作。读取数据的语法格式如下:

```
FETCH <游标名>INTO <变量名1>[, <变量名2>...];
```

在程序中,游标指向一行记录的一个或多个数据将被赋给一个变量或多个变量,子句中变量的数目必须等于声明游标时 SELECT 子句中字段的数目。变量名必须在声明游标之前就定义完成。

例如,将游标 curGrade 中通过 SELECT 语句查询出来的数据保存到变量 stugrade 和 stuid 中。

```
FETCH curGrade INTO stugrade,stuid;
```

4. 关闭游标

游标使用后要及时关闭。使用 CLOSE 语句关闭游标以释放数据结果集。语法格式如下:

```
CLOSE <游标名> ;
```

例如,关闭名为 curGrade 的游标。

```
CLOSE curGrade;
```

【例 4-37】创建一个存储过程 pro_stugrade。通过游标操作更新某学生的课程成绩。首先将原有成绩提高 5 分,100 分封顶。然后判断修改后的成绩,如果成绩在 55~59 分之间,则将成绩修改为 60 分。

```
CREATE PROCEDURE pro_stugrade(IN sid char(10))
BEGIN
DECLARE stugrade  int  DEFAULT 0;
DECLARE cid  char(10) ;
#遍历数据结束标志
DECLARE done INT DEFAULT FALSE;
#声明游标
DECLARE surgrade CURSOR FOR
SELECT grade,c_id FROM score WHERE s_id=sid;
```

```
#将结束标志绑定到游标
DECLARE CONTINUE HANDLER FOR NOT FOUND SET done = TRUE;
#打开游标
OPEN surgrade;
#开始循环
num: LOOP
#读取游标
FETCH surgrade INTO stugrade,cid;
#如果读取结束,则跳出循环
IF done THEN
LEAVE num;
END IF;
SET stugrade =stugrade +5;
IF (stugrade>100) THEN
   SET stugrade =100;
END IF;
IF (stugrade>=55 AND stugrade<=59) THEN
   SET  stugrade= 60;
END IF;
#更新成绩的值
UPDATE score
SET  grade =stugrade
WHERE c_id=cid  AND s_id=sid;
END LOOP num;
#关闭游标
CLOSE surgrade;
END
```

调用存储过程 pro_stugrade,更新学号为 2004101106 的学生的成绩。

```
CALL pro_stugrade('2004101106');
```

调用存储过程 pro_stugrade 前后,运行查询语句,结果对比情况如图 4-22 所示。

```
SELECT * FROM score WHERE s_id='2004101106';
```

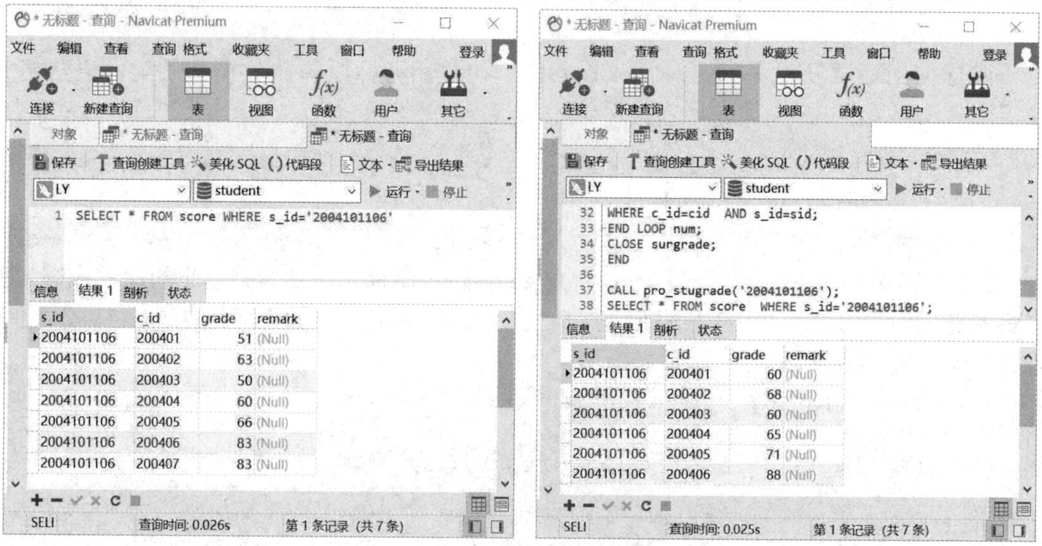

图 4-22 【例 4-37】通过游标更新成绩前后的结果对比情况

任务实施

任务 1：学生成绩等级自动折算

基于 student 表、course 表和 score 表创建存储过程 pro_stugraderank。

```
CREATE PROCEDURE pro_stugraderank(IN cname char(20))
BEGIN
SELECT score.s_id AS '学号',s_name AS '姓名',c_name AS
'课程名称' ,grade AS '成绩',
CASE
 WHEN grade>=90 THEN '优秀'
 WHEN grade>=80 THEN '良好'
 WHEN grade>=70 THEN '中等'
 WHEN grade>=60 THEN '及格'
 ELSE '不及格'
END AS '成绩等级'
FROM student, course, score
WHERE student.s_id=score.s_id AND course.c_id=score.
c_id AND C_name=cname;
END
```

调用存储过程 pro_stugraderank，折算应用文稿写作课程的等级。

```
CALL pro_stugraderank('应用文稿写作');
```

任务 2：学生成绩调整

基于 score 表创建存储过程 pro_setgrade，使用游标对指定课程号的成绩逐行判断并进行调整。

```
CREATE PROCEDURE pro_setgrade(IN courseid char(6))
BEGIN
DECLARE stugrade  int  DEFAULT 0;
DECLARE stuid  char(10) ;
#遍历数据结束标志
DECLARE done INT DEFAULT FALSE;
#声明游标
DECLARE curgrade CURSOR FOR
SELECT grade,s_id FROM score WHERE c_id=courseid;
#将结束标志绑定到游标
DECLARE CONTINUE HANDLER FOR NOT FOUND SET done = TRUE;
#打开游标
OPEN curgrade;
#开始循环
num: LOOP
#读取游标
FETCH curgrade INTO stugrade,stuid;
#如果读取结束,则跳出循环
IF done THEN
LEAVE num;
END IF;
SET stugrade =stugrade +5;
IF (stugrade>100) THEN
   SET stugrade =100;
END IF;
IF (stugrade>=55 AND stugrade<=59) THEN
```

```
    SET  stugrade= 60;
END IF;
#更新成绩的值
UPDATE score
SET  grade=stugrade
WHERE  c_id=courseid  AND  s_id=stuid;
END LOOP num;
CLOSE curgrade;
END;

SELECT * FROM score WHERE c_id='200101';
```

调用存储过程 pro_setgrade，更新课程编号为 200101 的课程的成绩。

```
CALL pro_setgrade('200101');
```

任务 3：教师任课课程成绩统计

1. 创建并执行教师任课课程成绩统计的存储过程

```
CREATE PROCEDURE pro_class_grade(IN classid char(8),
IN cname char(20),OUT cmax int,OUT cmin int,OUT cavg FLOAT )
BEGIN
SELECT MAX(grade),MIN(grade),AVG(grade)
INTO cmax,cmin ,cavg
FROM  score ,course
WHERE c_name =cname AND score.c_id=course.c_id
AND s_id LIKE (CONCAT(classid,'%'));
END;
```

调用存储过程 pro_class_grade，查询班级编号为 20041011 的班级的 C 语言程序设计课程的最高分、最低分、平均分。

```
CALL pro_class_grade('20041011','C 语言程序设计', @cmax, @cmin,
@cavg);
SELECT @cmax AS'最高分',@cmin AS '最低分',@cavg AS '平均分';
```

2. 创建并执行考试通过率统计的存储过程

```
CREATE PROCEDURE pro_class_pass(IN classid char(8),IN cname char(20),OUT
countnum int ,OUT passnum int ,OUT pass char(6))
    BEGIN
DECLARE  s decimal(6,2);
SELECT COUNT(*) INTO countnum
FROM  score ,course
WHERE c_name =cname AND score.c_id=course.c_id
AND s_id LIKE (CONCAT(classid,'%'));
SELECT  COUNT(*) INTO passnum
FROM  score ,course
WHERE c_name =cname AND score.c_id=course.c_id
AND s_id LIKE (CONCAT(classid,'%')) AND grade>=60;
SET s= passnum/countnum*100;
SET pass=CONCAT (CONVERT(s,char(5)),'%');
END;
```

调用存储过程 pro_class_pass，查询班级编号为 20041011 的班级的 C 语言程序设计课程的考试总人数、及格人数和通过率。

```
CALL pro_class_pass ('20041011','C 语言程序设计',@countnum,@passnum,@pass);
SELECT @countnum AS'考试总人数',@passnum AS '及格人数',@pass AS '通过率';
```

任务总结

存储过程和存储函数是已经编译好的代码，因此在调用、执行时不必再次编译，从而大大提高了程序的运行效率。在实际的软件开发中，使用存储过程能够以更快的速度处理用户业务数据，减少网络流量，保证应用程序性能满足用户的需求。

4.2 事务管理

知识目标

- 理解事务的概念。
- 掌握事务的基本操作。

能力目标

- 使用事务编程。

任务情境

K 老师："你学习数据库也有一段时间了，感觉如何？"

小 S："我觉得自己已经达到高手级别了。"

K 老师："这么自信，那我来考考你吧！"

小 S："好的，放马过来。"

K 老师："假如你到银行转账 1000 元到我的账户，这项转账业务是如何实现的呀？"

小 S："这个很简单呀！此转账业务可以分解成两步，首先在我的账户中使用 UPDATE 语句减去 1000 元，再在您的账户中使用 UPDATE 语句增加 1000 元，就可以了。"

K 老师："就这么简单吗？好，那我再问你，如果银行规定个人账户中必须保证余额不少于 1 元，在转账之前你的账户中刚好有 1000 元，我的账户中也只有 1 元，那么转账后的结果会是怎样的呢？"

小 S："容我想想。"

K 老师："不急，你可以自己将相关语句写出来，测试一下结果。"

小 S："怎么回事？我测试的结果是转账后我的账户中仍然有 1000 元，而您的账户中已经多了 1000 元，我没少一分，您已经多了 1000 元。"

K 老师："是的，转账后两个账户中的金额合计 2001 元。两个账户中的总金额应该始终是 1001 元，而转账后多了 1000 元，银行损失了 1000 元，这样的业务肯定是不允许发生的。"

小 S："那这是什么原因造成的呢？"

K 老师："你仔细思考一下，分析错误的原因。"

小 S："我明白了。转账过程其实是由两步构成的。第一步是我账户中减少了 1000 元，但在执行 UPDATE 语句时由于违反了余额不少于 1 元的约束，所以执行失败，因此我的账户中仍然有 1000 元。但第二步的语句仍然执行，所以您的账户中就多出了 1000 元。"

K 老师："你分析得很好。"

小 S："转账业务是一个整体，两步操作要么同时成功（转账成功），要么同时失败（转账失败）。其中任何一项操作失败，都应该将整个转账业务取消，使两个账户中的余额恢复到原来的数值，从而确保转账前和转账后两个账户中的余额总和不变。这种问题我该怎么解决呢？"

K 老师："你可以用事务来实现呀！"

小 S："好的，今天又学了一招。"

任务描述

修改课程的课时信息

随着教学培养方案的修订，课程的相关信息需要在数据库中及时更新。例如，针对商务英语，需要修改这门课程的课时数为不高于同类课程的平均课时数。

任务分析

为了完成这个任务，我们重点考虑的是计算同类课程的平均课时数问题，此时的平均课时是指包含"商务英语"更新课时数的平均数值。我们不妨将此放置在事务中处理：首先，更新该门课程的课时数；而后，计算此类课程的平均课时数，当然此时的平均值是纳入最新的商务英语课程课时数的一个数值；接着，判断比较商务英语的课时数是否高于该平均值，若是，则回滚事务，否则，提交事务，达成修改的要求。

知识导读

4.2.1 事务的概念

事务是一种操作序列，它包含了一组数据库操作命令。这组命令要么全部执行，要么全部不执行，因此事务是一个不可分割的工作逻辑单元。当在数据库系统中执行并发操作时，事务是作为最小的控制单元来使用的，它特别适用于多用户同时操作的数据通信系统，如订票系统、银行系统、保险公司系统及证券交易系统等。

为了保证数据的完整性，事务必须具备 4 种属性：原子性、一致性、隔离性、持久性，这 4 种属性又被称为 ACID 属性。

1. 原子性（Atomicity）

一个事务要么所有的操作都执行，要么任一操作都不执行。只有在所有的语句和行为都成功完成的情况下，事务才能完成并将结果应用于数据库中。

2. 一致性（Consistency）

当一个事务完成时，数据必须处于一致状态。在事务开始之前，数据库中存储的数据处于一致状态；在正在进行的事务中，数据可能处于不一致的状态；但在事务完成之后，数据必须再次回到已知的一致状态。也就是说，通过事务对数据所做的更改要保护定义在数据上的完整性约束，不能损坏数据从而使数据处于不稳定的状态。这个属性可以由编写事务程序的程序员完成，也可以由系统测试完整性约束自动完成。

3. 隔离性（Isolation）

当多个事务并发执行时，系统应保证与这些事务在先后单独执行时具有相同的结果，事务间彼此是隔离的，即并发执行的事务不必关心其他事务。

4. 持久性（Durability）

一个事务一旦完成全部操作，它对数据库的所有更新将永久反映在数据库中，即使系统发生故障，其执行结果也会保留。在事务执行完成后，它对系统的影响是永久性的。

4.2.2 事务的类型及操作

在 MySQL 中，并非所有存储引擎都支持事务，例如 InnoDB 支持，但 MyISAM 不支持。MySQL 的事务分为两类：隐式事务和显式事务。

1. 隐式事务

在 MySQL 命令行的默认模式下，事务都是自动提交的，即执行完 SQL 语句后就会立马提交。隐式事务是一种自动开始、自动结束（确认或回滚）的事务。一条 SQL 语句就是一个隐式事务。

例如，创建系部表（dept）的 SQL 语句，就是一个隐式事务。要么正确创建包含三个字段的数据表 dept，要么不创建任何表，不会出现只创建了部分字段的数据表 dept。代码如下：

```
CREATE TABLE dept (
    dept_id char(2) NOT NULL,
    dept_name varchar(30) NOT NULL UNIQUE,
    dept_head char(10),
    PRIMARY KEY (dept_id)
) ENGINE=InnoDB DEFAULT CHARSET=utf8;
```

通常，可以使用 SET 语句来改变 MySQL 的自动提交模式。

禁止自动提交的语法格式为"SET AUTOCOMMIT=0"。

开启自动提交（默认值）的语法格式为"SET AUTOCOMMIT=1"。

2. 显式事务

显式事务是一种显式地定义事务开始、结束（确认或回滚）的事务。MySQL 提供的事务控制语句有以下几种。

（1）开始事务

当应用程序的第一条 SQL 语句或者在 COMMIT/ROLLBACK 语句后的第一条 SQL 语句执行后，一个新的事务也就开始了。此外，也可以使用下列语句来显式地启动一个事务，语法格式如下。

```
START TRANSACTION|BEGIN;
```

（2）结束事务

COMMIT 语句用于提交事务，将事务所做的修改保存到数据库中，标志着一个成功执行的事务至此结束。其语法格式如下：

```
COMMIT;
```

（3）撤销事务

ROLLBACK 语句用于撤销事务所做的修改，并结束当前事务。其语法格式如下：

```
ROLLBACK;
```

（4）设置保存点

SAVEPOINT 语句用于在事务内设置保存点。其语法格式如下：

```
SAVEPOINT <保存点名称>
```

（5）回滚事务

ROLLBACK TO 语句能够将事务回滚到事务的起点或事务内的某个保存点，用于取消事务对数据的修改。ROLLBACK TO SAVEPOINT 语句会向已命名的保存点回滚一个事务。其语法格式如下。

```
ROLLBACK TO SAVEPOINT <保存点名称>
```

当事务回滚到某个保存点后，该保存点之后的保存点将被删除。

【例 4-38】创建事务，并对 score 表中课程编号为 200101 的课程的成绩加 5 分，查询修改后的成绩信息，然后使用提交事务语句进行提交。代码如下。

```
-- 事务执行前
SELECT '事务开始前' as 状态, s_id ,c_id ,grade
FROM score
WHERE c_id ='200101';
-- 开始事务
START TRANSACTION;
UPDATE score
SET grade =grade+5
WHERE c_id ='200101';
-- 事务执行中
SELECT '事务执行中' AS 状态 ,s_id ,c_id ,grade
FROM score
WHERE c_id ='200101';
-- 提交事务
COMMIT;
-- 事务执行后
SELECT '事务执行后' AS 状态 ,s_id ,c_id ,grade
FROM score
WHERE c_id ='200101';
```

执行结果如图 4-23 所示，事务执行中和事务执行后的查询结果完全相同，并且与事务执行前结果不同，说明最终实现了对表中数据的更新。

状态	s_id	c_id	grade
事务开始前	2002011101	200101	40.00
事务开始前	2002011102	200101	90.00
事务开始前	2004101102	200101	55.00
事务开始前	2004101103	200101	68.00
事务开始前	2005011101	200101	95.00

(a)

状态	s_id	c_id	grade
事务执行中	2002011101	200101	45.00
事务执行中	2002011102	200101	95.00
事务执行中	2004101102	200101	60.00
事务执行中	2004101103	200101	73.00
事务执行中	2005011101	200101	100.00

(b)

状态	s_id	c_id	grade
事务执行后	2002011101	200101	45.00
事务执行后	2002011102	200101	95.00
事务执行后	2004101102	200101	60.00
事务执行后	2004101103	200101	73.00
事务执行后	2005011101	200101	100.00

(c)

图 4-23　【例 4-38】执行结果

【例 4-39】 创建事务，并对 score 表中课程编号为 200101 的课程的成绩加 5 分，并查询修改后的成绩信息，最后使用回滚事务语句将数据恢复到初始状态。

```sql
-- 恢复例 4-38 修改前的数据
UPDATE  score
SET  grade =grade-5
WHERE  c_id ='200101';

-- 事务执行前
SELECT '事务执行前' AS 状态,s_id ,c_id ,grade
FROM score
WHERE  c_id ='200101';
-- 开始事务
START TRANSACTION;
UPDATE  score
SET  grade =grade+5
WHERE  c_id ='200101';
-- 事务执行中
SELECT '事务执行中' AS 状态 ,s_id ,c_id ,grade
FROM score
WHERE  c_id ='200101';
-- 回滚事务
ROLLBACK;
-- 事务执行后
SELECT '事务执行后' AS 状态 ,s_id ,c_id ,grade
FROM score
WHERE  c_id ='200101';
```

执行结果如图 4-24 所示，事务执行前和事务执行后的查询结果完全相同，说明没有实现对表中数据的更新。

状态	s_id	c_id	grade
事务执行前	2002011101	200101	40.00
事务执行前	2002011102	200101	90.00
事务执行前	2004101102	200101	55.00
事务执行前	2004101103	200101	68.00
事务执行前	2005011101	200101	95.00

（a）

状态	s_id	c_id	grade
事务执行中	2002011101	200101	45.00
事务执行中	2002011102	200101	95.00
事务执行中	2004101102	200101	60.00
事务执行中	2004101103	200101	73.00
事务执行中	2005011101	200101	100.00

（b）

状态	s_id	c_id	grade
事务执行后	2002011101	200101	40.00
事务执行后	2002011102	200101	90.00
事务执行后	2004101102	200101	55.00
事务执行后	2004101103	200101	68.00
事务执行后	2005011101	200101	95.00

（c）

图 4-24　【例 4-39】执行结果

【例 4-40】 创建一个事务，首先从 score 表中删除学号为 2002011101 的学生的成绩信息，设置一个保留点 s1，再从 student 表中删除该学生的信息。通过回滚到保留点 s1，观察学生数据是否被恢复。若恢复，则再次删除该学生信息后提交事务（我们通过命令窗口执行这个任务，以便观察执行过程中每一步的结果）。

首先，如图 4-25 所示，开启事务，先后删除学号为 2002011101 的学生的成绩记录和个人信息记录，通过查询发现这两条记录均已清空。

```
mysql> start transaction;
Query OK, 0 rows affected

mysql> delete from score where s_id='2002011101';
Query OK, 1 row affected

mysql> savepoint s1;
Query OK, 0 rows affected

mysql> delete from student where s_id='2002011101';
Query OK, 1 row affected

mysql> select * from student where s_id='2002011101';
Empty set

mysql> select * from score where s_id='2002011101';
Empty set
```

图 4-25　在事务执行过程中设置保留点

接着，如图 4-26 所示，通过 ROLLBACK 语句（无须区分大小写），将事务回滚到保留点 s1。此时，可以发现学生信息被恢复，而对于成绩记录，因为删除成绩记录的工作是在保留点之前执行的，所以成绩记录未能恢复。

```
mysql> rollback to savepoint s1;
Query OK, 0 rows affected

mysql> select * from student where s_id='2002011101';
+----------+--------+-------+------------+--------+----------+---------+-------------+--------
--------+----------+--------+
| s_id     | s_name | s_sex | born_date  | nation | place    | politic | tel         | addres
s        | class_id | remark |
+----------+--------+-------+------------+--------+----------+---------+-------------+--------
--------+----------+--------+
| 2002011101 | 李煜  | 女   | 2001-10-02 | 汉    | 江苏南通 | 团员    | 13004331515 | 江苏省
南通市 | 20020111 | 唱歌  |
+----------+--------+-------+------------+--------+----------+---------+-------------+--------
--------+----------+--------+
1 row in set

mysql> select * from score where s_id='2002011101';
Empty set
```

图 4-26　回滚事务

最后，再次删除该名学生的信息，并通过 COMMIT 语句（无须区分大小写）提交事务，如图 4-27 所示。通过查询可发现该名学生的成绩信息和个人信息均被删除。

```
mysql> delete from student where s_id='2002011101';
Query OK, 1 row affected

mysql> commit;
Query OK, 0 rows affected

mysql> select * from score where s_id='2002011101';
Empty set

mysql> select * from student where s_id='2002011101';
Empty set
```

图 4-27　再次删除该名学生的信息并提交事务

任务实施

创建一个带输入参数的存储过程 up_proc，用以修改指定课程的课时数。通过事务实现，若更新后的课时数超过了该类课程的平均课时数，则回滚事务，否则提交事务。代码如下：

```
CREATE PROCEDURE up_proc(IN cName CHAR(20), IN cPeriod INT)
BEGIN
```

```
        DECLARE avgPeriod INT;
        START TRANSACTION;              # 开始事务
        UPDATE course SET c_period=cPeriod WHERE c_name=cName;
        SELECT AVG(c_period) INTO avgPeriod FROM course
        WHERE c_type=(SELECT c_type FROM course WHERE c_name=cName);
        IF cPeriod>avgPeriod THEN
           ROLLBACK;                    # 回滚事务
        ELSE
           COMMIT;                      # 提交事务
        END IF;
    END
```

执行存储过程，代码如下。

```
CALL up_proc('商务英语', 72);
SELECT * FROM course WHERE c_name='商务英语';
CALL up_proc('商务英语', 56);
SELECT * FROM course WHERE c_name='商务英语';
```

执行时可以发现，因为首次设置课时数为 72，超过了同类课程的平均课时数，所以该门课程的课时数未被修改；而第二次成功将课时数设置为 56。

任务总结

事务机制，能够在执行过程中发生异常时回滚事务，使数据库恢复到事务开始之前的状态或某个保存点的状态，从而有效地保证了数据的完整性和一致性。

4.3 触发器的创建和应用

知识目标

- 理解触发器的概念与作用。
- 掌握触发器的基本操作。

能力目标

- 正确使用各类触发器编程。

任务情境

小 S 在项目开发的过程中发现数据库中多个表之间往往存在一定的关联性，当对一个数据表中的记录进行插入、修改和删除操作时，另外一个表中的记录也需要随之改变。他想可能有简便的操作方法保证数据的一致性，于是去请教 K 老师。

小 S："数据库中很多操作具有关联性。例如，在图书借阅过程中，借出一本书，需要在读者借阅表中增加一条该书的借阅记录，还需要在图书表中减少该书的库存量，如果其中一个操作发生错误或遗漏，那么就会造成数据的不一致。"

K 老师："你说得对。这种情况你可以通过事务来完成，以保证数据的一致性；你也可以通过触发器来完成，当进行某项数据操作时，会自动触发执行另一项数据操作。"

小 S："好的，今天又学了一招。"

任务描述

教师修改成绩操作

教师在网上修改学生成绩后，系统自动记录下修改时间、学号、课程编号、修改前成绩、修改后成绩，并将这些信息记录在数据表 trigger_log 中。

任务分析

当教师修改成绩时，可以通过触发器实现系统对数据操作的要求。即在 score 表中设计一个触发器，在修改记录后触发。该触发器的主体工作是将相关信息保存在数据表 trigger_log 中，可以借助 NEW 指令和 OLD 指令来引用相关记录信息。

知识导读

4.3.1 触发器的概念

触发器是一个被指定关联到表的数据对象。触发器不需要被调用执行，当指定表的特定事件发生时，它就会被激活执行。例如，执行 UPDATE、DELETE、INSERT 等操作时，都将激活触发器。利用触发器能方便地实现数据库中数据的完整性。

4.3.2 创建与使用触发器

创建触发器时，使用 CREATE TRIGGER 语句，具体语法格式如下：

```
Create TRIGGER <触发器名>
Before|After <触发事件>
On <表名>
For Each Row
<执行语句>;
```

说明：
- Before|After 是指触发器的触发时机。Before 表示前触发，After 表示后触发。
- 触发事件是指激活触发程序的语句类型，包括 INSERT（插入记录时激活触发器）语句，UPDATE（更改记录时激活触发器）语句，DELETE（删除记录时激活触发器）语句。
- For Each Row 是指对触发事件影响的每一行，都要激活触发器。
- 执行语句是指触发器被激活时要执行的功能。如果执行多条语句，可以使用 BEGIN… END 等复合语句。

- 同一张表、同一个触发事件、同一触发时机只能有一个触发器。

MySQL 触发器中的 SQL 语句在引用表中的字段时，不能直接使用列名。引用列的语法格式如下：

NEW.字段名或 OLD.字段名

使用 NEW 指令来引用新插入的记录或更新之后的记录；使用 OLD 指令来引用被删除的记录或更新之前的记录。针对 INSERT 语句，只能使用 NEW 指令；针对 DELETE 语句，只能使用 OLD 指令；针对 UPDATE 语句，既可以使用 NEW 指令，又可以使用 OLD 指令。

【例 4-41】在 student 数据库中创建一个触发器，当向 score 表中录入成绩时，判断该成绩是否合理（在 0～100 之间）。若成绩合理，则正常录入；否则，记录该成绩为 0，并且在备注栏中注明"无效成绩"。

（1）创建触发器

```
DELIMITER $$
CREATE TRIGGER tr_insert
BEFORE  INSERT
ON score
FOR EACH ROW
BEGIN
    IF NEW.grade>100 or NEW.grade<0 THEN
      SET NEW.grade=0;
      SET NEW.remark='无效成绩';
    END IF;
END $$
DELIMITER ;
```

（2）录入一条成绩记录

```
INSERT score(s_id,c_id,grade)
VALUES('2002011101','200103',-10);
```

因为所录入的成绩不合规，所以在触发体中通过 NEW 指令引用这条即将输入的记录，修改其 grade 和 remark 字段值。最终，查询 score 表发现，录入了修改后的成绩记录，如图 4-28 所示。

s_id	c_id	grade	remark
2002011101	200103	00.00	无效成绩

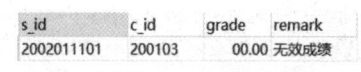

图 4-28 插入触发器执行结果

【例 4-42】在 student 数据库中创建一个触发器，当在 student 表中删除学生记录时，同时删除该学生的成绩记录。

（1）创建触发器

```
DELIMITER $$
CREATE TRIGGER xs_delete
BEFORE DELETE
ON student
FOR EACH ROW
BEGIN
    DELETE FROM score where s_id=OLD.s_id;
END $$
DELIMITER ;
```

（2）从学生表中删除学生王国卉的记录，经过删除触发器操作，该学生的成绩记录也被删除

```
DELETE FROM student
```

```
WHERE s_name='王国卉';
```

4.3.3 查看触发器

触发器创建以后，可以使用下列两种方法查看触发器的状态和详细信息。

1. SHOW TRIGGERS 语句

```
SHOW TRIGGERS;
```

以上语句能查看所有触发的信息，但是不能查看指定的触发器信息。

2. 在 triggers 表中查看触发器的详细信息

在 MySQL 中，所有触发器的定义都被保存在 information_schema 数据库下的 triggers 表中，可以通过该表查询数据库中所有触发器的详细信息。语法如下。

```
SELECT * FROM information_schema.triggers
[WHERE TRIGGER_NAME='触发器名'];
```

【例 4-43】查看触发器 xs_delete，代码如下。

```
SELECT * FROM information_schema.triggers
WHERE TRIGGER_NAME='xs_delete';
```

4.3.4 删除触发器

删除触发器使用 DROP TRIGGER 语句，其语法格式如下。

```
DROP TRIGGER <触发器名>;
```

【例 4-44】删除触发器 xs_delete，代码如下。

```
DROP TRIGGER xs_delete;
```

任务实施

- 修改成绩，创建 UPDATE 触发器。
- 新建查询，在查询编辑器中输入如下 SQL 语句。

```
CREATE TRIGGER tr_updateStuScore
AFTER UPDATE
ON score
FOR EACH ROW
BEGIN
INSERT trigger_log(exec_time, sId, cId, oldGrade, newGrade)
VALUES(NOW(), NEW.s_id, NEW.c_id, OLD.grade, NEW.grade);
END
```

创建数据表 trigger_log，以便接收更新操作时的日志信息。

```
CREATE TABLE IF NOT EXISTS trigger_log(
id INT UNSIGNED NOT NULL AUTO_INCREMENT,
exec_time DATETIME,
sId INT UNSIGNED,
cId INT UNSIGNED,
oldGrade TINYINT,
newGrade TINYINT,
PRIMARY KEY (id)
) ENGINE=InnoDB DEFAULT CHARSET=utf8mb4;
```

修改记录，检验 tr_updateStuScore 触发器的功能。
```
UPDATE score SET grade=92 WHERE s_id='2002011102' AND c_id='200101';
```
执行结果如图 4-29 所示。

id	exec_time	sId	cId	oldGrade	newGrade
01.00	2023-03-22 11:04:41	2002011102.00	200101.00	90.00	92.00

图 4-29 触发器执行结果

任务总结

触发器是在对表进行插入、修改或删除时自动执行的特殊存储过程。值得注意的是，在系统开发过程中，触发器的设计并非多多益善。在对数据的操作过程中，频繁地使用触发器会引起表中信息的连锁反应，容易使系统出现莫名其妙的错误，而这些错误又很难及时发现，从而导致维护和修改错误的成本大大提高。因此，触发器虽然可以有效保证数据完整性，但不可滥用。

知识巩固 4

一、选择题

1. 下列标识符可以作为用户变量名的是（   ）。
   A. [@Myvar]　　　　B. Myvar　　　　C. @Myvar　　　　D. @My var
2. 要输出系统变量的值，使用的语句是（   ）。
   A. PRINT　　　　　B. DISPLAY　　　C. SELECT　　　　D. SHOW
3. 语句 SELECT CONCAT('-','abc'), CONCAT_WS('-','abc','xyz'); 的执行结果是（   ）。
   A. -abc，abc-xyz　　B. abc-abc，xyz-abc　C.abc-，-abcxyz　　D.-abc-，abcxyz-
4. 语句 SELECT SUBSTRING('ABCDEFG',3,3), LOCATE('AB','TABLE'); 的执行结果是（   ）。
   A. CDE，1　　　　B. DEF，1　　　　C. CDE，2　　　　D. DEF，2
5. 以下关于 MySQL 的存储过程的论述中，错误的是（   ）。
   A. MySQL 存储过程只能输出一个整数
   B. MySQL 存储过程包含系统存储过程和用户自定义存储过程
   C. 使用用户存储过程的原因是基于安全性、性能、模块化的考虑
   D. 输出参数使用 OUT 关键词说明
6. MySQL 的存储过程保存在（   ）。
   A. 浏览器　　　　　B. 客户端　　　　C. 服务器　　　　D. SESSION
7. 有如下存储过程：
```
CREATE PROCEDURE up_sInfo( )
BEGIN
SELECT * FROM student WHERE s_sex= '男';
END
```
下面选项中，能对上述存储过程实现正确调用的是（   ）。
   A. SELECT up_sInfo;　　　　　　　B.CALL up_sInfo( );

C. CALL up_sInfo;   D. SELECT up_sInfo( );

8. 下面选项中，用于定义存储过程中变量的关键字是（　　）。

   A. DELIMITER   B. DECLARE
   C. SET DELIMITER   D. SET DECLARE

9. 下面选项中，用于读取游标所用的关键字是（　　）。

   A. READ   B. GET   C. FETCH   D. CATCH

10. 下面选项中，用于表示存储过程输出参数的是（　　）。

    A. IN   B. INOUT   C. OUT   D. INPUT

11. 下面选项中，用于修改存储过程的关键字是（　　）。

    A. DECLARE   B. UPDATE   C. ALTER   D. ALERT

12. 下列用于删除存储过程的 SQL 语句中，正确的是（　　）。

    A. DROP PROC countProc;   B. DELETE PROC countProc;
    C. DROP PROCEDURE countProc;   D. DELETE PROCEDURE countProc;

13. 下面声明一个名为 cursor_student 的游标，语法格式正确的是（　　）。

    A. CURSOR cursor_student OF SELECT s_name,s_sex FROM student;
    B. CURSOR cursor_student FOR SELECT s_name,s_sex FROM student;
    C. DECLARE cursor_student CURSOR FOR SELECT s_name,s_sex FROM student;
    D. DECLARE cursor_student CURSOR OF SELECT s_name,s_sex FROM student;

14. 当对表进行（　　）操作时触发器不会自动执行。

    A. SELECT   B. INSERT   C. UPDATE   D. DELETE

15. 下列关于 MySQL 中前触发器的说法中，正确的是（　　）。

    A. 在前触发器执行之后，再执行引发触发器执行的数据操作语句
    B. 创建前触发器使用的选项是 FOR
    C. 在一个表上只能定义一个前触发器
    D. 在一个表上针对同一个数据操作只能定义一个前触发器

16. 以下对触发器的叙述中，不正确的是（　　）。

    A. 触发器可以传递参数
    B. 触发器是 SQL 语句的集合
    C. 用户不能调用触发器
    D. 可以通过触发器来强制实现数据的完整性和一致性

17. 删除触发器的命令是（　　）。

    A. ALTER   B. DELETE   C. DROP   D. REMOVE

18. 在事务提交后，如果系统出现故障，则事务对数据的修改将（　　）。

    A. 无效
    B. 有效
    C. 事务保存点前有效
    D. 以上都不是

19. 以下与事务控制无关的关键字是（　　）。

    A. ROLLBACK   B. COMMIT   C. DECLARE   D. BEGIN

20. 事务是一组 SQL 语句的集合。下面选项中（　　）不是事务的特性。

    A. 一致性   B. 持久性   C. 原子性   D. 不可撤销性

二、填空题

1. 语句 SELECT CHAR_LENGTH('I LOVE YOU') 的执行结果是_____，LENGTH('我

爱你')的执行结果是_____。

2. 语句 SELECT INSERT('ABCDEFG',3,2,'XYZ') 的执行结果是_____，REPLACE ('123456789','6','ABC')的执行结果是_____。

3. MySQL 中用户变量以_____开始，以便将用户变量和字段名区别开，使用_____语句查询用户变量的值。

4. MySQL 中局部变量必须先定义后使用，使用_____语句声明局部变量，定义局部变量，如果不指定默认值，则默认为_____。

5. 在 MySQL 服务器上，存储过程是一组预先定义并____的 SQL 语句，可以用_____定义存储过程。

6. 调用存储过程使用_____语句，存储函数必须包含一条_____语句，而存储过程不允许使用该语句。

7. 在 MySQL 中，更改 MySQL 语句的结束符使用_____命令。

8. 查看指定数据库中已存在的触发器语句、状态等信息应使用_____命令。

9. 触发器是一种特殊的_____，它与数据表紧密相连，可以视为数据表定义的一部分，用于数据表实施完整性约束。触发器建立在_____上。

10. 在 MySQL 中，用于提交事务的语句为_____。使用_____语句结束当前事务。

三、简答题

1. 存储过程与触发器有什么不同？
2. 简述数据库触发器的作用。
3. 触发器和约束的区别有哪些？
4. 什么是事务？事务的特点是什么。

工作任务五　MySQL 数据库的运行与维护

5.1　MySQL 环境搭建

微课视频

知识目标

- 掌握 MySQL 的安装与配置方法。
- 掌握启动、停止、连接、断开 MySQL 的方法。
- 掌握 MySQL 图形化管理工具的安装与使用。

能力目标

- 安装和配置 MySQL 数据库。
- 安装和使用 MySQL 图形化管理工具。

任务情境

小 S 选择了 MySQL 作为数据库搭建的环境，首先要在自己的计算机上安装 MySQL 数据库，他自己在安装时总是出现问题，于是去请教 K 老师。

小 S："我已经下载好 MySQL 和 Navicat 图形化工具，可安装配置时总是不成功，出现错误。"

K 老师："你下载的是解压版的 MySQL，对于新手，尽量使用安装版的 MySQL，如果你的计算机以前没装过其他版本的 MySQL，安装还是比较简单的。"

小 S："原来如此，好的，我这就去下载安装版的 MySQL。"

K 老师："安装版的 MySQL 在安装选择时，只需要选择服务器的客户端程序。"

任务描述

凌阳科技公司在前面需求分析的基础上，使用 MySQL 创建"学生成绩管理系统"，并在新华职业技术学院的服务器上进行了安装和配置，并安装了 MySQL 的图形化管理工具。

任务分析

项目组根据学校信息化软硬件设备以及相关系统的维护等实际情况，选择了 MySQL

作为数据库管理系统,并在服务器上进行安装。

完成任务的具体步骤如下:
1. 下载 MySQL 数据库;
2. 安装和配置 MySQL 数据库;
3. MySQL 的常用操作;
4. 安装和使用图形化管理工具。

知识导读

5.1.1 MySQL 安装与配置

1. MySQL 简介

MySQL 是一种小型关系数据库管理系统,也是著名的开放源码的数据库管理系统。由于其体积小、速度快、总体运营成本低,许多中小型网站为了降低网站总体运营成本而选择 MySQL 作为网站数据库。MySQL 针对不同的用户有不同的版本,分别为社区版和企业版。

- MySQL Community Server:社区版完全免费,但官方不提供技术支持。
- MySQL Enterprise Server:企业版能为企业提供高性能数据库应用,以及高稳定性的数据库系统,提供完整的数据库提交、回滚以及锁机制等功能,但该版本收费。

注:MySQL Cluster 主要用于建立数据库集群服务器,需要在以上两个版本的基础上使用。MySQL 的命名机制由 3 个数字和 1 个后缀组成,例如 MySQL-8.0.32.0。

- 第 1 个数字 8 表示主版本号,用于描述文件格式,表示所有版本为 8 的发行版都有相同文件格式。
- 第 2 个数字 0 表示发行级别,它与主版本号组合在一起构成了发行序列号。
- 第 3 个数字 32 表示此发行系列的版本号。

由于其社区版的性能卓越,搭配 Linux、PHP 和 Apache 可组成良好的 LAMP 开发环境。与大型的关系型数据库(如 Oracle、DB2 和 SQL Server 等)相比,MySQL 的规模较小,功能有限,但对于中小企业和个人学习使用来说,其提供的功能已经足够,本书的后续程序就是使用 MySQL 数据库作为后台数据库管理系统。

2. MySQL 软件下载

MySQL 允许在多种操作系统平台上运行,对于不同的操作系统,MySQL 提供了相应的版本,安装方法也有所差异。本书主要介绍如何在 Windows 平台上安装配置 MySQL。在 Windows 操作系统下,MySQL 数据库的安装包分为图形化界面安装(.msi 安装文件)和免安装(.zip 压缩文件)这两种安装包。通过官网 https://www.mysql.com/可下载相应的安装包。

3. MySQL 环境的安装和配置

图形化界面安装和免安装这两种安装包的安装方式不同,配置方式也不同。图形化界面安装包有完整的安装向导,安装和配置较为便捷。免安装的安装包直接解压即可使用,但是配置起来不方便。

5.1.2 MySQL 图形化管理工具介绍

绝大多数的关系数据库都有两个部分:后端作为数据仓库,前端作为用于数据组件通信的用户界面。这种设计非常巧妙，它并行处理两层编程模型，将数据层从用户界面中分离出来，同时运行数据存储和管理，为第三方创建大量的应用程序提供了便利，增强了数据库间的交互性。

MySQL 提供命令行客户端（MySQL Command Line Client）管理工具或使用 cmd 命令行窗口用于数据库的管理和维护。但第三方提供的管理维护工具大多为图形化管理工具，可以通过软件对数据库的数据进行操作，在操作时采用菜单方式进行，不需要熟练掌握操作命令，常见的图形化管理工具有 Navicat、SQLyog、Workbench 等。

1. Navicat

Navicat Premium 15 是一款桌面版数据库管理和开发工具，可以与 MySQL 服务器一起工作，并且支持 MySQL 大多数最新的功能。它可以用一种安全的方式快速便捷地创建、组织、存取和共享信息，支持中文，且提供免费版本，但是仅限使用于非商业活动。

2. SQLyog

SQLyog 是业界著名的 Webyog 公司出品的一款简洁高效、功能强大的图形化 MySQL 数据库管理工具，使用 SQLyog 可以快速直观地从世界的任何角落通过网络来维护远端的 MySQL 数据库。

3. MySQL Workbench

MySQL Workbench 是一款由 MySQL 开发的跨平台、可视化数据库工具，在一个开发环境中集成了 SQL 的开发、管理以及数据库设计、创建及维护等功能。这款软件可以在 MySQL 服务器安装完之后使用 MySQL Installer 安装。

5.1.3 MySQL 服务器操作

1. MySQL 服务器的启动与停止

Windows 系统下启动与停止 MySQL 服务器的方式主要有以下两种：通过 Windows 中的"服务"窗口方式和通过命令行方式。

（1）通过 Windows 中的"服务"窗口方式启动和停止服务器

打开 Windows 的"控制面板"，选择"管理工具"，打开"服务"窗口，实现启动和停止服务器。图形化界面安装方式的 MySQL，默认的启动类型是自动，也可以修改为其他方式的启动类型。如果需要经常练习 MySQL 数据库的操作，可以将 MySQL 设置为自动启动，这样可以避免每次手动启动 MySQL 服务。当然，如果使用 MySQL 数据库的频率很低，可以考虑将 MySQL 服务设置为手动启动，这样可以避免 MySQL 服务长时间占用系统资源。

（2）通过命令行方式启动和停止服务器

使用命令行方式启动 MySQL 数据库服务器的语法格式如下。

```
net start 服务名称
```

使用命令行方式停止 MySQL 数据库服务器的语法格式如下。

```
net stop 服务名称
```

2. MySQL 服务器的连接与关闭

Windows 系统下，可以通过图形化管理工具和命令行窗口程序这两种方法实现 MySQL 服务器的连接与关闭。

（1）通过图形化管理工具连接和关闭服务器

MySQL 图形化管理工具有很多，面向 MySQL 新手以及专业人士提供了一组全面的工具，例如 Navicat、SQLyog、Workbench、phpMyAdmin 等。本书使用 Navicat 前端软件作为数据库管理、开发和维护提供了直观的图形界面。

（2）通过命令行窗口程序连接和关闭服务器

当用户连接 MySQL 数据库服务器时，用户的身份是由连接服务器的主机和用户指定的用户名来决定的，所以 MySQL 在认定身份时会考虑用户的主机名和登录的用户名，只有客户机所在的主机被授予权限才能去连接 MySQL 服务器，连接 MySQL 服务器使用 mysql 命令，其语法格式如下。

```
mysql -h 服务器主机地址 -u 用户名 -p 用户密码
```

说明：-h 参数指定所连接的数据库服务器地址，可以是 IP 地址，也可以是服务器名称。如果连接本机，则该参数可以省略。-u 参数指定连接数据库服务器使用的用户名，例如，root 表示管理员身份，具有所有权限。-p 参数指定连接数据库服务器使用的密码。

任务实施

1. 下载 MySQL

（1）在 MySQL 官网 https://dev.mysql.com/downloads/windows/installer/ 8.0.html，选择 MySQL 社区安装版，下载 MySQL 软件，如图 5-1 所示。

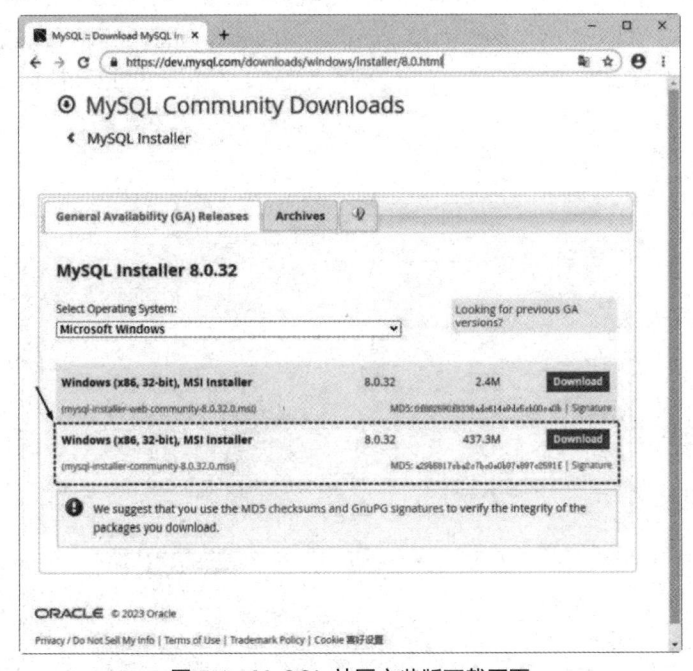

图 5-1 MySQL 社区安装版下载页面

说明：社区安装版没有 64 位的安装程序，32 位的安装程序也可安装在 64 位系统上，分为在线安装版本和离线安装版本。

（2）选择"Windows(x86,32-bit),MSI Installer(mysql-installer-community-8.0.32.0.msi)"离线安装版右侧的"Download"按钮，进入"Login Now or Sign Up for a free account"页面，单击下方的"No thanks, just start my download."超链接按钮，如图 5-2 所示。

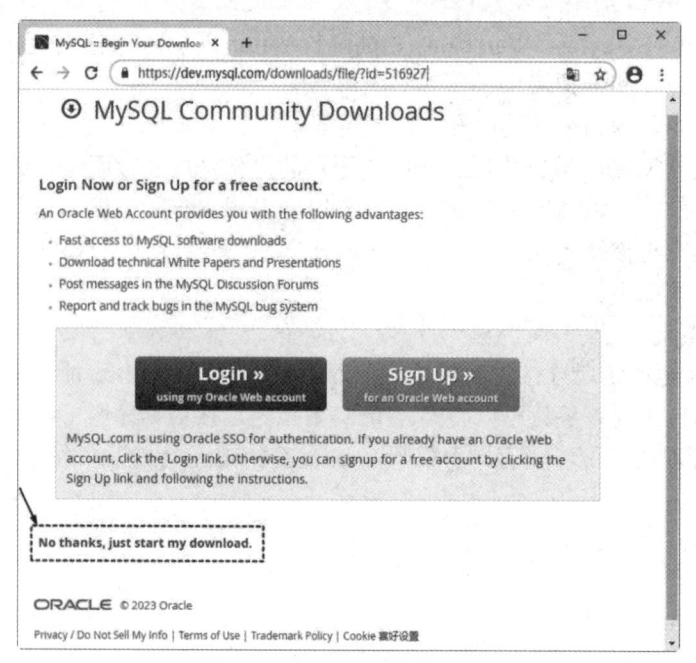

图 5-2　MySQL 下载链接页面

下载完成后，得到一个名为 mysql-installer-community-8.0.32.0.msi 的安装版文件。

（3）在 MySQL 官网 https://dev.mysql.com/downloads/mysql/，选择"Windows (x86, 64-bit)，ZIP Archive(mysql-8.0.32-winx64.zip)"压缩版右侧的"Download"按钮，如图 5-3 所示。

图 5-3　MySQL 免安装版下载页面

进入"Login Now or Sign Up for a free account"页面，单击下方的"No thanks, just start my download."超链接按钮。下载完成后，得到一个名为 mysql-8.0.32-winx64.zip 的压缩版文件。

2. MySQL 安装版的安装与配置

（1）双击"mysql-installer-community-8.0.32.0.msi"的安装包，进入 MySQL 安装界面，

首先进入"License Agreement(用户许可协议)"界面，选中"I accept the license terms(我接受系统协议)"复选框，单击"Next"按钮，如图 5-4 所示。

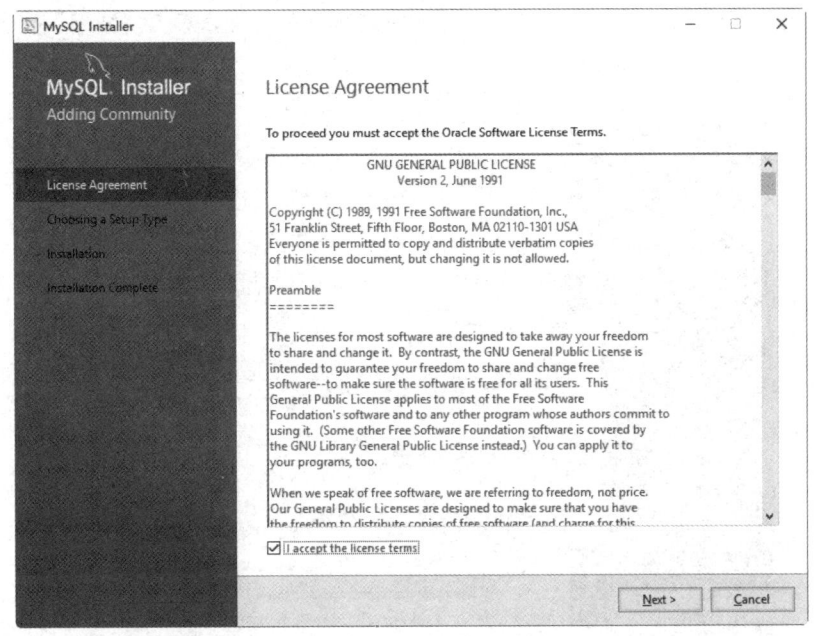

图 5-4　"用户许可协议"界面

（2）进入"Choosing a Setup Type（选择安装类型）"界面，选择"Custom"类型，单击"Next"按钮，如图 5-5 所示。

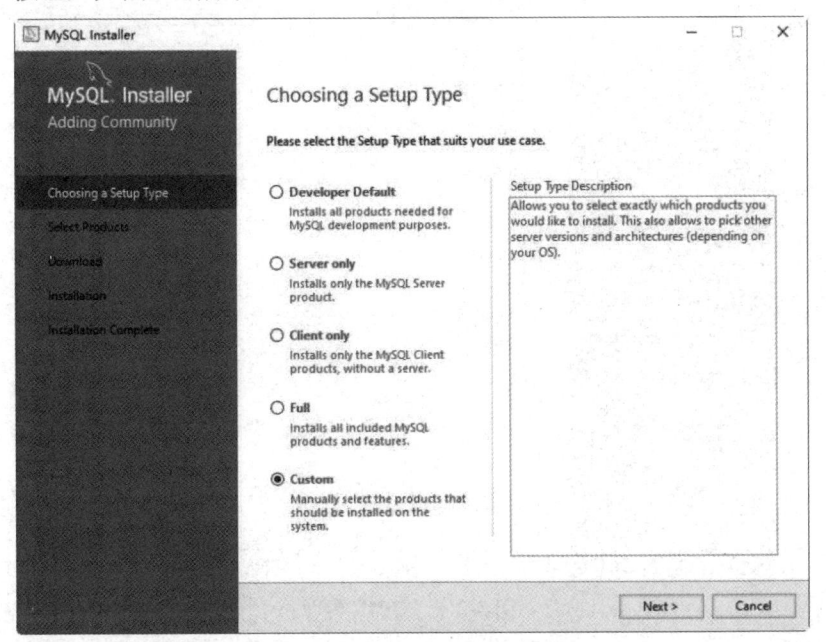

图 5-5　"选择安装类型"界面

说明：安装类型包括：Developer Default(开发者默认)、Server only(仅服务器)、Client only(仅客户端)、Full(完全)和 Custom(自定义)5 种安装类型。

（3）进入"Select Products(选择产品)"界面，在"Available Products:"下依次选择"MySQL Servers→MySQL Server→MySQL Server 8.0→MySQL Server 8.0.32-X64"，单击右

向的箭头，就会进入"Products To Be Installed:"框中，选中"MySQL Server 8.0.32-X64"选项，选择下方的"Advanced Options"选项，在弹出的"安装路径和数据存放路径"对话框中可以修改路径，单击"OK"按钮完成后，返回到选择产品界面，单击"Next"按钮，如图5-6所示。

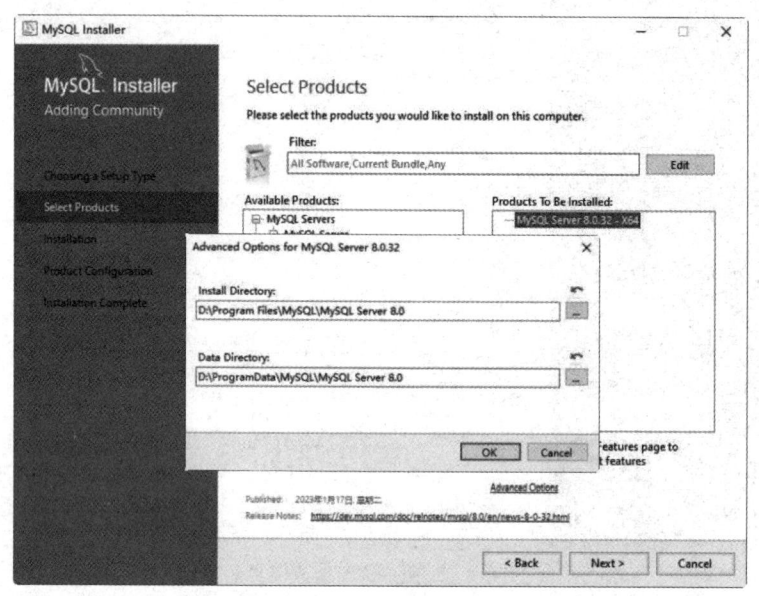

图 5-6　"选择产品"界面和"安装路径和数据存放路径"对话框

（4）进入"Installation（安装）"界面，单击"Execute"按钮，如图 5-7 所示。

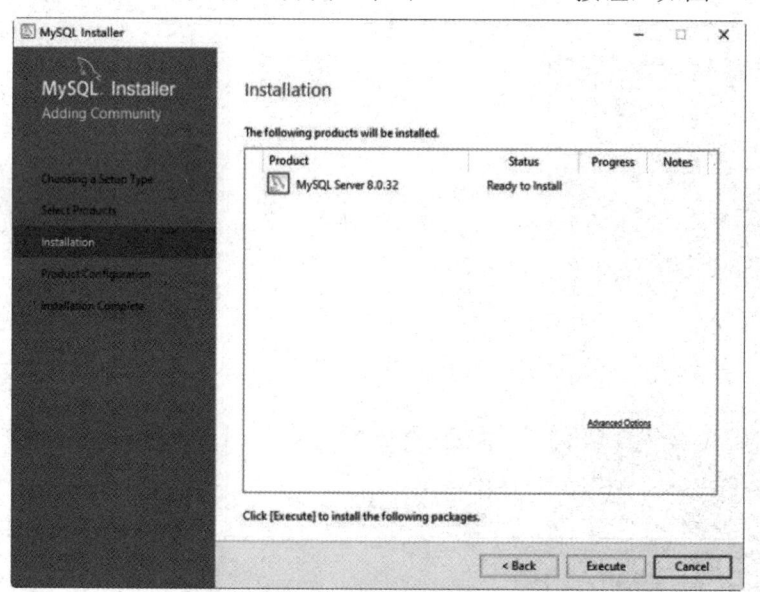

图 5-7　"安装"界面

说明：若计算机中没有"Microsoft Visual C++ 2019"的环境，会提示先下载安装"Microsoft Visual C++ 2019"环境。

（5）安装完成后，单击"Next"按钮，如图 5-8 所示。

（6）进入"Product Configuration(产品配置)"界面，单击"Next"按钮，如图 5-9 所示。

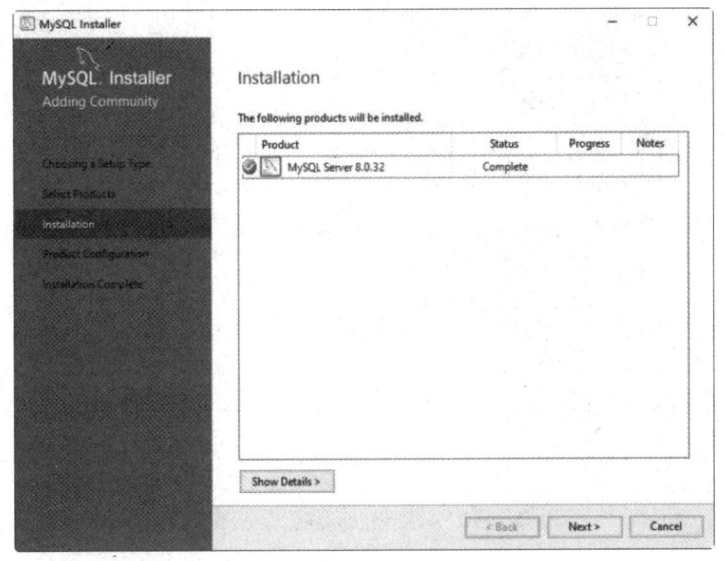

图 5-8 "安装完成"界面

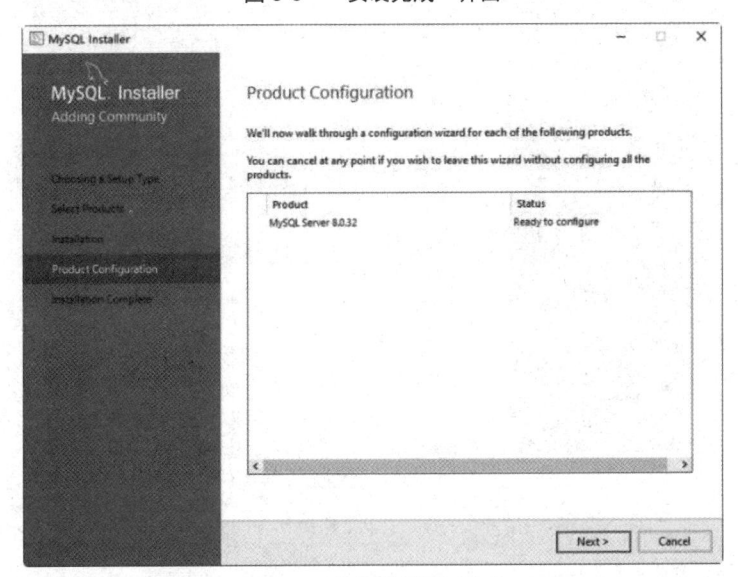

图 5-9 "产品配置"界面

（7）进入"Type and Networking(类型和网络配置)"界面，对于学习用户来说，在"Config Type"下拉列表框中选择"Development Machine"，默认选中"TCP/IP"复选框，Port Number 为 3306，单击"Next"按钮，如图 5-10 所示。

（8）进入"Authentication Method(认证方法)"界面，勾选"Use Legacy Authentication Method(Retain MySQL 5.x Compatibility)"复选框，单击"Next"按钮，如图 5-11 所示。

说明："Use Strong Password Encryption for Authentication (RECOMMENDED)"选项表示使用强密码加密进行身份验证（已升级）。"Use Legacy Authentication Method(Retain MySQL 5.x Compatibility)"选项表示使用传统身份验证方法（保留 MySQL 5.x 兼容性）。如果选择了强密码加密进行身份验证，但是图形化管理软件却没有采用强密码加密，这会直接导致图形化管理软件访问不了 MySQL，因此一般选择传统的加密方法。

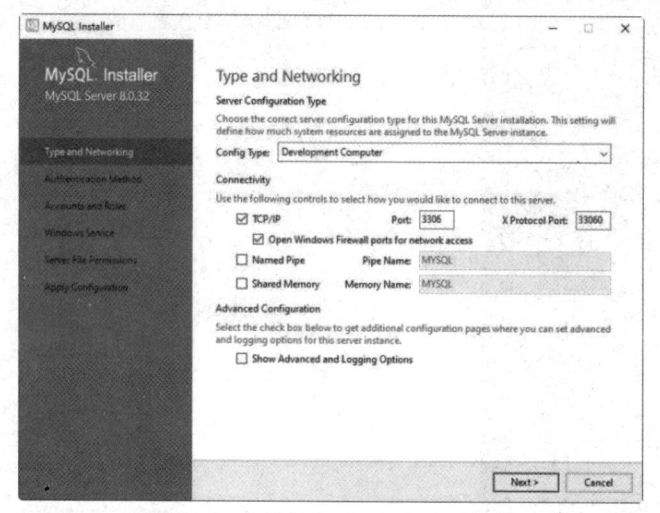

图 5-10 "类型和网络配置"界面

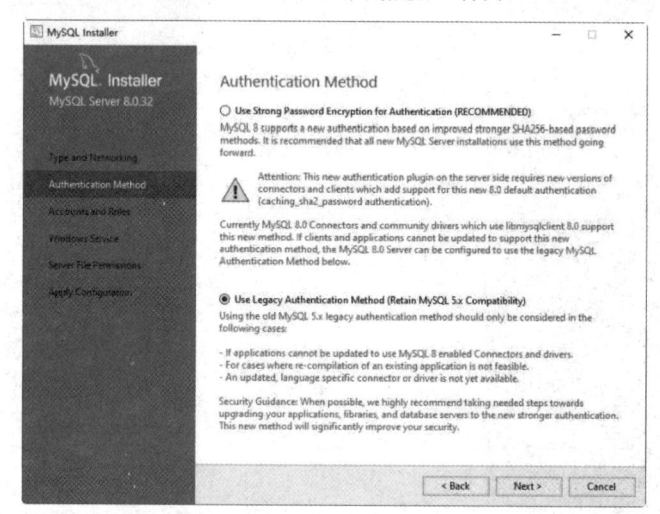

图 5-11 "认证方法"界面

（9）进入"Accounts and Roles(账户和角色)"界面，设置 MySQL Root 用户的密码，单击"Next"按钮，如图 5-12 所示。

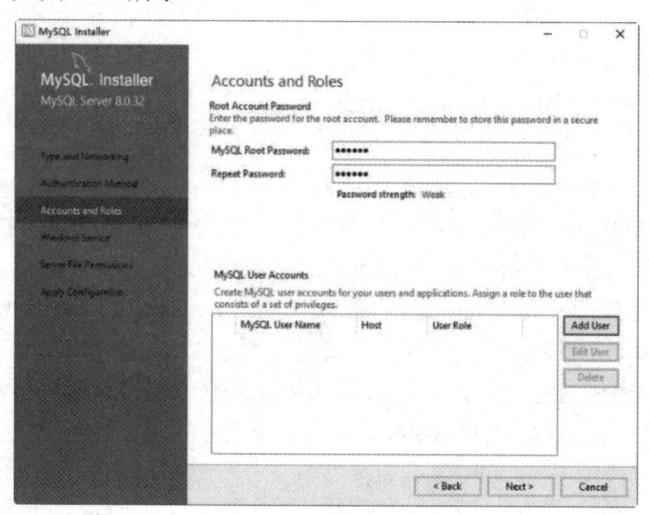

图 5-12 "账户和角色"界面

（10）进入"Windows Service"界面，默认勾选"Configure MySQL Server as a Windows Service"和"Start the MySQL Server at System Startup"复选框，"Windows Service Name(服务名称)"默认为 MySQL80 (可以修改)，勾选"Standard System Account"复选框，单击"Next"按钮，如图 5-13 所示。

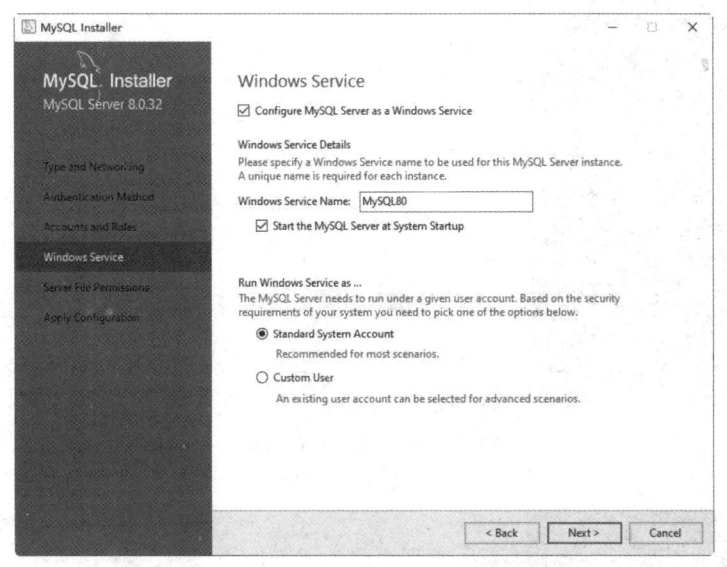

图 5-13　"Windows Service"服务界面

（11）进入"Apply Configuration"界面，单击"Execute"按钮，进行安装，如图 5-14 所示。

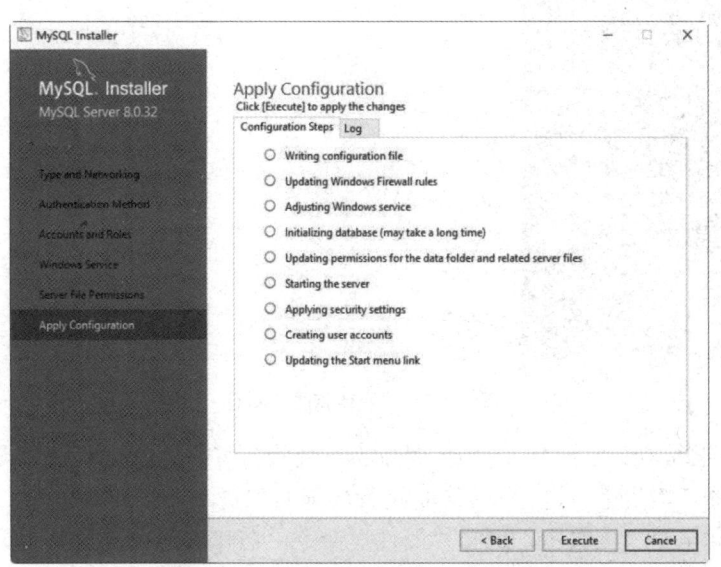

图 5-14　"Apply Configuration"界面

（12）安装完成后，单击"Finish"按钮，进入"Product Configuration(产品配置)"界面，状态显示为"Configuration Complete(配置结束)"，单击"Next"按钮，如图 5-15 所示。

（13）进入"Installation Complete(安装完成)"界面，单击"Finish"按钮，结束安装，如图 5-16 所示。

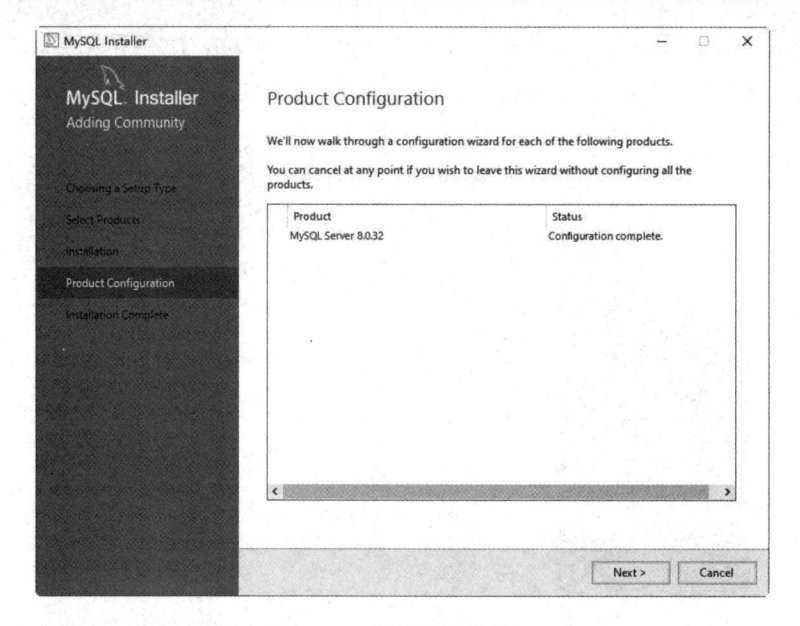

图 5-15 "产品配置"界面

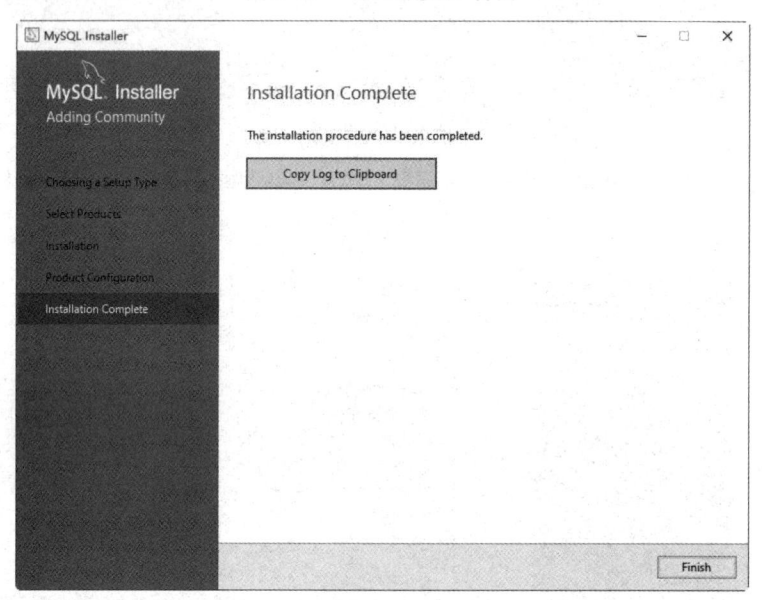

图 5-16 "安装完成"界面

MySQL 安装成功以后,为了能让 Windows 命令行操作 MySQL 数据库,通常采用在 Windows 系统的环境变量中进行 MySQL 运行环境的配置,操作步骤如下。

(1)在"此电脑"上右击,选择"属性"命令,在弹出的设置窗口中单击"高级系统设置",显示"系统属性"对话框,如图 5-17 所示。

(2)切换到"高级"选项卡,单击"环境变量"按钮,显示"环境变量"对话框,如图 5-18 所示。

(3)选择"系统变量"列表框中的 Path 变量,单击"编辑"按钮,显示"编辑环境变量"对话框,单击"新建"按钮,在列表中的最下方会出现一个空白行,找到 MySQL 执行文件的路径,本书为 "D:\Program Files\MySQL\MySQL Server 8.0\bin",并将该路径复制粘贴到该空白行中,单击"确定"按钮,完成运行环境配置,如图 5-19 所示。

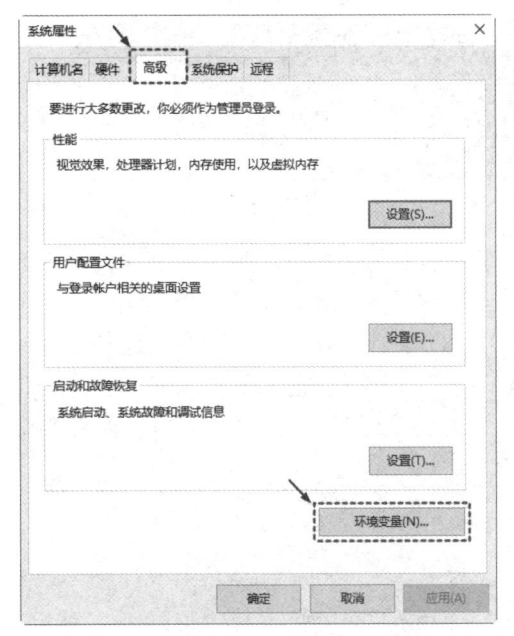

图 5-17 "系统属性"对话框

图 5-18 "环境变量"对话框

（4）打开 Windows 中的命令行窗口程序(cmd.exe)，输入"mysql -u root -p"，然后按回车键，如果出现"Enter Password："的输入密码提示，则表示运行环境配置成功，如图 5-20 所示。

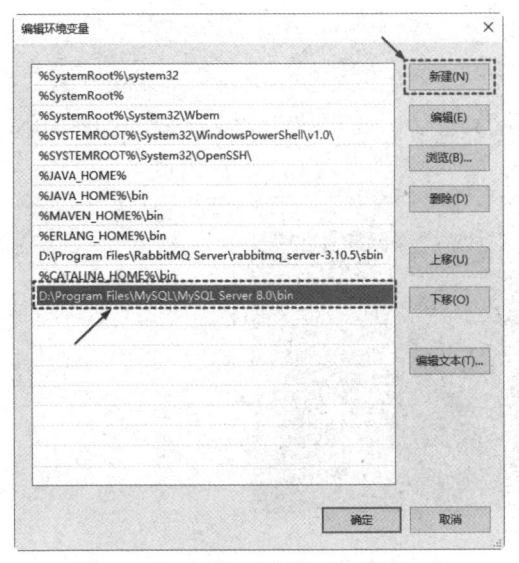

图 5-19 "编辑环境变量"对话框

图 5-20 测试运行环境配置效果

3. MySQL 压缩版的安装与配置

（1）将下载好的"mysql-8.0.32-winx64.zip"压缩版文件解压到自己创建的文件夹目录下(注意不要有中文)，如图 5-21 所示，这里解压到 C: 盘下的 mysql 目录下面。

（2）在桌面左下角"开始"菜单的搜索框中搜索"cmd"，在搜索结果中，右击"cmd.exe"按钮，选择"以管理员身份运行(A)"，如图 5-22 所示。

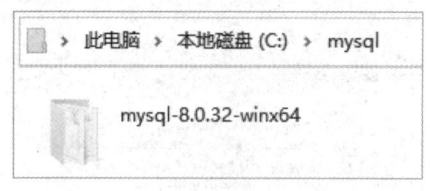

图 5-21　压缩版的解压目录

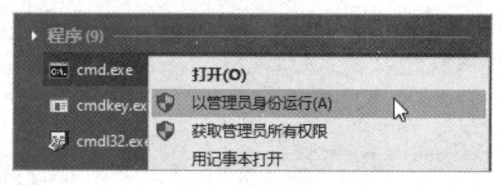

图 5-22　运行 cmd.exe

注意：如果计算机中已安装的 MySQL 是安装版的，则可以在控制面板中卸载，还需要删除残留文件；如果已安装的是压缩版，则用 "mysqld -remove" 命令删除即可。

（3）在命令行窗口中，输入 "cd C:\mysql\mysql-8.0.32-winx64\bin" 命令，进入解压安装目录的 bin 子目录下；输入 "mysqld -remove" 命令，删除以前的版本；输入 "mysqld --initialize-insecure" 命令，程序会自动在 MySQL 文件夹下创建 data 文件夹以及对应的文件，如图 5-23 所示。

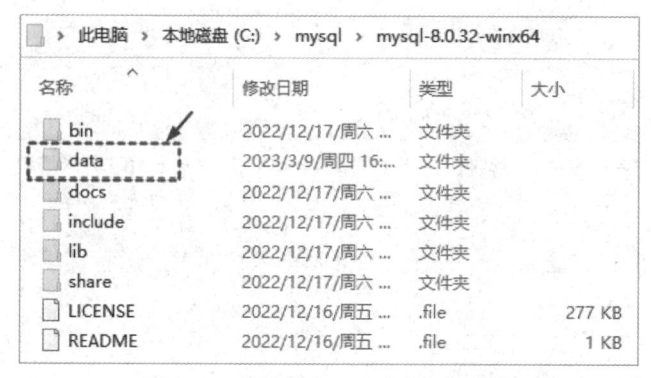

图 5-23　执行创建 data 文件夹及文件

（4）在命令行窗口中，输入 "mysqld install" 命令，出现 "Service successfully installed." 的提示则表示安装成功，如图 5-24 所示。

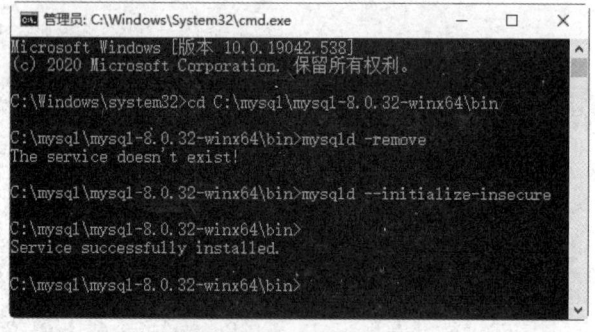

图 5-24　安装解压版 mysql

（5）在解压后的 "mysql-8.0.32-winx64" 目录下，新建一个 .ini 格式的文件 my.ini，如图 5-25 所示，以记事本格式打开并写入下面代码。

```
[mysqld]
basedir=C:\mysql\mysql-8.0.32-winx64
datadir=C:\mysql\mysql-8.0.32-winx64\data
port=3306
```

说明：my.ini 文件中只是设置最基本的属性，还有其他属性可以设置。

（6）在 cmd 命令行中输入"net start mysql"命令，启动 MySQL 服务，如图 5-26 所示。

图 5-25　新建 my.ini 文件

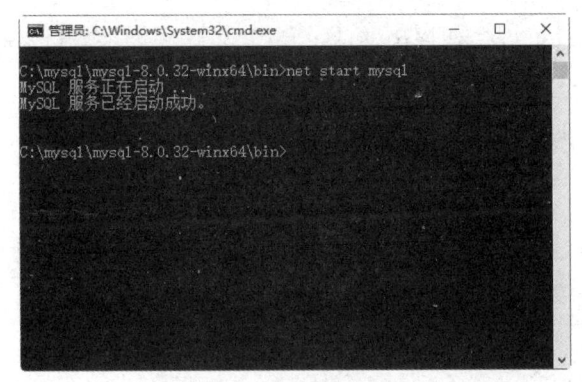

图 5-26　启动 MySQL 服务

说明：解压版默认的服务名称为 mysql，与安装版默认的服务名称 mysql80 不同。

（7）在 cmd 命令行中输入"mysql -u root -p"命令后，提示输入密码，直接按回车键，出现"mysql> "的提示符，表示已经登录成功，如图 5-27 所示。

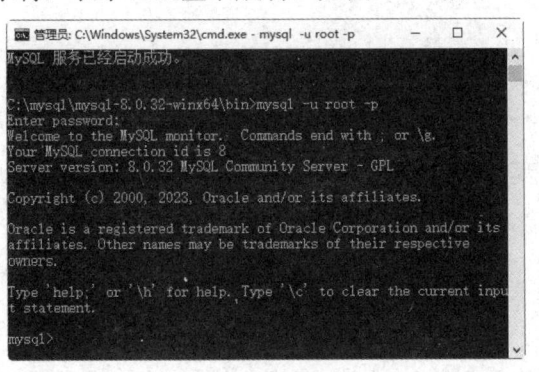

图 5-27　登录 MySQL

（8）在 cmd 命令行中输入"set password='123456';"命令，设置 root 用户登录密码，按回车键后，出现"Query OK, 0 rows affected (0.04 sec)"的提示，则表示密码设置成功，如图 5-28 所示。

（9）在命令行窗口的"mysql>"提示符下，输入 exit 命令退出，再次执行 "mysql -u root -p"，这时就需要输入上一步骤中所设置的密码。

（10）压缩版的 MySQL 环境变量设置，与前面所讲解的安装版的环境变量设置步骤基本一致，区别在于 MySQL 的执行文件所在目录不一样。

图 5-28 设置 root 登录密码

4. 安装图形化管理工具

此处以 Navicat 为例,介绍图形化管理工具。根据用户的计算机系统下载相应的 Navicat 版本,这里以 Navicat Premium 15 的版本为例。

(1)下载 64 位_navicat150_premium_cs_x64.exe 的安装文件,运行该安装程序,如图 5-29 所示。

图 5-29 欢迎安装"PremiumSoft Navicat Premium 15"界面

(2)单击"下一步"按钮,进入"许可证"界面,如图 5-30 所示。

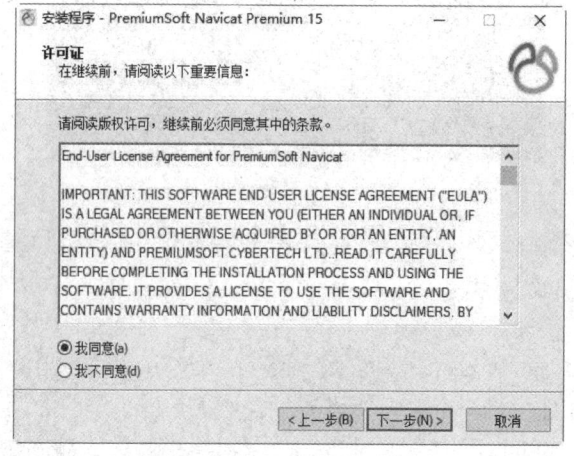

图 5-30 "许可证"界面

（3）选择"我同意"单选框，并单击"下一步"按钮，进入"选择安装文件夹"界面，可以修改安装路径，如图 5-31 所示。

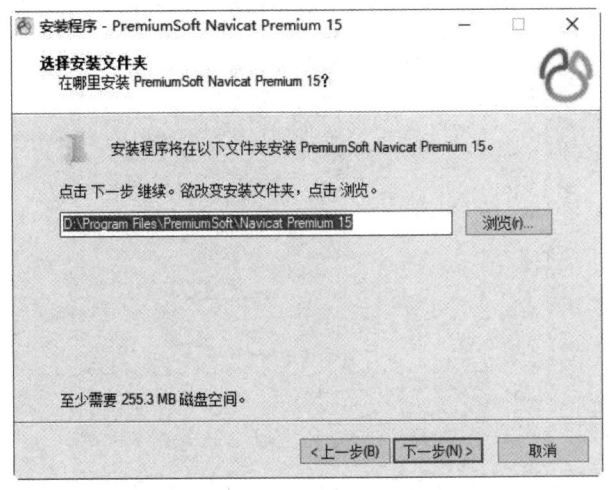

图 5-31　"选择安装文件夹"路径界面

（4）单击"下一步"按钮，直到进入"安装完成"界面，单击"完成"按钮，如图 5-32 所示。

图 5-32　"安装完成"界面

5. MySQL 的常用操作

（1）启动和停止 MySQL 服务器

通过 Windows 的"服务"窗口启动和停止 MySQL 服务器的方法如下。打开 Windows 的"控制面板"，选择"管理工具"，打开"服务"窗口，在服务器的列表中选择"MySQL80"服务项并右击鼠标，在弹出的快捷菜单中完成 MySQL 服务器的各种操作（如启动、停止、暂停、恢复和重新启动），如图 5-33 所示。

通过命令行方式启动和停止服务器的方法如下。找到"开始"菜单中的"Windows 系统"目录下的"命令提示符"选项，右击选择"以管理员身份运行(A)"，在命令行窗口中输入"net start mysql80"后按回车键，启动 MySQL 服务器，如图 5-34 所示。在命令行窗口中输入"net stop mysql80"后按回车键，停止 MySQL 服务器，如图 5-35 所示。

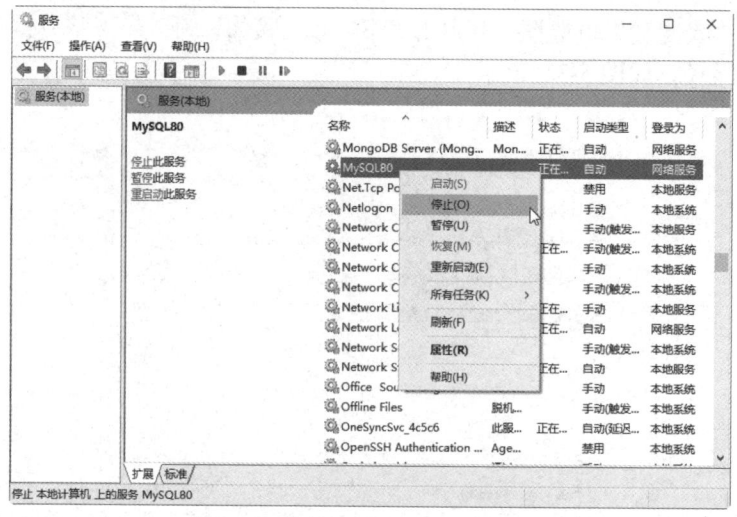

图 5-33 启动、停止 MySQL 服务器

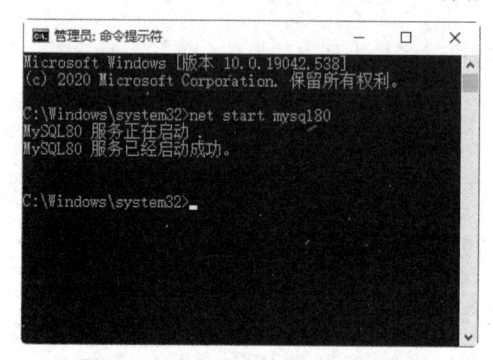

图 5-34 命令行启动 MySQL 服务器

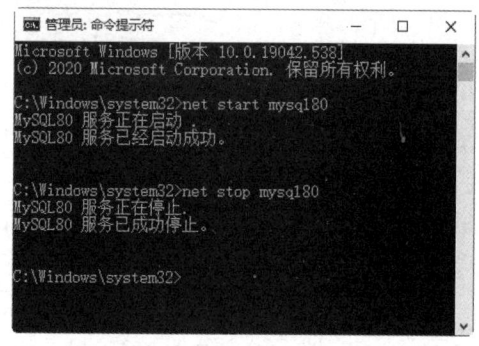

图 5-35 命令行停止 MySQL 服务器

(2) 连接、断开 MySQL 服务器

使用 Navicat 图形化管理工具连接和断开 MySQL 服务器的方法如下。运行"Navicat Premium 15"的程序，出现"Navicat Premium"控制台，在菜单栏中依次选择"文件"→"新建连接"→"MySQL..."命令，如图 5-36 所示。随后在"MySQL-新建连接"对话框中输入相应的连接名、主机、端口、用户名和密码信息，如图 5-37 所示。

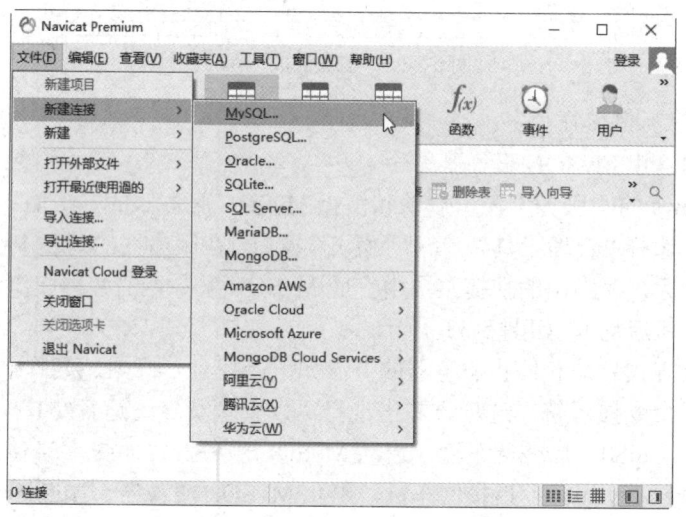

图 5-36 "Navicat Premium"控制台

图 5-37 "MySQL-新建连接"对话框

完成输入后,在"MySQL-新建连接"对话框中,单击左下角"测试连接"按钮,如果连接成功,则单击"确定"按钮创建连接对象,该连接对象会自动显示在"Navicat Premium"控制台中,如图 5-38 所示。双击"My"服务器连接对象,连接 MySQL 数据库服务器,显示服务器上部署的所有数据库,如图 5-39 所示。

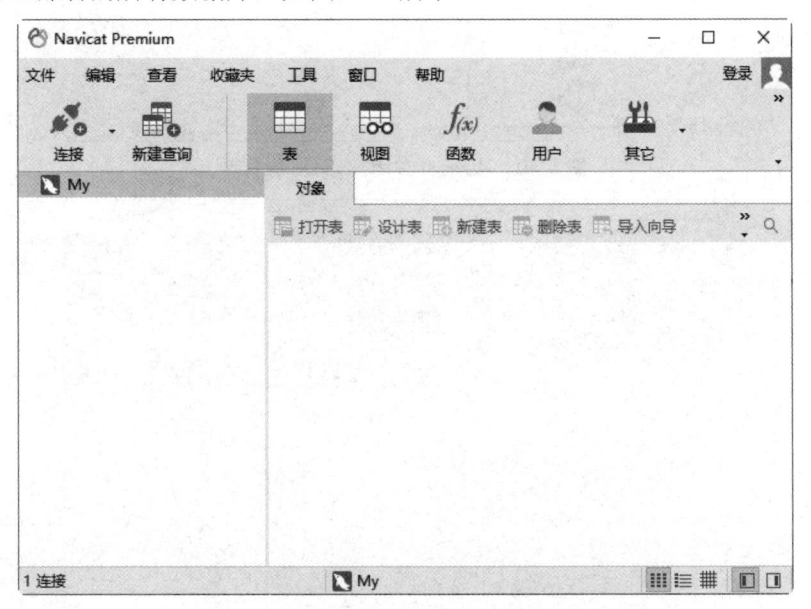

图 5-38 "Navicat Premium"控制台中的连接对象

在"My"连接对象上右击,选择"关闭连接"命令,关闭服务器连接,随即连接对象变为灰色,如图 5-40 所示。关闭成功则不再显示服务器上部署的数据库,如图 5-41 所示。

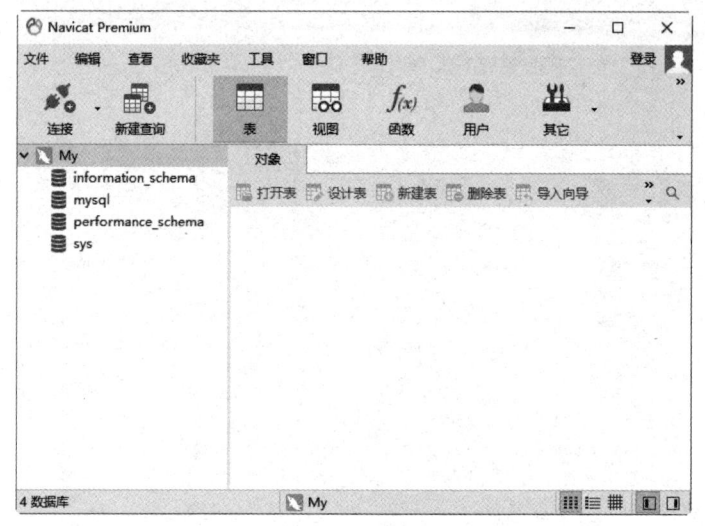

图 5-39　Navicat 成功连接 MySQL 服务器

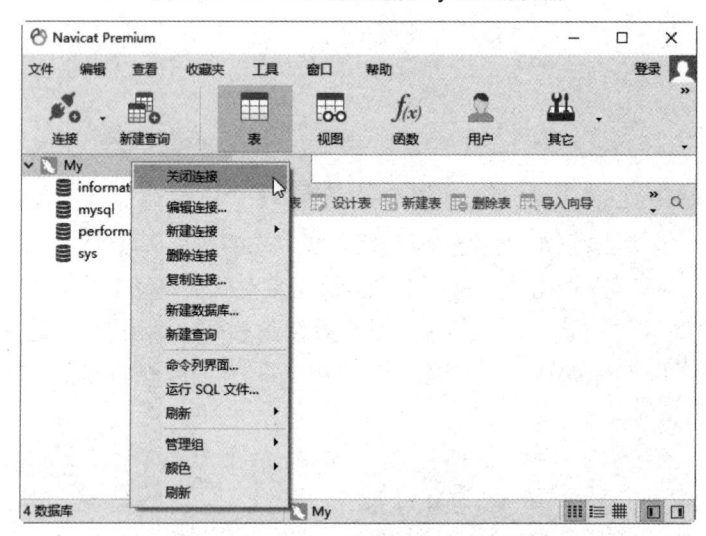

图 5-40　Navicat 关闭 MySQL 服务器

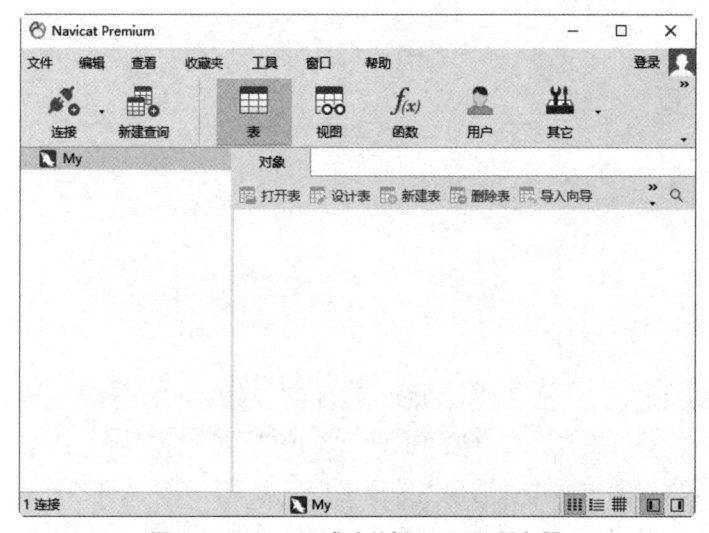

图 5-41　Navicat 成功关闭 MySQL 服务器

使用命令行窗口程序连接和断开服务器的方法如下。打开命令行窗口，输入"mysql -u root -p"命令，按回车键，输入密码，连接成功后，就会在 MySQL 控制台出现提示"mysql>"，表示正等待用户输入 SQL 命令，如图 5-42 所示。在 MySQL 控制台中输入"exit"或者"quit"命令，可以关闭 MySQL 数据库服务器，当出现"Bye"提示语时，表示已成功断开数据库连接，如图 5-43 所示。

图 5-42　命令行连接 MySQL 服务器　　　　图 5-43　命令行断开 MySQL 服务器

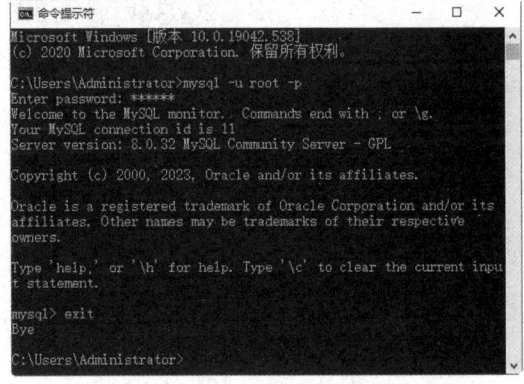

任务总结

本次任务主要完成了 MySQL 软件的下载、安装和配置，通过 Windows 的"服务"窗口方式与通过命令行窗口方式启动和停止 MySQL 服务器，使用 Navicat 图形化管理工具与使用命令行窗口程序连接和断开 MySQL 服务器。

5.2　数据库的用户和权限管理

微课视频

知识目标

- 掌握 MySQL 数据库用户的管理
- 掌握 MySQL 权限的授予与撤销

能力目标

- 使用 Navicat 图形化工具管理数据库用户
- 使用 SQL 语句管理数据库用户
- 使用 Navicat 图形化工具管理用户权限
- 使用 SQL 语句授予和撤销权限

任务情境

小 S 参加了一个 8 人组的项目团队，负责 MySQL 数据库的维护工作，对于数据库的用户管理和权限管理不太了解，于是去请教 K 老师。

小 S："我们项目组有 8 位同事进行团队开发，数据库用户使用同一个账号吗？"

K 老师："不可以这样，每位同事应该使用自己的数据库账号登录，方便记录各自的操作日志，而且项目组成员的分工不同，对数据库的操作权限也不同，我们的原则是尽可能让成员拥有不影响工作的最低权限"

小 S："好的，分别创建数据库服务器账号，再分别授权。"

K 老师："是的，可以使用 Navicat 图形化管理工具操作，也可以编写 SQL 语句执行操作，建议使用后者。"

任务描述

鲁老师担任网络 1801 班班主任，他想查看本班学生的基本情况和成绩信息，并能对本班学生基本情况进行修改，MySQL 数据库管理员将为他设置这些操作的权限。

任务分析

首先，需要给鲁老师创建一个服务器登录账号，随后给鲁老师账号授予数据库对象的查询、修改、增加或者更新的权限。而且，鲁老师需要查看某一个班的学生信息和成绩信息，这需要创建两个视图，再将学生信息视图的查看和修改权限以及成绩信息视图的查看权限赋予给新用户。

完成任务的具体步骤如下：

（1）创建服务器登录账号'luyan'@'localhost'；

（2）创建网络 1801 班的学生信息视图 view_student 和成绩信息视图 view_score；

（3）给新用户赋予视图 view_student 的查询和修改权限以及 view_score 的查看权限。

知识导读

5.2.1 用户管理

MySQL 是一个多用户数据库，具有功能强大的访问控制系统，可以为不同用户授予不同权限。MySQL 用户包括普通用户和 root 用户,在前面的章节中使用的是 root 用户，该用户是超级管理员，拥有所有权限，包括创建用户、删除用户和修改用户密码等管理权限，而普通用户只拥有系统创建该用户时被赋予的权限。

安装 MySQL 服务器时会自动安装一个名为 MySQL 的数据库，该数据库中存储的都是权限表。用户登录以后，MySQL 会根据这些权限表的内容为每个用户赋予相应的权限。这些权限表中最重要的是存储用户信息的 user 表。

1. 使用 Navicat 图形化管理工具管理用户

以创建一个名为 zhangsan、密码为 123456、主机名为 localhost 的新用户为例，使用 Navicat 图形化管理工具创建用户的步骤如下：

（1）启动 Navicat for MySQL 应用程序，打开 Navicat 图形化管理工具，选中数据库的连接对象,单击工具栏中的"用户"按钮,如图 5-44 所示。此时数据库默认有 4 个用户,其中一个就是拥有最高权限的 root 用户。

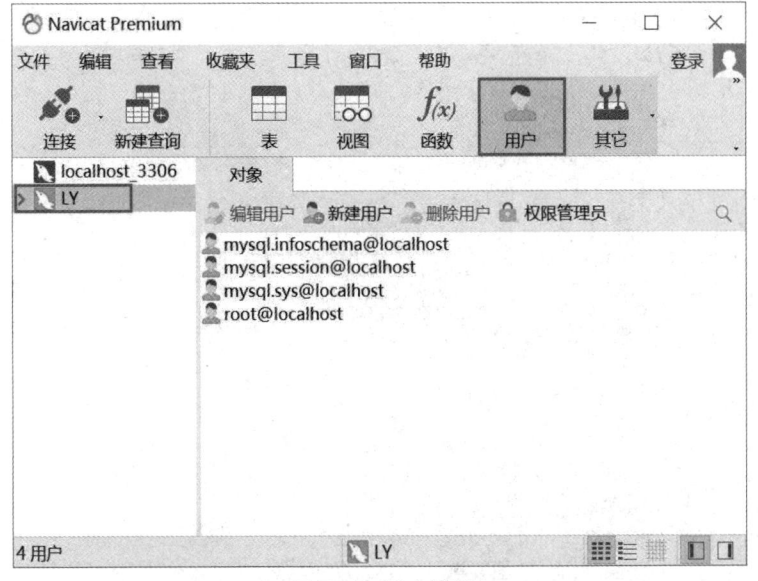

图 5-44 用户管理

(2)单击"新建用户"按钮,打开创建用户的对话框,在文本框中输入对应信息,如图 5-45 所示。

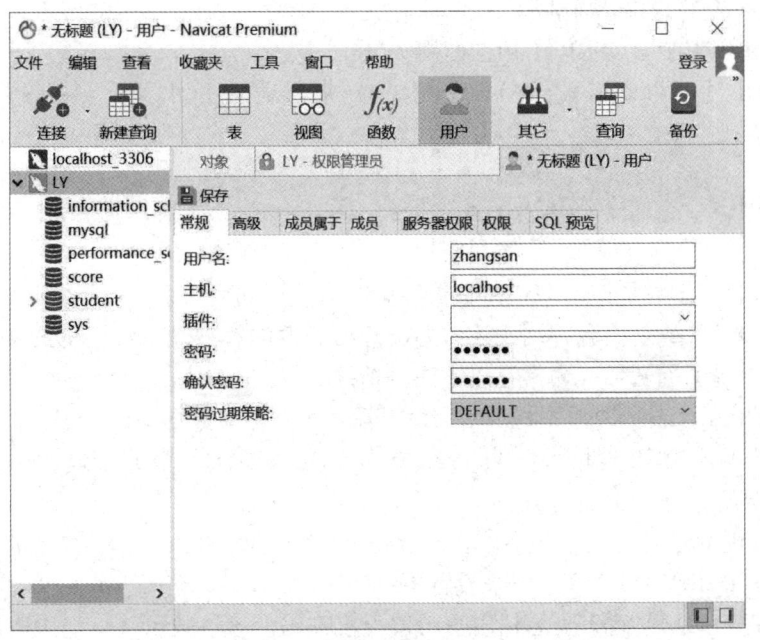

图 5-45 "新建用户"对话框

(3)输入信息后,单击"保存"按钮,即可完成新用户的创建。新建的用户可以在用户列表中查看,如图 5-46 所示。

(4)新用户创建好后,可以新建一个登录连接,在新建连接对话框中输入新的用户名和密码,单击"测试连接"按钮,可以测试新用户是否创建成功。

(5)双击某个用户,或者选中用户单击"编辑用户"按钮,可以打开"编辑用户"对话框,修改用户的用户名或者密码。

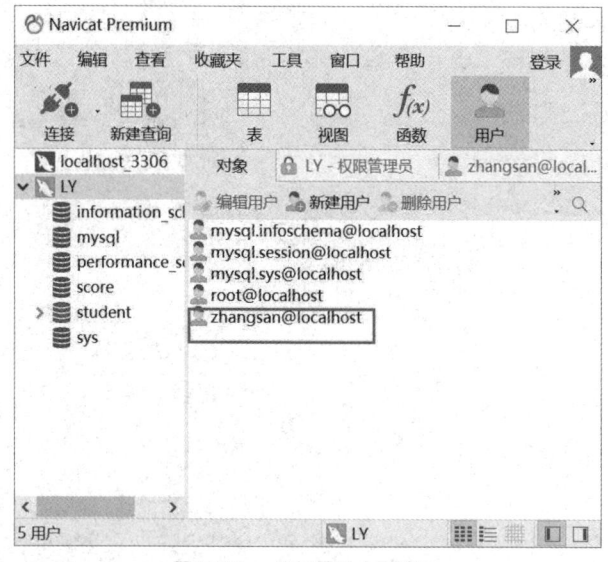

图 5-46 "查看用户"窗口

(6)若要删除某个用户,可以选中该用户,单击"删除用户"按钮,或者右击选择"删除用户"选项,弹出"确认删除"对话框,选择确认删除即可完成删除用户的操作。

2. 使用 SQL 语句管理用户

(1)使用 CREATE USER 语句创建用户

在 MySQL 中可以使用 CREATE USER 语句来创建 MySQL 用户,并设置相应的密码。其基本语法格式如下。

```
CREATE USER<'用户名'@'主机名'>
[IDENTIFIED BY[WITHPASSWORD]'密码']
```

说明:
- "用户名"参数是指用来连接数据库服务器使用的用户名。
- "主机名"参数是指允许用来连接数据库服务器的客户端地址,可以是 IP 地址,也可以是客户端主机名称。通常有以下三种情况。

(1)localhost:表示通过本地 MySQL 服务器主机访问数据库。

(2)一个网段的 IP 地址(例如 192.168.18.%):表示允许客户端以 192.168.18 网段的 IP 地址进行访问。

(3)%:表示任何主机,即不对客户端的主机做任何限制。
- IDENTIFIED BY 关键字用来设置用户的密码。
- PASSWORD 关键字表示使用哈希值设置密码,该参数可选。如果密码是一个普通的字符串,则不需要使用 PASSWORD 关键字。

使用 CREATE USER 语句时应注意以下几点。
- CREATE USER 语句可以不指定初始密码。但是从安全的角度来说,不推荐这种做法。
- 使用 CREATE USER 语句必须拥有 MySQL 数据库的 INSERT 权限或全局 CREATE USER 权限。

- 使用 CREATE USER 语句创建一个用户后，MySQL 会在数据库的 ser 表中添加一条新记录。
- CREATE USER 语句可以同时创建多个用户，多个用户之间用逗号隔开。

【例 5-1】使用 CREATE USER 语句创建两个新用户 test1 和 test2，密码分别为"123456"和"12345678"，主机名均为 localhost。

```
CREATE USER 'test1'@'localhost' IDENTIFIED BY'123456',
            'test2'@'localhost' IDENTIFIED BY '12345678';
```

执行命令后的结果如图 5-47 所示。

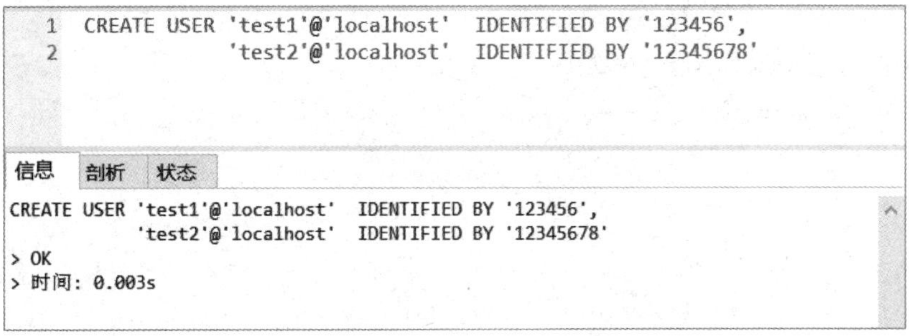

图 5-47 使用 CREATE USER 语句创建用户

（2）使用 ALTER USER 语句修改用户密码

在 MySQL 中可以使用 ALTER USER 语句修改一个或多个已经存在的用户密码，必须拥有 ALTER USER 权限。语法格式如下：

```
ALTER USER<'用户名'@'主机名'>
[IDENTIFIED BY[WITHPASSWORD]'密码']
```

【例 5-2】使用 ALTER USER 语句将用户 test1 的密码修改为"654321"，将用户 test2 的密码修改为"87654321"。

```
ALTER USER 'test1'@'localhost' IDENTIFIED BY '654321',
           'test2'@'localhost' IDENTIFIED BY '87654321';
```

执行命令后的结果如图 5-48 所示。

图 5-48 使用 ALTER USER 语句修改用户密码

（3）使用 SET PASSWORD 语句修改用户密码

在 MySQL 中也可以使用 SET PASSWORD 语句修改用户密码。语法格式如下：

```
SET PASSWORD  [FOR <'用户名'@'主机名'>]=PASSWORD('新密码')
```

若不使用 FOR <'用户名'@'主机名'>语句，表示修改当前用户的密码；若使用该语句，则是修改当前主机上特定用户的密码。

【例 5-3】使用 SET PASSWORD 语句将用户 test2 的密码修改为"87654321"。

```
SET PASSWORD FOR 'test2'@'localhost'=('87654321');
```

(4) 使用 RENAME USER 语句修改用户名

在 MySQL 中可以使用 RENAME USER 语句修改一个或多个已经存在的用户账号。语法格式如下：

```
RENAME USER <'旧用户名'@'主机名'> TO <'新用户名'@'主机名'>[,…]
```

其中<旧用户>必须是系统中已经存在的 MySQL 用户账号。

【例 5-4】使用 RENAME USER 语句将用户 test1 修改为用户 test3，将用户 test2 修改为用户 test4，密码不变。

```
RENAME USER 'test1'@'localhost' TO 'test3'@'localhost',
            'test2'@'localhost' TO 'test4'@'localhost' ;
```

执行命令后的结果如图 5-49 所示。

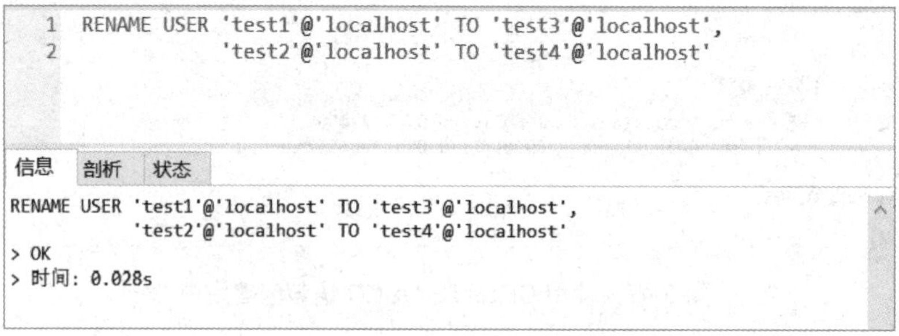

图 5-49 使用 RENAME USER 语句修改用户名

(5) 使用 DROP USER 语句删除用户

在 MySQL 中可以使用 DROP USER 语句删除用户，删除不会影响该用户之前所创建的表、索引或其他数据库对象。语法格式如下：

```
DROP USER <用户 1>[,<用户 2>]
```

【例 5-5】使用 DROP USER 语句删除用户 test3 和 test4。

```
DROP USER 'test3'@'localhost','test4'@'localhost';
```

执行命令后的结果如图 5-50 所示。

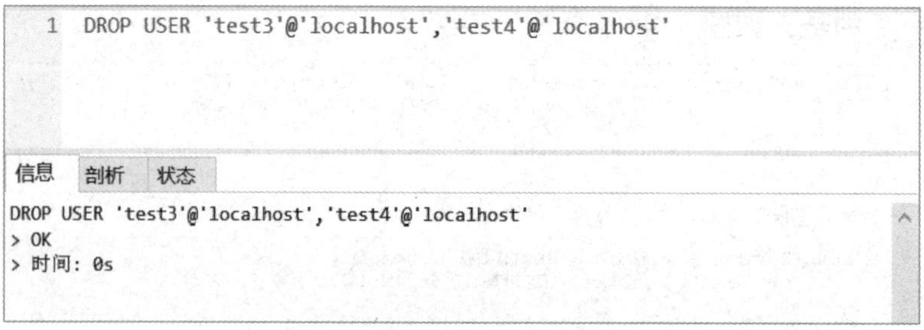

图 5-50 使用 DROP USER 语句删除用户

5.2.2 权限管理

新创建的用户拥有的权限很少，只能执行不需要权限的操作，比如可以登录 MySQL 服务器，但不具备访问数据的权限。新用户创建成功后还需要给指定用户分配授予相应的权限才能访问数据库的数据资源。

1. MySQL 权限类型

权限管理任务是对登录数据库的用户进行权限分配，用户只能在指定的权限范围内进行数据操作。MySQL 的权限说明如表 5-1 所示。

表 5-1 MySQL 的权限说明

权 限 名 称	权 限 级 别	权 限 说 明
CREATE	数据库、表或索引	创建数据库、表或索引权限
DROP	数据库或表	删除数据库或表权限
GRANT OPTION	数据库、表或存储过程	赋予权限选项
REFERENCES	数据库或表	建立外键关系
ALTER	表	更改表
DELETE	表	删除表数据
INDEX	表	创建索引权限
INSERT	表	插入数据
SELECT	表	查询数据
UPDATE	表	更新数据
CREATE VIEW	视图	创建视图
SHOW VIEW	视图	查看视图
ALTER ROUTINE	存储过程	更改存储过程
CREATE ROUTINE	存储过程	创建存储过程
EXECUTE	存储过程	执行存储过程
FILE	服务器主机上的文件访问	文件访问
CREATE TEMPORARY TABLES	服务器管理	创建临时表
LOCK TABLES	服务器管理	锁表
CREATE USER	服务器管理	创建用户
PROCESS	服务器管理	查看进程
RELOAD	服务器管理	重新加载权
REPLICATION CLIENT	服务器管理	复制
REPLICATION SLAVE	服务器管理	复制
SHOW DATABASES	服务器管理	查看数据库
SHUTDOWN	服务器管理	关闭数据库
SUPER	服务器管理	超级权限

2. 使用 Navicat 图形化管理工具进行权限管理

以给新创建的用户 zhangsan 授予 student 数据库中 student 表的查询和插入权限为例，介绍如何使用 Navicat 图形化管理工具授予或者撤销用户的权限。具体步骤如下：

（1）打开 Navicat 图形化管理工具，选中数据库的连接对象，单击工具栏中的"用户"按钮，在用户列表中找到用户 zhangsan，鼠标双击该用户，或者单击"编辑用户"按钮，打开"编辑用户权限"对话框，选择"权限"选项卡，进入权限编辑页面，如图 5-51 所示，此时用户 zhangsan 没有任何权限。

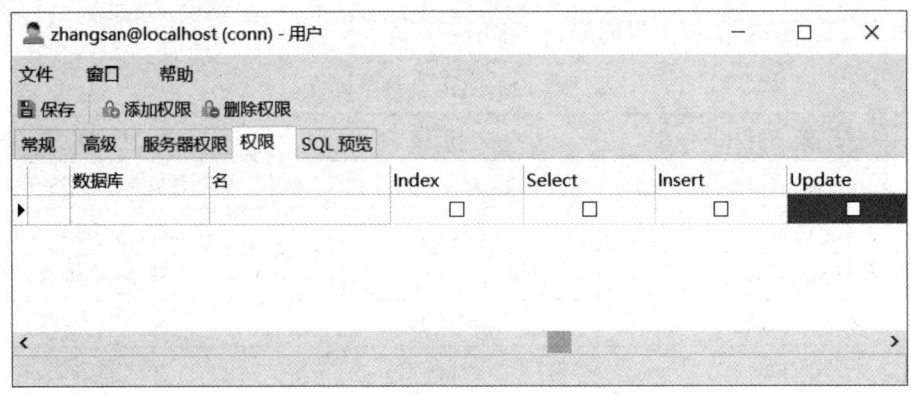

图 5-51 "编辑用户权限"对话框

（2）单击"添加权限"按钮，打开"添加权限"对话框，如图 5-52 所示。

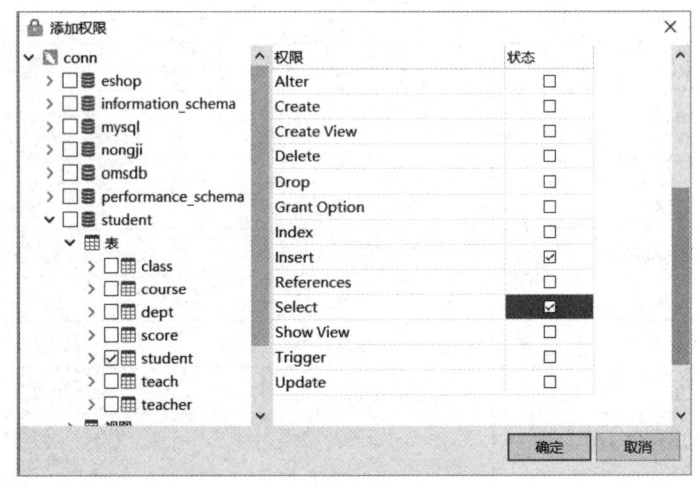

图 5-52 "添加权限"对话框

（3）在"添加权限"对话框中展开 student 数据库，勾选 student 数据表，在权限表中勾选 Select 和 Insert 权限，单击"确定"按钮后返回"编辑用户权限"对话框，单击"保存"按钮，此时用户 zhangsan 权限添加成功，如图 5-53 所示。

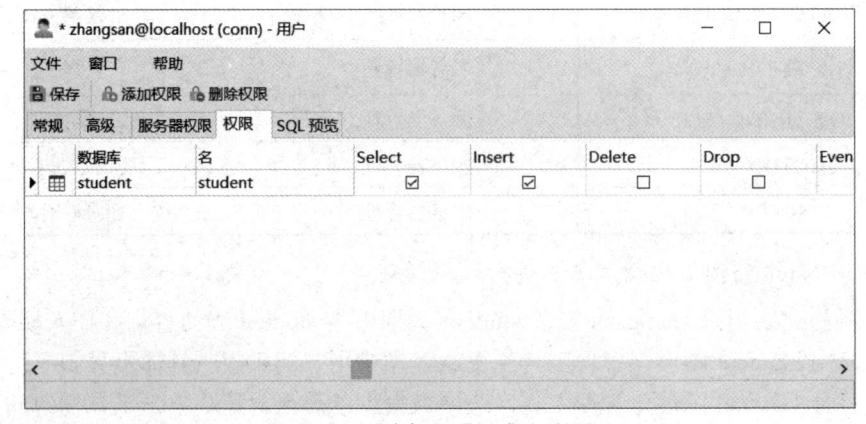

图 5-53 用户权限添加成功对话框

（4）在如图 5-53 所示的对话框中可以继续勾选其他权限，也可以取消勾选以撤销权限，还可以通过工具栏上的"删除权限"按钮，删除已添加的权限。

3. 使用 SQL 语句进行权限管理

（1）使用 GRANT 语句授予用户权限

在 MySQL 中，拥有 GRANT 权限的用户才可以执行 GRANT 语句，其语法格式如下：

```
GRANT <权限> [(列名)] ON <数据库.数据表>
TO <'用户名'@'主机名'>
 [WITH with_option [with_option]...]
```

说明：

- 权限参数表示权限类型。可以是 SELECT、DELETE、UPDATE、INSERT、CREATE、DROP、ALTER 等中的任意一种或几种；如果是全部权限，可以使用 ALL PRIVILEGES，简写为 ALL。
- 列名参数表示权限作用于哪些列（多个列使用逗号隔开），没有该参数时表示作用于整个表上。
- 数据库.数据表参数表示指定权限的级别，即给予用户指定库中的指定表相应的权限，如果是对所有数据库的数据表均授予权限，则使用"*.*"。
- WITH 关键字后面带有一个或多个 with_option 参数。这个参数有 5 个选项，详细介绍如下。
    - GRANT OPTION：被授权的用户可以将这些权限赋予其他用户；
    - MAX_QUERIES_PER_HOUR：设置每小时最大查询次数；
    - MAX_UPDATES_PER_HOUR：设置每小时最大更新次数；
    - MAX_CONNECTIONS_PER_HOUR：设置每小时最多连接次数；
    - MAX_USER_CONNECTIONS：设置最多用户连接数。

【例 5-6】使用 GRANT 语句授予用户 zhangsan 对 student 数据库中 student 表的查询、插入、修改权限。

```
GRANT SELECT,INSERT,UPDATE
ON student.student
TO 'zhangsan'@'localhost';
```

执行命令后的结果如图 5-54 所示。

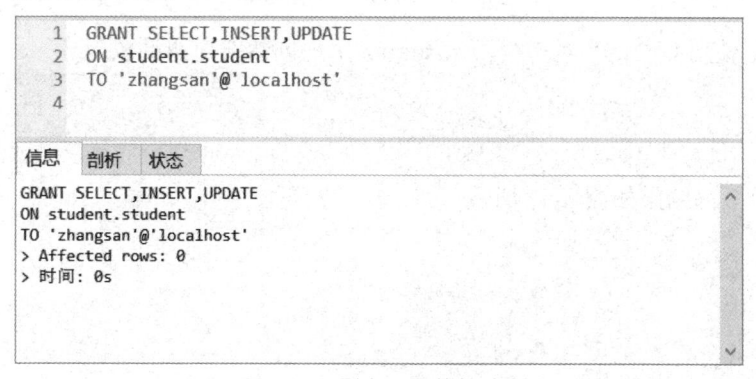

图 5-54 【例 5-6】执行结果

授权后使用用户 zhangsan 登录服务器对 student 表进行查询、插入、修改和删除操作，结果显示用户 zhangsan 的查询、插入、修改操作成功，但删除操作失败，如图 5-55 所示。

【例 5-7】使用 GRANT 语句授予用户 zhangsan 对 student 数据库中 course 表上的 period、credit 两列的查询和修改权限。

```
GRANT SELECT(period,credit),UPDATE(period,credit)
ON student.course
TO 'zhangsan'@'localhost';
```

执行命令后的结果如图 5-56 所示。

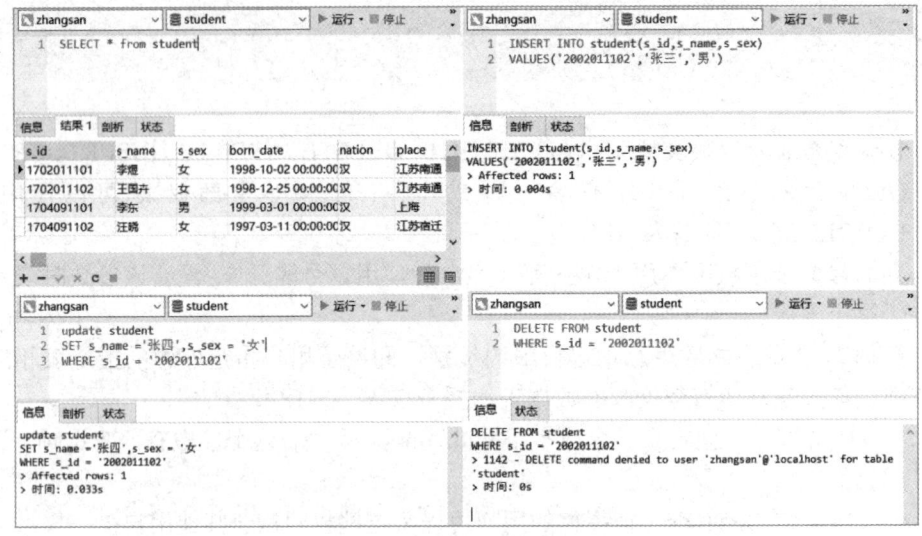

图 5-55　授权后的操作结果

图 5-56　【例 5-7】执行结果

【例 5-8】使用 GRANT 语句授予 zhangsan 用户创建新用户的权限。

```
GRANT CREATE user
ON *.*
TO 'zhangsan'@'localhost';
```

执行命令后的结果如图 5-57 所示。

图 5-57　使用 GRANT 语句授予创建新用户权限

【例5-9】使用 GRANT 语句授予 test1 用户对所有数据库中数据表的查询、插入、修改、删除权限，要求使用 WITH GANT OPTION 子句。

```
GRANT SELECT,INSERT,UPDATE,DELETE
ON *.*
TO 'test1'@'localhost'
WITH GRANT OPTION;
```

执行命令后的结果如图 5-58 所示。

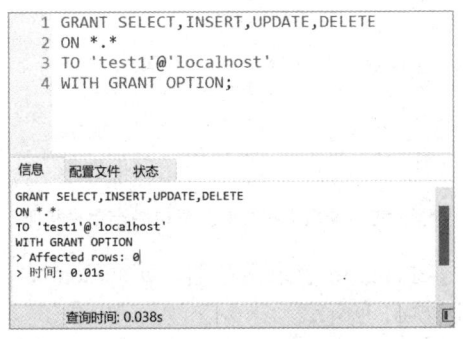

图 5-58　使用 GRANT 语句授予用户表权限

【例5-10】以 test1 用户的身份登录，使用 GRANT 语句授予 test2 用户对 student 数据库中系部表的查询、插入、修改、删除权限。

```
GRANT SELECT,INSERT,UPDATE,DELETE
ON student.dept
TO 'test2'@'localhost';
```

执行命令后的结果如图 5-59 所示。

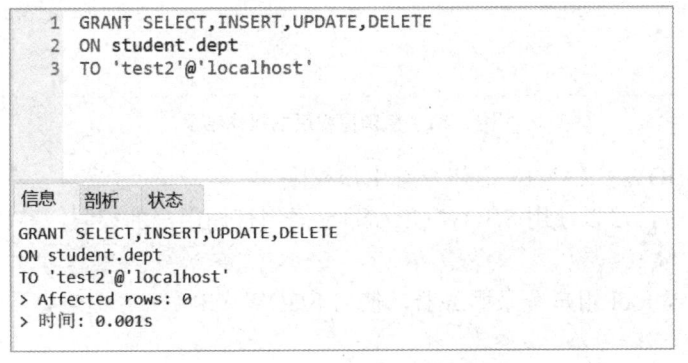

图 5-59　使用 GRANT 语句继续授权

运行成功，说明 test1 用户通过 GRANT 语句将自己的权限赋予其他用户，原因是授予 test1 用户权限时使用了 WITH GANT OPTION 子句。再以 test2 用户的身份登录，可对 student 表进行查询、插入、修改、删除操作。

（2）使用 REVOKE 语句撤销用户权限

在 MySQL 中，可以使用 REVOKE 语句撤销指定用户的某些权限，其语法格式如下。

```
REVOKE<权限>[(列名)] ON 数据库.数据表
FROM  <'用户名'@'主机名'>
```

【例5-11】使用 REVOKE 语句撤销 zhangsan 对 student 数据库中 student 表的查询、插入、修改权限。

```
REVOKE SELECT,INSERT,UPDATE
```

```
ON student.student
FROM 'zhangsan'@'localhost'
```

执行命令后的结果如图 5-60 所示。

```
1  REVOKE SELECT,INSERT,UPDATE
2  ON student.student
3  FROM 'zhangsan'@'localhost'

信息  剖析  状态
GRANT CREATE user
ON *.*
TO 'zhangsan'@'localhost'
> OK
> 时间: 0s
```

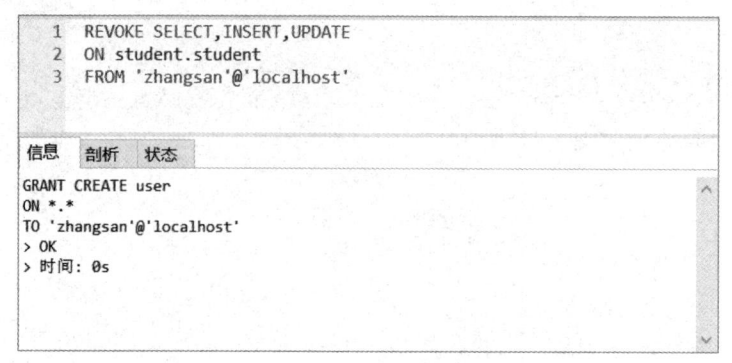

图 5-60　使用 REVOKE 语句撤销用户权限

授权撤销后再使用用户 zhangsan 登录服务器，对 student 表进行查询操作，结果显示该用户已没有查询权限。如图 5-61 所示。

```
zhangsan    student    ▶运行 ▪ 停止  解释
1  select * FROM student

信息  状态
select * FROM student
> 1142 - SELECT command denied to user 'zhangsan'@'localhost' for table
'student'
> 时间: 0s
```

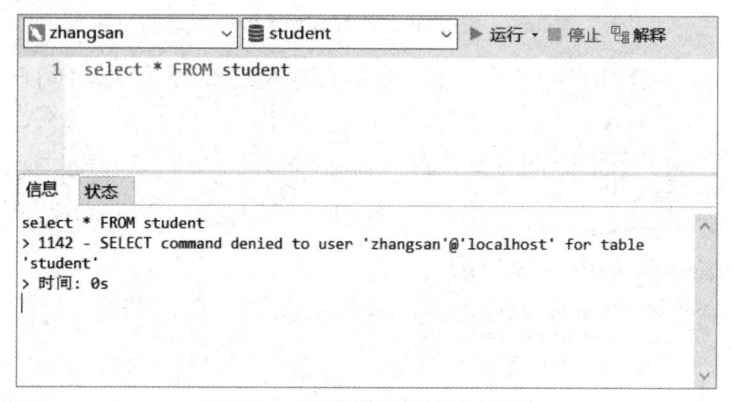

图 5-61　撤销授权后的操作结果

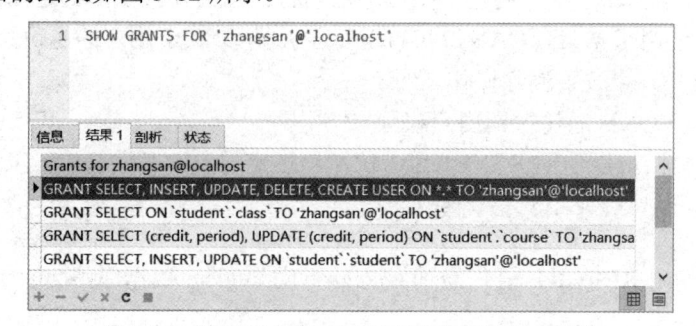

（3）使用 SHOW GRANTS 语句查看用户权限

在 MySQL 中，可以使用 SHOW GRANTS 语句查询用户的权限，其语法格式如下。

```
SHOW GRANTS FOR 用户
```

【例 5-12】以 root 用户登录服务器，使用 SHOW GRANTS 语句查看用户 zhangsan 的权限。

```
SHOW GRANTS FOR 'zhangsan'@'localhost';
```

执行命令后的结果如图 5-62 所示。

```
1  SHOW GRANTS FOR 'zhangsan'@'localhost'

信息  结果1  剖析  状态
Grants for zhangsan@localhost
GRANT SELECT, INSERT, UPDATE, DELETE, CREATE USER ON *.* TO 'zhangsan'@'localhost'
GRANT SELECT ON `student`.`class` TO 'zhangsan'@'localhost'
GRANT SELECT (credit, period), UPDATE (credit, period) ON `student`.`course` TO 'zhangsa
GRANT SELECT, INSERT, UPDATE ON `student`.`student` TO 'zhangsan'@'localhost'
```

图 5-62　使用 SHOW GRANTS 语句查看用户权限

任务实施

1. 使用 root 账号登录服务器，创建登录账号'luyan'@'localhost'，在查询编辑器中输入如下 SQL 语句：

```
CREATE USER 'luyan'@'localhost' IDENTIFIED BY '123456'
```

为了测试刚创建的新用户，可以再打开一个链接，使用新用户 luyan 登录。正常情况下，能够顺利登录，但登录成功后，发现该用户除了能够访问部分系统数据库，其他数据库都无法访问。

2. 创建两个视图，代码如下：

```
CREATE VIEW view_student
AS
SELECT student.*
FROM student,class
WHERE student.class_id = class.class_id
AND class.class_name = '网络1801'

CREATE VIEW view_score
AS
SELECT score.*,class.class_name
FROM student,class,score
WHERE student.class_id = class.class_id
AND score.s_id = student.s_id
AND class.class_name = '网络1801'
```

3. 分别为两个视图授予权限，代码如下：

```
GRANT SELECT,UPDATE ON student.view_student TO 'luyan'@'localhost'
GRANT SELECT ON view_score TO 'luyan'@'localhost'
```

4. 使用新用户登录，进行查询和修改测试：

```
select * from view_score
select * from view_student
update view_student set s_sex='女' where s_id='1804111101'
update view_score set grade=100 where s_id='1804111101' and c_id='180401'
```

任务总结

MySQL 作为一个数据库管理系统，具有完备的安全机制，能够确保数据库中的信息不被非法盗用或破坏。MySQL 的安全机制分为以下 3 个等级：

（1）服务器的登录安全性——登录账号和密码；
（2）数据库的使用安全性——该用户账号对数据库的访问权限；
（3）数据库对象的使用安全性——该用户账号对数据库对象的访问权限。

本任务正是根据实际需要，从以上几个等级详细介绍了如何创建登录账号、如何创建数据库以及如何给用户授予权限。

5.3 数据库的备份与还原

知识目标

- 掌握数据库备份的方法。
- 掌握数据库还原的方法。

能力目标

- 使用 Navicat 图形化管理工具备份和还原数据。
- 使用 mysqldump 命令备份数据库。
- 使用 mysql 命令还原数据库。

任务情境

K 老师:"恭喜你成为了数据库管理员。"

小 S:"谢谢您!作为数据库管理员,我要负责数据库的日常运行工作,其中一项工作就是对数据库进行备份。我觉得 MySQL 数据库已经很安全了,为什么还要备份呢?"

K 老师:"对于一个实际应用系统来说,数据是至关重要的资源,一旦丢失数据,不仅影响正常的业务活动,严重的还会引起全部业务的瘫痪。而数据存储于计算机中,即使是最可靠的硬件和软件也会出现系统故障或产品损坏,如存储介质故障、用户的错误操作、居心不良者的故意破坏、自然灾害等,这些意想不到的问题时刻威胁着数据库中数据的安全,随时可能使系统崩溃。或许在不经意间,长期积累的数据资料被瞬间丢失。所以,数据库的安全是至关重要的,应该在意外发生之前做好充分的准备工作,以便在意外发生之后能够采取相应的措施来快速还原数据库,使丢失的数据减少到最少。最有效的办法就是拥有一个有效的数据库备份,在数据库数据丢失之后通过数据库备份还原数据库。"

小 S:"原来如此。"

K 老师:"作为数据库管理员,平时定期对数据库进行备份和还原是一项非常重要的工作,数据库一旦出现损坏就可以在第一时间将数据进行还原。"

任务描述

对数据库 student 进行备份,在破坏数据后再还原。

任务分析

在 D 盘新建 backup 文件夹,打开 Windows 命令行工具,切换到 mysqldump 所在目录,执行 mysqldump 和 mysql 命令,完成备份和还原操作。完成任务的具体步骤如下:

(1)使用 mysqldump 命令备份 student 数据库；
(2)清空 student 数据库；
(3)使用 mysql 命令还原数据库。

知识导读

5.3.1 备份和还原概述

操作数据库时，难免发生一些意外，造成数据损坏或者丢失，如突然停电或者数据库管理员误操作等都会导致数据损坏或丢失。因此，工作人员要定期进行数据库备份，当出现意外并造成数据库数据损坏或者丢失时进行数据库恢复，数据库恢复就是当数据库出现故障时，将备份的数据库加载到系统，使数据库还原到备份时的工作状态。

1. 备份内容

在对数据库做备份时，备份内容主要包括数据库对象、程序代码、日志文件和配置文件。

（1）数据库对象：数据库中的表、视图、函数、事件等数据库对象。
（2）程序代码：基本语句、视图、索引、存储过程、触发器等代码。
（3）日志文件：记录数据库运行期间发生变化的日志文件。
（4）配置文件：服务器和数据库等配置文件。

2. 备份类型

备份类型按照备份内容、是否能在线完成、备份的还原方式的不同分为三种情况。
（1）按照备份内容
- 完全备份：每次对数据进行完整的备份；
- 差异备份：备份自从上次完全备份之后被修改过的文件；
- 增量备份：只有在上次完全备份或者增量备份后被修改的文件才会被备份。

（2）按照是否能在线完成
- 冷备份（脱机备份）：是在关闭数据库的时候进行的备份，依赖于数据文件；
- 热备份（联机备份）：数据库处于运行状态的备份，依赖于数据库的日志文件；
- 温备份：在数据库锁定表格（不可写入但可读）的状态下进行备份操作。

（3）按照备份的还原方式
- 物理备份是对数据库操作系统的物理文件（如数据文件、日志文件等）的备份；
- 逻辑备份是对数据库逻辑组件（如表等数据库对象）的备份。

5.3.2 使用 Navicat 图形化管理工具备份和还原数据库

下面以备份和还原数据库 student 为例介绍如何通过 Navicat 图形化管理工具进行数据备份和还原。

1. 备份数据库

（1）打开 Navicat for MySQL 数据库管理工具，以 root 用户建立连接。在"连接"窗口中展开要备份的数据库 student，单击"备份"按钮，进入图 5-63 所示的备份操作界面。

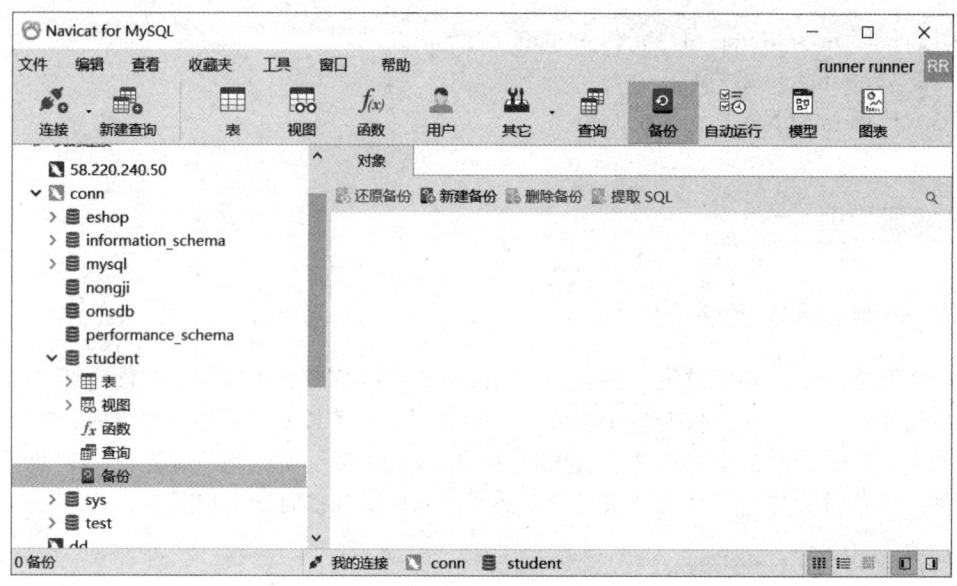

图 5-63 备份操作界面

（2）在工具栏中单击"新建备份"按钮，出现如图 5-64 所示的"新建备份"对话框，在"对象选择"选项卡下选择需要备份的对象，在"高级"选项卡下可以输入备份名称，默认以备份建立的时间命名，设置完成后单击"备份"按钮开始备份。备份完成后显示如图 5-65 所示的对话框。

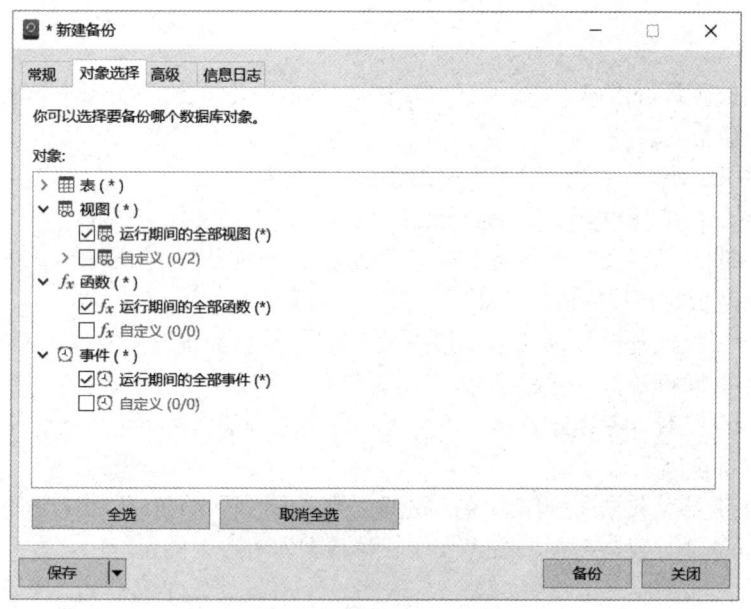

图 5-64 "新建备份"对话框

（3）单击"关闭"按钮，返回 Navicat for MySQL 窗口，本次新建的备份会自动显示在备份列表中，如图 5-66 所示。

（4）选中一个备份，单击"提取 SQL"按钮，可以将所备份的内容导出为一个脚本文件，以后也可以直接通过这个该脚本文件还原备份的内容。

2. 还原数据库

（1）首先模拟误操作，删除 student 数据库中的 score 表。

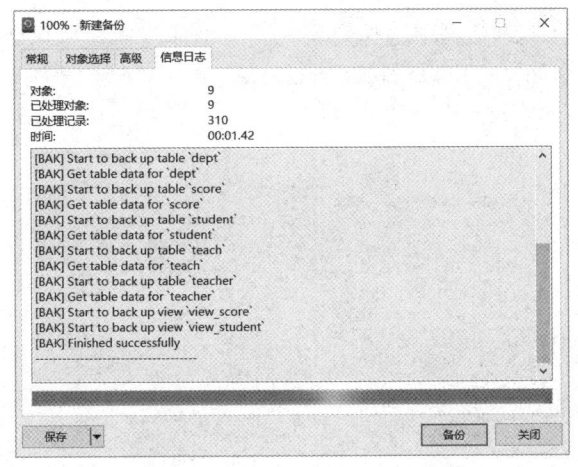

图 5-65 "新建备份完成"对话框

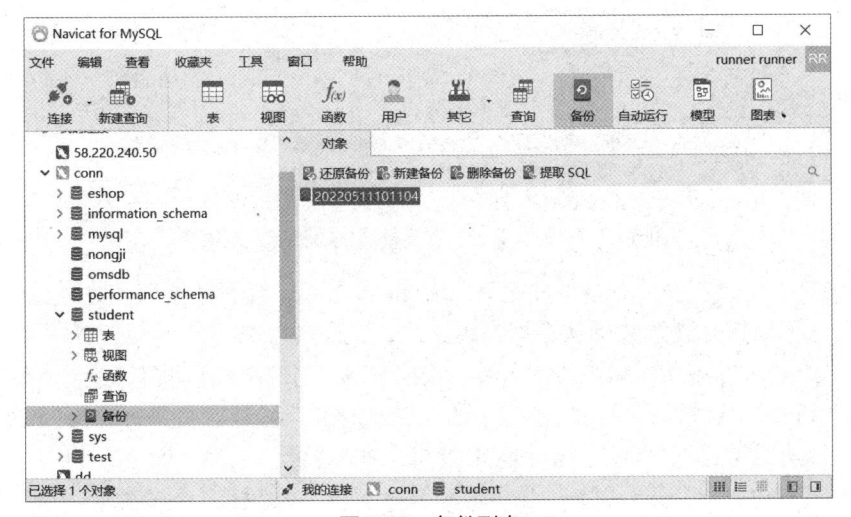

图 5-66 备份列表

（2）打开 Navicat 数据库管理工具，展开 student 数据库，打开如图 5-66 所示的备份列表，选中要还原的备份，单击"还原备份"按钮，打开一个"还原备份"对话框，在"对象选择"选项卡下选择需要还原的对象，如图 5-67 所示。

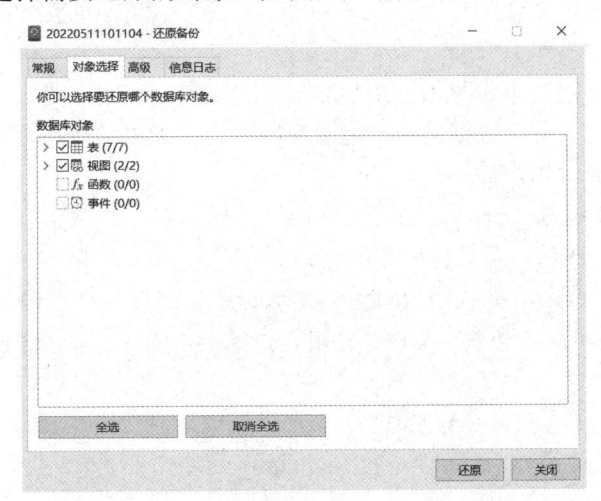

图 5-67 "还原备份"对话框"对象选择"选项卡

（3）在"还原备份"对话框中选择要还原的数据库对象，包括数据表、视图、函数和事件。本次可以选择全部，也可以只选择 score 表，单击"还原"按钮，开始还原操作，操作成功后显示如图 5-68 的对话框。

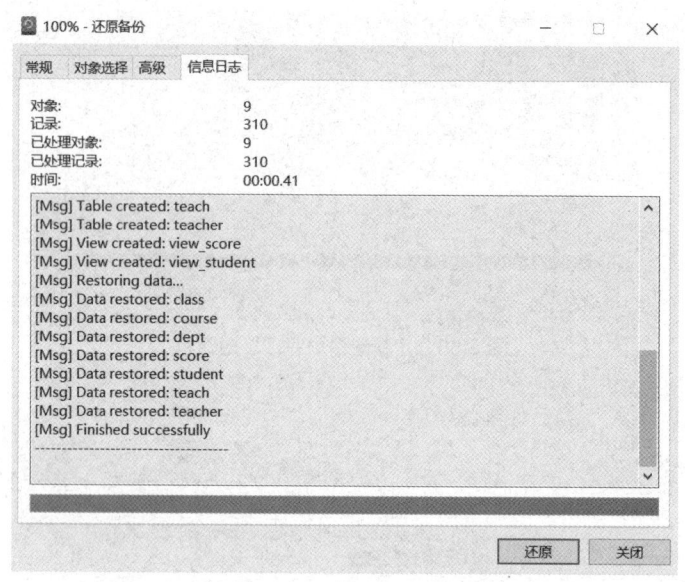

图 5-68　"还原备份"对话框"信息日志"选项卡

（4）关闭"还原备份"对话框，刷新 student 数据库，查看数据库，此时会出现被误删的 score 表，可以打开表继续确认数据是否正确。

（5）对于过时的备份，单击工具栏中"删除备份"按钮，即可将其删除。如果要将备份数据还原到其他服务器，单击工具栏中的"提取 SQL"按钮，将备份转换为 SQL 代码文件，即可在其他服务器上通过"运行 SQL 文件"来还原。

5.3.3　使用 mysqldump 命令备份数据库

MySQL 数据库提供 mysqldump 命令进行备份，该命令可以备份一个或者多个数据库，其语法格式如下。

```
mysqldump -u 用户名 -p 密码 --databases <数据库 1>[<数据库 2>,…] > 备份文件名.sql
```

说明：
- 用户名：必选项，备份数据的用户名。
- 密码：可选项，备份数据的用户名对应的密码，如果命令中不输入密码，会在执行命令过程中提示用户输入。
- databases：必选项，在其后输入要备份的数据库名。
- 数据库 1：必选项，要备份的数据库名。
- 数据库 2：可选项，如果需要备份多个数据库，通过空格分隔。
- 备份文件名.sql：必选项，备份文件名，以.sql 文件名结尾，里面存放的是可执行的 SQL 语句。

mysqldump 命令需要在命令行工具中运行，以管理员身份运行 cmd 命令。打开 Windows 命令行工具，使用 cd 命令将目录切换到 mysqldump 命令所在目录，默认目录为"C:\Program Files\mysql-5.7.35-winx64\bin"。

【例5-13】使用 mysqldump 命令备份 student 数据库到 student_backup.sql 文件里,文件保存到 D 盘下的 backup 文件夹下。

D 盘新建 backup 文件夹,打开 Windows 命令行工具,切换到 mysqldump 所在目录,输入备份数据库命令,代码如下:

```
mysqldump -u root -p --databases student > d:\backup\student_backup.sql
```

在命令行中执行命令时,提示输入连接数据库的密码,输入密码后,按回车键完成数据备份,运行结果如图 5-69 所示,在 D 盘的 backup 文件夹下可以发现 student_backup.sql 文件。

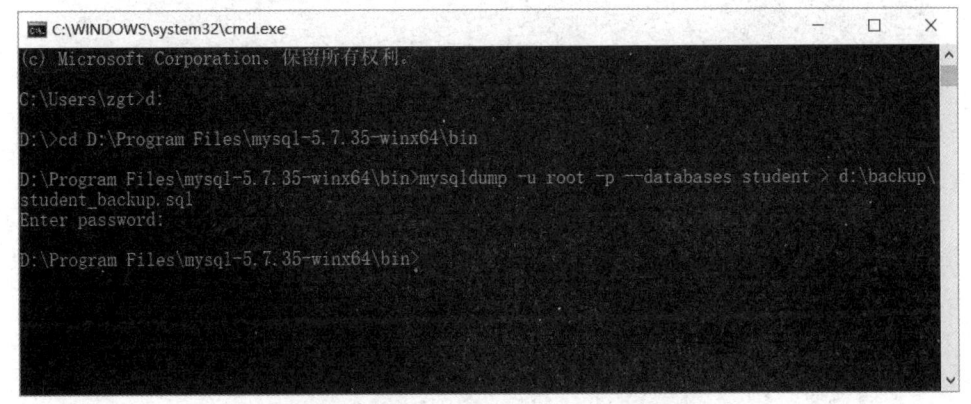

图 5-69 使用 mysqluciump 命令备份数据库

可以一次备份多个数据库,各数据库名称之间使用空格隔开,也可以备份所有数据库,备份多个数据库和所有数据库的代码如下:

```
mysqldump -u root -p --databases student eshop > D:\backup\student_backup.sql
mysqldump -u root -p --all-databases>D:\backup\student_backup.sql
```

5.3.4 使用 mysql 命令还原数据库

使用 mysqldump 命令备份完数据库后,如果数据库中的数据被破坏,可以通过备份的数据文件进行还原,备份的.sql 文件中包含的是可以执行的 SQL 语句,因此只使用 mysql 命令执行这些语句就可以将数据还原。

使用 mysql 命令还原数据的语法格式如下:

```
mysql -u 用户名 -p 密码 [数据库名] < 备份文件名.sql
```

说明:
- 用户名:必选项,还原数据的用户名。
- 密码:可选项,还原数据的用户名对应的密码,如果命令中不输入密码,会在执行命令过程中提示用户输入。
- 数据库名:可选项,说明要还原的数据库名。
- 备份文件名.sql:必选项,从该备份文件还原数据,以.sql 文件名结尾,里面存放的是可执行的 SQL 语句。

【例5-14】使用 mysql 命令从 student_backup.sql 文件还原 student 数据库。

为了还原 student 数据库中的数据,首先要删除原有的 student 数据库再还原,代码如下:

```
mysql -u root -p student <d:\backup\student_backup.sql
```
在命令行中执行命令时，提示输入连接数据库的密码，输入密码后，按回车键完成数据还原，运行结果如图 5-70 所示，运行后刷新服务器可以看见新还原的 student 数据库。

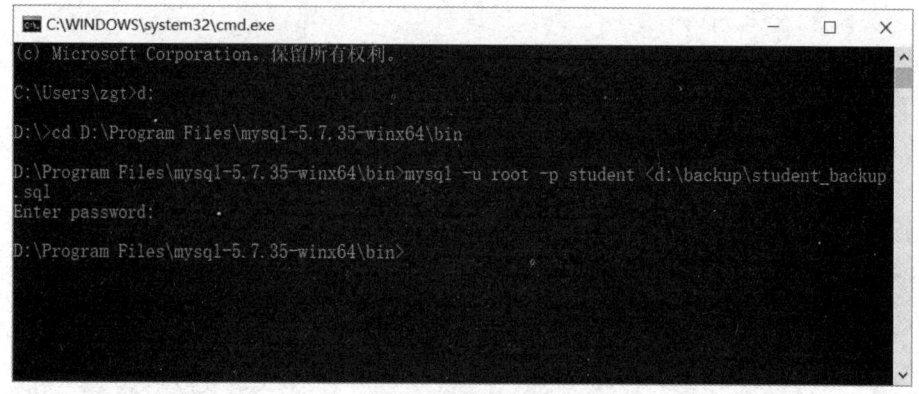

图 5-70　使用 mysql 命令还原数据库

由于在备份文件 student_backup.sql 脚本中已包含创建数据库的语句，所以在还原命令中可以不指定数据库名称。

5.3.5　MySQL 日志

日志文件用于记录用户每天的各种行为信息。MySQL 中的日志用于记录软件运行过程中的各种信息。用户登录到 MySQL 执行数据的插入、删除等操作，都会被记录在日志中。MySQL 运行过程中出现的各种异常和出错信息，也会记录到日志中。日志信息是数据库维护过程中最重要的手段之一，它记录了数据库运行过程中的各种信息，当服务器出现故障时，不仅可以通过日志文件找到出错的原因，更可以通过日志进行数据库恢复。

MySQL 中支持的日志类型包括：

（1）错误日志，会记录 MySQL 数据库启动、运行等过程中出错的信息。

（2）二进制日志，以二进制的形式记录数据库的各种操作信息，但是不记录查询操作。

（3）通用查询日志，记录数据库的启动和关闭信息，以及用户登录信息；此外，该日志中记录查询数据的 SQL 语句和更新数据的 SQL 语句。

（4）慢查询日志，记录执行时间超过指定时间的各种操作。通过工具分析慢查询日志，可获知数据库的性能瓶颈。

默认情况下，MySQL 只会启动错误日志，其他几种日志类型需要手动启动。本节将对 MySQL 错误日志的操作进行介绍，其他几种日志类型，读者可以查询相关的资料进行了解。

1. 配置错误日志

在 MySQL 数据库服务器中，错误日志是默认开启的，而且错误日志无法被禁用。数据库错误日志默认存放在 MySQL 服务器的数据文件夹（C:/ProgramData/MySQL/MySQL Server 5.7/Data）下。错误日志文件的名字为 hostname.err，其中 hostname 代表 MySQL 服务器的主机名。

如果要修改错误日志的存放位置，可以通过修改 MySQL 数据库服务器的配置文件 my.ini 实现，需要修改的内容如下。

```
#path to the database root
datadir= C:\Program Files\MySQL\MySQL Server 5.7/Data
```

```
#Error Logging.
log-error=" BF-201911191452.err"
```

上述语句中，datadir 用来指定错误文件的存储路径，参数 log-error 用来指定错误日志文件名。

2. 查看错误日志

错误日志里记录 MySQL 数据库服务器启动和关闭的时间，以及数据库运行过程中出现的异常信息，通过这些日志可以掌握 MySQL 服务器的运行状态。

MySQL 数据库以文本的形式存储错误日志，因此可以通过记事本查看 MySQL 错误日志，如图 5-71 所示。

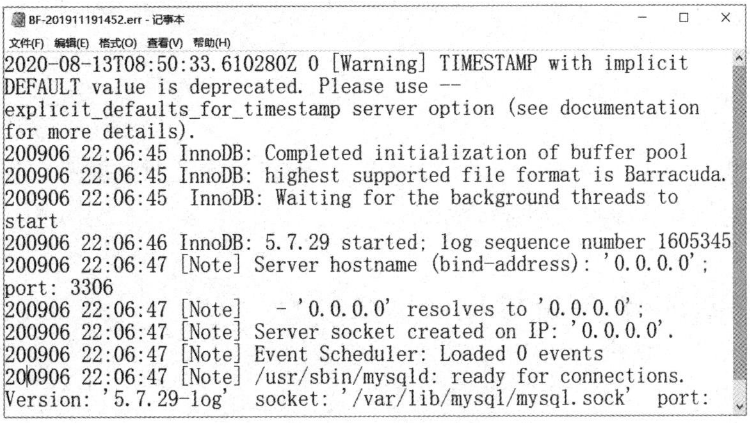

图 5-71 MySQL 错误日志内容

由上图可知，错误日志中记录了 MySQL 服务器启动和关闭信息的时间，以及其他一些提示和异常信息，方便数据库管理员对 MySQL 服务器进行管理和对问题进行定位分析。

3. 备份错误日志

如果要备份 MySQL 错误日志，首先将日志文件重命名，如命名为 filename.err-old，然后执行 mysqladmin 命令，该命令会创建一个新的错误日志文件以记录错误日志，其语法格式如下：

```
mysqladmin -u 用户名 -p[密码] flush-logs
```

说明：
- 用户名：必选项，创建新的错误日志的用户名。
- 密码：可选项，创建新的错误日志的用户名对应的密码，如果命令中不输入密码，则会在执行命令过程中提示用户输入。
- flush-logs：必选项，创建一个新的错误日志文件记录错误日志。

任务实施

1. 备份数据库

D 盘新建 backup 文件夹，打开 Windows 命令行工具，切换到 mysqldump 的安装目录，输入备份数据库命令，命令如下：

```
mysqldump -u root -p --databases student > d:\backup\student_backup.sql
```

2. 清空数据库

打开 Navicat for MySQL 数据库管理工具，新建查询，分别执行删除数据库和创建新数据库的 sql 语句，代码如下：

```
#删除数据库 student
DROP DATABASE student
#创建数据库 student
CREATE DATABASE student
```

3. 还原数据库

和备份数据库同样操作，输入如下命令完成还原操作。

```
mysql -u root -p student <d:\backup\student_backup.sql
```

任务总结

本任务使用了 mysqldump 命令备份数据库，mysql 命令还原数据库。为了应对数据库发生意外情况，需要管理员定期备份数据库。

5.4 表数据的导入与导出

知识目标

- 掌握 MySQL 导出数据的步骤。
- 掌握 MySQL 导入数据的步骤。

能力目标

- 使用 mysql 命令导出数据。
- 使用 mysql 命令导入数据。

任务情境

小 S：“在实际应用中，有时需要将数据库中的数据以 Excel 的格式导出，有时需要将 Excel 文件中的数据导入数据库中，针对这个问题，可有什么好的解决方法？”

K 老师：“这个不难。MySQL 为了与其他格式的数据文件交换数据，提供了数据转换功能，可以将数据表转换成其他格式的数据文件导出数据库，也可以将其他常见格式的数据文件转换成数据表导入数据库中。”

小 S：“那真是太好了！”

任务描述

新华职业技术学院"后勤管理系统"的数据库 LogisticsManager 需要在校学生的基本

信息,为了避免不必要的重复劳动,校领导决定采用"学生成绩管理系统"数据库(student 数据库)中已有的学生基本信息。

任务分析

使用"导出向导"工具将 student 数据库中的学生基本信息导出到 Excel 文件中,再将自动生成的创建 student 表的 sql 脚本保存起来。

打开"后勤管理系统"的数据库 LogisticsManager,执行已保存的 sql 脚本,生成一个和 student 数据库中一样的 student 表,再使用"导入向导"工具将 Excel 文件中的记录导入 LogisticsManager 数据库的 student 表中。

完成任务的具体步骤如下:

(1)使用 Navicat 图形化管理工具的"导出向导"将 student 数据库的 student 表中的数据导出到 Excel 文件中;

(2)保存 student 表的创建脚本;

(3)打开"后勤管理系统"的数据库 LogisticsManager,执行 student 表的脚本创建;

(4)使用 Navicat 图形化管理工具的"导入向导"将 Excel 文件中的数据导入新的 student 表中。

知识导读

5.4.1 使用 Navicat 图形化管理工具将数据导出到 Excel 中

下面以 student 数据库的 student 表和 teacher 表为例,介绍如何通过 Navicat 图形化管理工具将数据导出到 Excel 中。

(1)打开 Navicat 图形化管理工具,以 root 用户建立连接。展开 student 数据库,右击"表"元素,在弹出的快捷菜单中选择"导出向导"选项,打开如图 5-71 所示的选择导出格式界面。

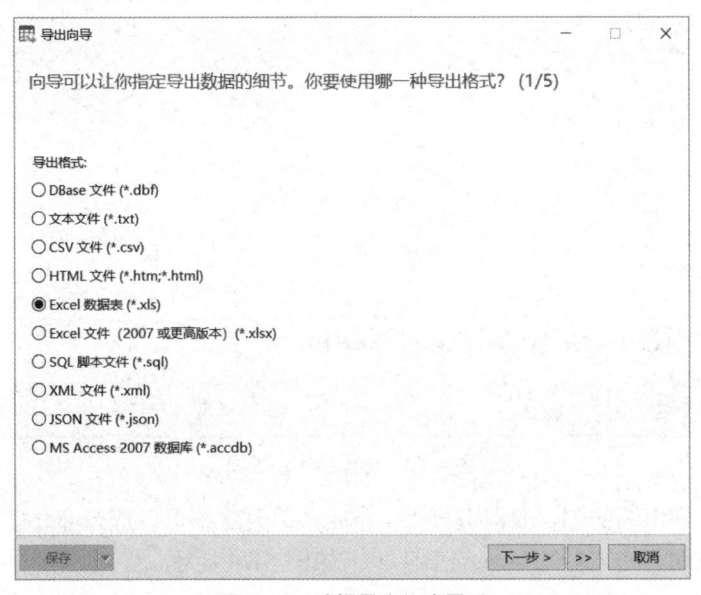

图 5-71 选择导出格式界面

(2) 设置"导出格式"为"Excel 数据表(*.xls)",单击"下一步"按钮,进入导出向导的第 2 步,如图 5-72 所示。

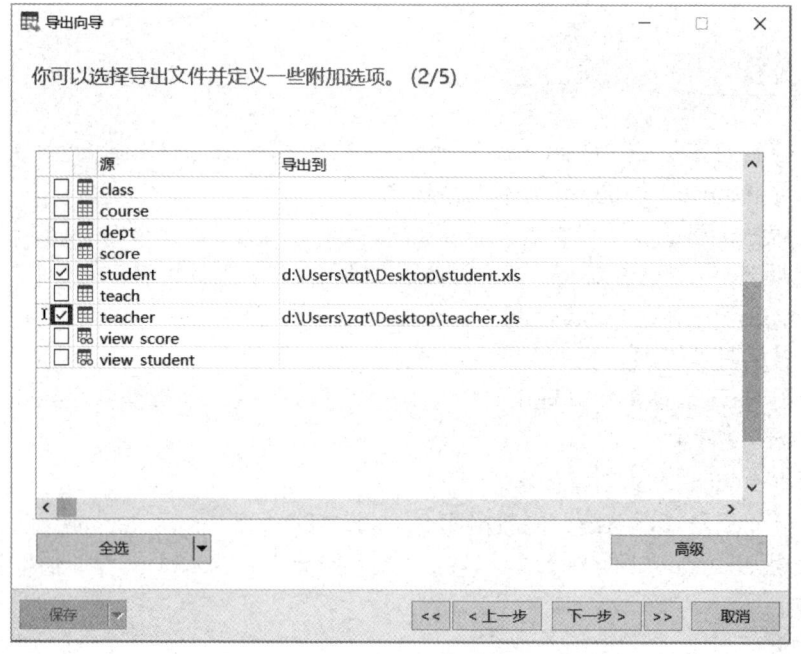

图 5-72 选择导出文件界面

(3) 选择要导出的数据表 student 和 teacher,默认导出到计算机桌面,也可以自定义导出位置,单击"下一步"按钮,进入导出向导的第 3 步,如图 5-73 所示。

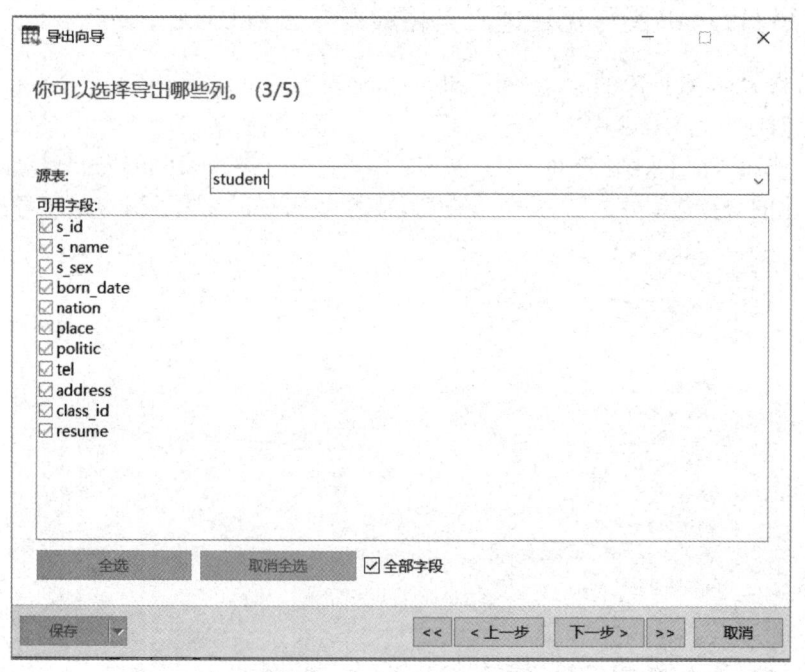

图 5-73 选择导出列界面

(4) 选择待导出表的列,取消选择"全部字段"复选框可以选择部分字段进行导出。单击"下一步"按钮,进入导出向导的第 4 步,如图 5-74 所示。

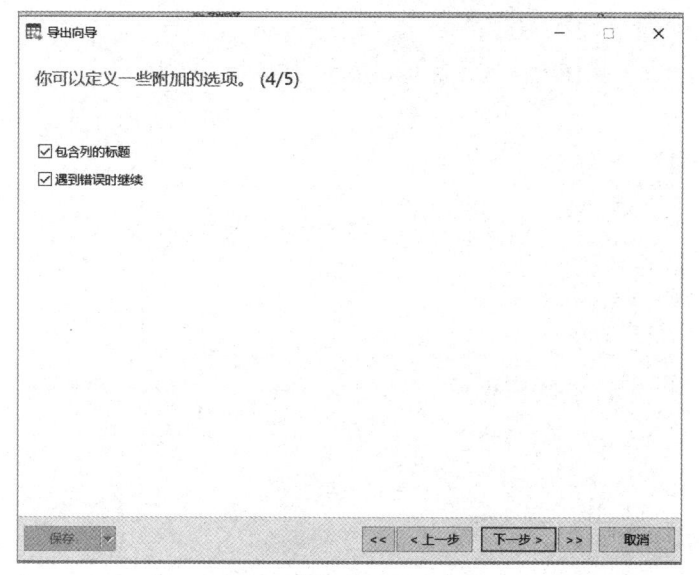

图 5-74　定义附加选项界面

（5）选中"包含列的标题"和"遇到错误时继续"两个复选框，单击"下一步"按钮，进入导出向导的最后一步，如图 5-75 所示。

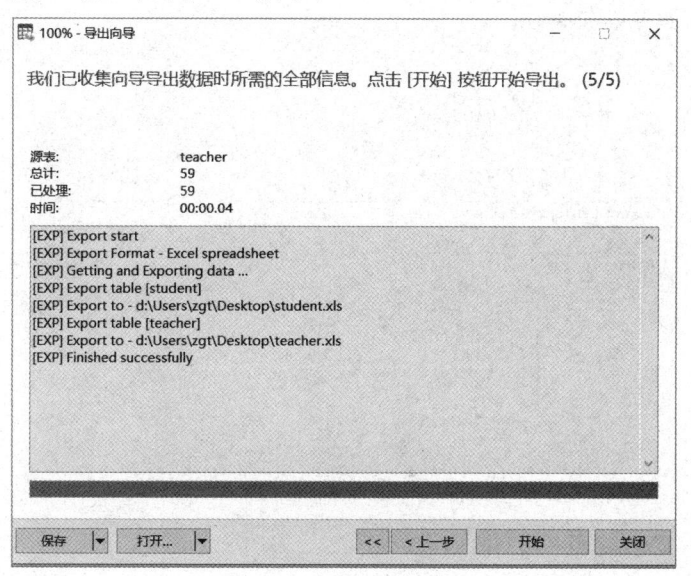

图 5-75　导出完成界面

（6）单击"开始"按钮开始导出，提示信息中出现"Finished successfully"表示导出完成，单击"关闭"按钮关闭导出向导。打开指定目录的文件可以发现已生成"student.xls"和"teacher.xls"文件。

5.4.2　使用 Navicat 图形化管理工具导入 Excel 中的数据

删除 teacher 表的最后 3 条记录，通过 Navicat 图形化管理工具导入之前导出的 Excel 文件"teacher.xls"，步骤如下。

（1）打开 Navicat 图形化管理工具，与 root 用户建立连接。展开 student 数据库，右击"表"元素，在弹出的快捷菜单中选择"导入向导"选项，进入如图 5-76 所示的"导入向导"界面。

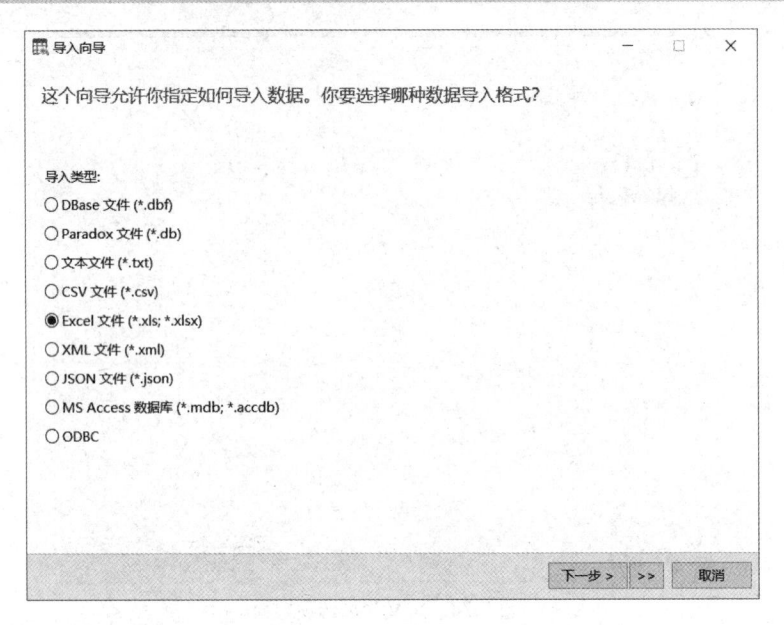

图 5-76 "导入向导"界面

（2）设置"导入类型"为"Excel 数据表(*.xls;*.xlsx)"，单击"下一步"按钮，进入选择数据源界面，如图 5-77 所示。

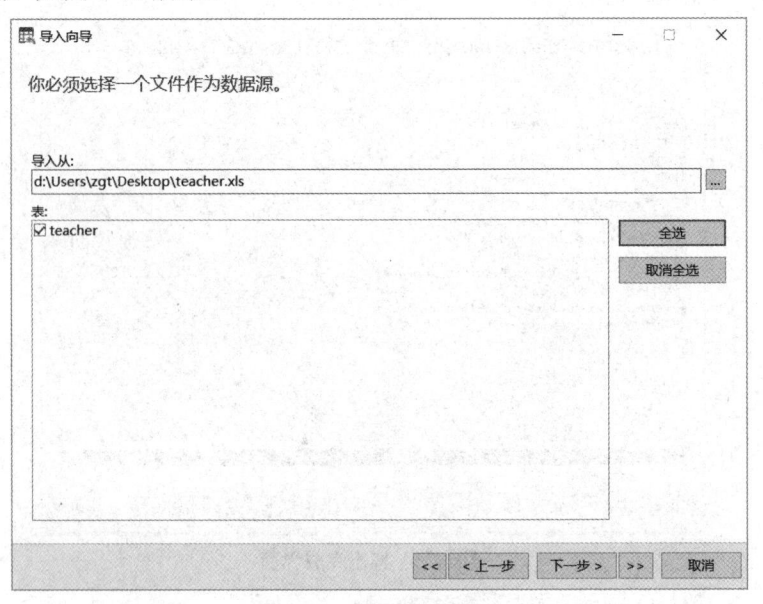

图 5-77 选择数据源界面

（3）单击"…"按钮，在弹出的对话框中选择"teacher.xls"文件作为数据源，勾选 teachar 复选框，单击"下一步"按钮，进入定义附加选项界面，这里保持默认值不变，继续单击"下一步"按钮，进入选择目标表界面，如图 5-78 所示。

（4）将源表和目标表对应好之后，单击"下一步"按钮，进入定义字段映射界面，如图 5-79 所示。

（5）设置好来自 Excel 数据的字段和目标表的字段之间的对应关系后，单击"下一步"按钮，进入选择导入模式界面，如图 5-80 所示。

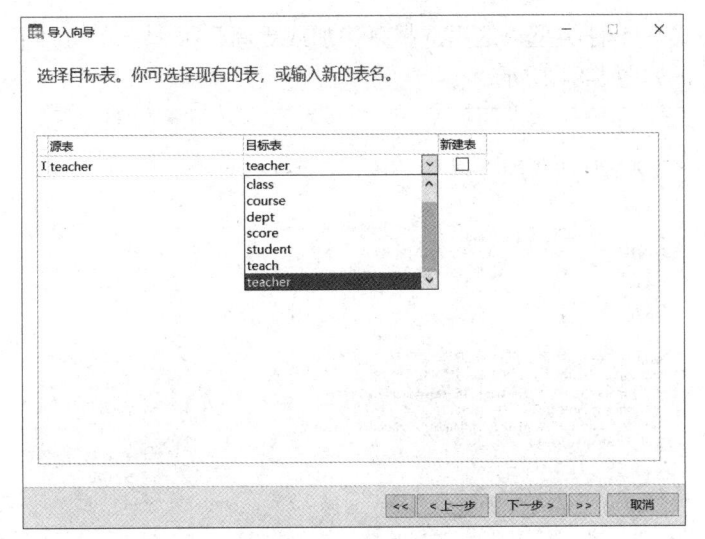

图 5-78　选择目标表界面

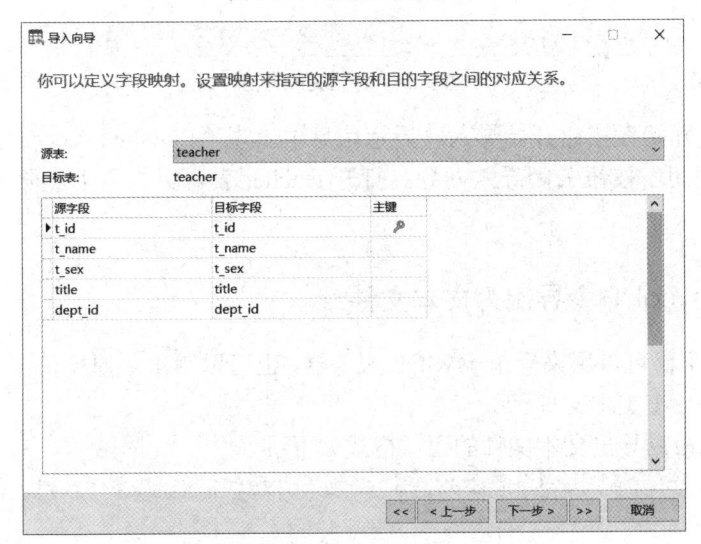

图 5-79　定义字段映射界面

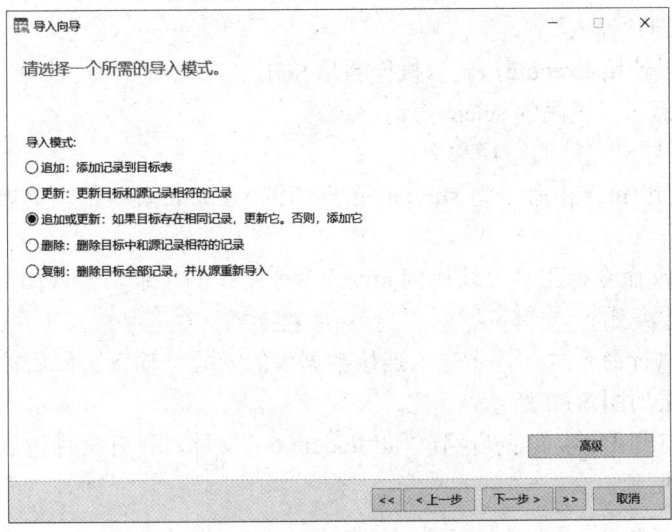

图 5-80　选择导入模式界面

（6）导入模式有 5 种类型，这里选择"追加或更新"类型，单击"下一步"按钮，进入导入完成界面，如图 5-81 所示。

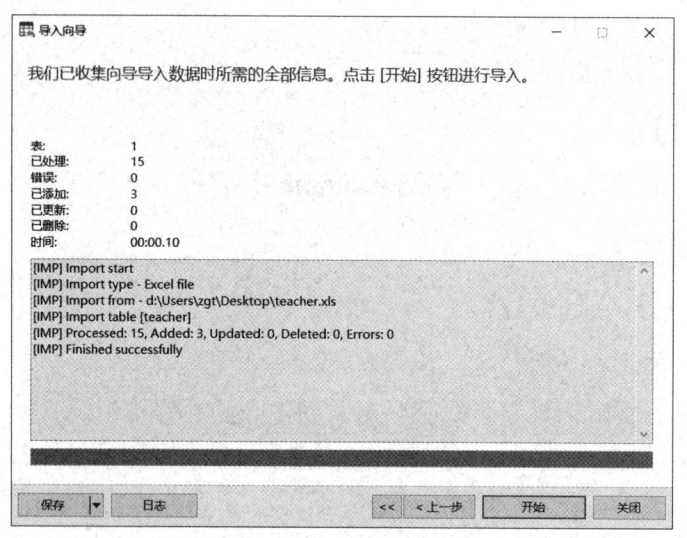

图 5-81　导入完成界面

（6）单击"开始"按钮开始导入，提示信息中出现"Finished successfully"表示导入完成，单击"关闭"按钮关闭导入向导。打开 teacher 表可见导入前删除的记录已经成功导入。

5.4.3　使用 mysql 命令导出为文本文件

mysql 命令不仅可以用来登录 MySQL 服务器，也可以用来还原备份文件。同时，mysql 命令也可以用来导出文本文件。

使用 mysql 命令导出文本文件的语法格式如下：

```
mysql -u root -p[密码] -e "SELECT 语句" 数据库名>C:\ 文件.txt
```

说明：
- 密码：root 用户的密码，可选项，如果在命令中不输入密码，则会在执行命令的过程中提示用户输入。
- -e：也可以使用-execute，表示执行的是 SQL 语句。
- SELECT 语句：正确的 select 查询记录。
- 文件.txt：导出文件的路径和文件名。

【例 5-15】使用 mysql 命令将 student 数据库的 student 表中的所有数据导出到 txt 文件中。

打开 Windows 命令行工具，切换到 mysql 命令所在的目录，输入如下代码：

```
mysql -u root -p -e "SELECT * FROM student" student > d:\allStudent.txt
```

在命令行中执行命令时，提示输入连接数据库的密码，输入密码后按回车键完成数据的导出，运行结果如图 5-82 所示。

导出完成后打开 D 盘，可以找到"allStudent.txt"文件，打开文件可以看到所有的学生信息，如图 5-83 所示。

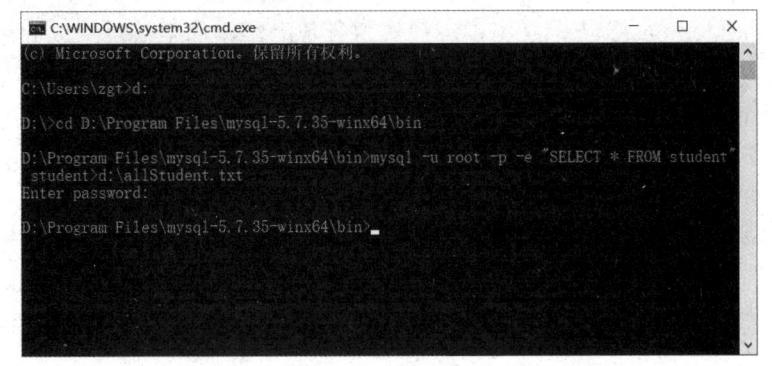

图 5-82 运行结果

图 5-83 使用 mysql 命令导出的文本数据

5.4.4 使用 mysqlimport 命令导入文本文件

在 MySQL 中，可以使用 mysqlimport 命令将文本文件导入 MySQL 数据库中，语法格式如下：

```
mysqlimport -u root -p[密码] [--local] 数据库名 文件.txt [可选参数]
```

说明：

- 密码：root 用户的密码，可选项，如果在命令中不输入密码，则会在执行命令的过程中提示用户输入。
- "--local"：在本地计算机中查找文本文件时使用。
- 文件.txt：表示导出文本文件的路径和名称。
- 可选参数如下：
    - --fields-terminated-by=字符串：设置字段之间的分隔符，可以为单个或多个字符。默认值为制表符 "\t"。
    - --fields-enclosed-by=字符：设置括住字段的字符，只能为单个字符。
    - --fields-optionally-enclosed-by=字符：设置括住 CHAR、VARCHAR 和 TEXT 等字符型字段的字符，只能为单个字符。
    - --fields-escaped-by=字符：设置转义字符，默认值为反斜线 "\"。

- --lines-terminated-by=字符串：设置每行数据结尾的字符，可以为单个或多个字符，默认值为"\n"。
- --ignore-lines=n：表示可以忽略前 n 行。

【例 5-16】 使用 mysqlimport 命令将 D 盘根目录下的"student.txt"文件里的学生信息导入 student 数据库的 student 表中。

首先准备好要导入的文本文件 student.txt，字段之间使用制表符（Tab 键）隔开，注意列名的对应，可以在使用 mysql 命令导出的 allStudent.txt 上进行修改，要求 s_id 不能和原数据重复，修改后将文件名改为 student.txt，待导入的 student 文本数据如图 5-84 所示。

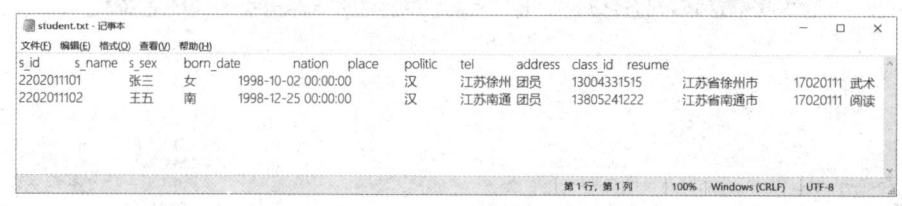

图 5-84 待导入的 student 文本数据

打开 Windows 命令行工具，切换到 mysql 命令所在的目录，输入如下代码：

```
mysqlimport -u root -p --local student d:\student.txt
```

在命令行中执行命令时，提示输入连接数据库的密码，输入密码后按回车键完成数据的导入，运行结果如图 5-85 所示。

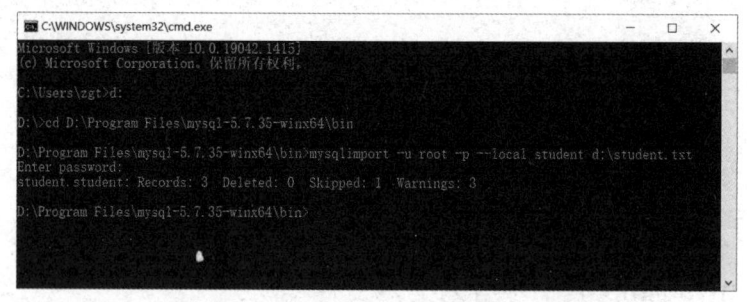

图 5-85 使用 mysqlimport 命令导入文本数据

导入完成后，查看数据库中的 student 表，可以看到最后 2 条记录就是刚刚导入的数据。如图 5-86 所示。

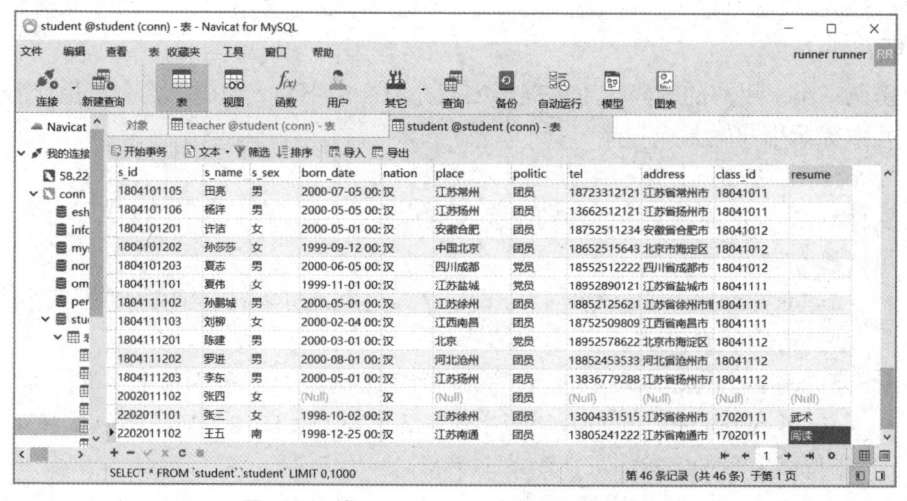

图 5-86 使用 mysqlimport 命令导入的数据

任务实施

1. 导出数据

使用 Navicat 图形化管理工具将 student 表中的数据导出到 Excel 文件中。

在选择导出格式界面设置"导出格式"为"Excel 数据表(*.xls)",在选择导出文件界面选择要导出的数据表"student",指定保存位置为桌面,在选择导出列界面选择所有字段,具体过程可参考知识导读部分。

2. 保存 student 表的创建脚本

找到要导出的表并右击,在弹出的快捷菜单中选择"转储 SQL 文件"→"仅结构…"选项,如图 5-87 所示,继续选择保存目录,单击"确定"按钮,保存 student 表的创建脚本。

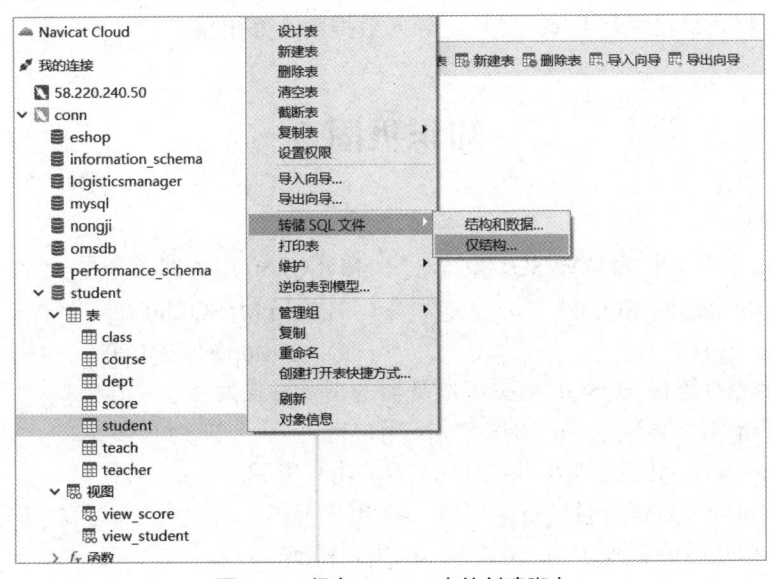

图 5-87 保存 student 表的创建脚本

3. 新库中创建表

打开"后勤管理系统"的数据库 LogisticsManager,右击"表"元素,在弹出的快捷菜单中选择"运行 SQL 文件…"选项,打开"运行 SQL 文件"对话框,找到生成的创建 student 表的脚本文件,如图 5-88 所示,单击"开始"按钮,完成 student 表的创建。

图 5-88 运行 student 表的创建脚本

4. 导入数据

展开数据库 LogisticsManager，右击"表"元素，在弹出的快捷菜单中选择"导入向导"选项，在选择导出格式界面中设置"导入类型"为"Excel 数据表(*.xls;*.xlsx)"，单击"下一步"按钮，选择要导入的 Excel 表，连续单击"下一步"按钮，设置"导入模式"为"追加或更新"，进行数据导入，具体过程参考知识导读部分。

任务总结

由于 Excel 文件便于携带和查看，所以 MySQL 数据库数据和 Excel 文件数据之间的转换操作比较常见，导入数据和导出数据的差别就在于源和目标有所不同：导出数据的源是数据库中的数据表，目标是 Excel 文件；导入数据则刚好相反。

知识巩固 5

一、选择题

1. MySQL 服务名称为"MySQL80"，停止 MySQL80 服务的指令是（　　）。
   A. mysql stop MySQL80　　　　　　B. stop MySQL80
   C. quit MySQL80　　　　　　　　　D. net stop MySQL80

2. 通过命令行连接 MySQL 数据库服务器的指令格式为（　　）。
   A. net -h 服务器地址 -u 用户名 -p 用户密码
   B. connect -h 服务器地址 -u 用户名 -p 用户密码
   C. mysql -h 服务器地址 -u 用户名 -p 用户密码
   D. start -h 服务器地址 -u 用户名 -p 用户密码

3. 在数据系统中，对存取权限的定义被称为（　　）。
   A. 命令　　　　B. 授权　　　　C. 定义　　　　D. 审计

4. 在 MySQL 中，预设的拥有最高权限的超级用户的用户名为（　　）。
   A. test　　　　B. administrator　　　　C. DBA　　　　D. root

5. 以下关于数据库中的用户及其权限的说法中，错误的是（　　）。
   A. 数据库系统管理员在数据库中具有全部的权限
   B. 数据库对象拥有者对其所拥有的对象具有一切权限
   C. 创建数据库对象的用户即为数据库对象拥有者
   D. 普通用户只具有对数据库数据查询的权限

6. CREATE USER 命令可以用来（　　）。
   A. 创建新用户　　　　　　　　　　B. 删除用户
   C. 修改用户权限　　　　　　　　　D. 重命名用户

7. 假设要给数据库创建一个用户名为 Block、密码为 123456 的用户，正确的创建语句是（　　）。
   A. CREATE USER 'Block'@'localhost' IDENTIFIED BY '123456';
   B. CREATE USER '123456'@'localhost' IDENTIFIED BY 'Block';
   C. CREATE USERS 'Block'@'localhost' IDENTIFIED BY '123456';

D. CREATE USERS '123456'@'localhost IDENTIFIED BY 'Block';
8. （   ）命令可以显示授予特定用户的权限。
   A. SHOW USER   B. SHOW GRANTS
   C. SHOW GRANTS FOR   D. SHOW PRIVILEGES
9. 下列语句中，（   ）可以实现将 root 用户的密码修改为"1111"。
   A. ALTER USER 'root'@'localhost' IDENTIFIED BY '1111';
   B. ALTER USER 'root'@'localhost' IDENTIFIED BY 1111;
   C. ALTER USER 'root'@'localhost' ='1111';
   D. SET USER 'root'@'localhost' ='1111';
10. 下列语句中，（   ）可以删除用户 user1 的语句。
    A. DELETE USER 'user1'@'localhost';
    B. DROP USER 'user1'.'localhost';
    C. DROP USER user1.localhost;
    D. DROP USER 'user1'@'localhost';
11. 下列 SQL 语句中，能够实现"授予用户 li 对成绩表（score）中字段 grade 的修改权限"这一功能的是（   ）。
    A. GRANT grade ON score TO li;
    B. GRANT UPDATE ON score TO li;
    C. GRANT UPDATE(grade) ON score TO li;
    D. GRANT UPDATE ON score (grade) TO li;
12. 下列 SQL 语句中，能够实现"收回用户 li 对学生表（student）中字段 s_sex 的修改权限"这一功能的是（   ）。
    A. REVOKE UPDATE ON student (s_sex) FROM li;
    B. REVOKE UPDATE ON student (s_sex) FOR li;
    C. REVOKE UPDATE(s_sex) ON student FROM li;
    D. REVOKE UPDATE(s_sex) ON student FOR li;
13. （   ）不是备份数据库的理由。
    A. 数据库崩溃时恢复   B. 数据库数据的误操作
    C. 记录数据的历史档案   D. 转换数据库
14. 用 mysqldump 命令备份多个数据库，应使用（   ）。
    A. --many databases   B. --many database
    C. --databases   D. --database
15. 下列有关 mysqldump 备份特性的说法中，不正确的是（   ）。
    A. 逻辑备份需将表结构和数据转换成 SQL 语句
    B. MySQL 服务必须运行
    C. 备份与恢复速度比物理备份快
    D. 支持 MySQL 所有存储引擎
16. 关于指令 "mysql –u root –p dbname < bak.sql"，下列说法中正确的是（   ）。
    A. dbname 为要还原的数据库名，bak.sql 为包含数据库创建语句的备份脚本
    B. dbname 为要备份的数据库名，bak.sql 为不包含数据库创建语句的备份脚本
    C. dbname 为要备份的数据库名，bak.sql 为包含数据库创建语句的备份脚本

D. dbname 为要还原的数据库名，bak.sql 为不包含数据库创建语句的备份脚本

17. 关于指令"mysqldump -u root -p dbname > bak.sql"，下列说法中正确的是（　　）。

　　A. dbname 为要还原的数据库名，bak.sql 为包含数据库创建语句的备份脚本

　　B. dbname 为要备份的数据库名，bak.sql 为不包含数据库创建语句的备份脚本

　　C. dbname 为要备份的数据库名，bak.sql 为包含数据库创建语句的备份脚本

　　D. dbname 为要还原的数据库名，bak.sql 为不包含数据库创建语句的备份脚本

18. 语句"source d:/bak/sales.sql;"用于（　　）。

　　A. 备份数据库　　　B. 还原数据库　　　C. 修改数据　　　D. 添加数据库

19. 生成一个新的二进制日志文件，要用（　　）指令。

　　A. reset master　　　B. show logs　　　C. flush logs　　　D. reset logs

20. 下列语句中，（　　）可用于查看二进制日志。

　　A. show binary log;　　B. show binary logs;　　C. show bin log;　　D. show bin logs;

二、填空题

1. MySQL 服务器通过_____来控制用户对数据库的访问，MySQL 权限表存放在_____数据库里，由 mysql installdb 脚本初始化。

2. 用户登录 MySQL 服务器时，首先判断 user 数据表的_____、_____和_____。这 3 个字段的值是否同时匹配，只有这 3 个字段的值同时匹配，MySQL 才允许其登录。

3. MySQL 的权限表"db"中的_____和_____两个字段决定了用户是否具有创建和修改存储过程的权限。

4. 在 MySQL 中添加用户主要有 3 种方法，分别是使用_____语句、_____语句和_____语句添加 MySQL 的用户。

5. 在 MySQL 中 root 用户修改普通用户的密码主要有 3 种方法，分别是使用_____语句修改，使用_____语句修改 MySQL 数据库的_____数据表中的密码字段值，使用_____语句修改。

6. MySQL 授予用户权限时，在 GRANT 语句中，ON 子句使用_____表示所有数据库的所有数据表。

7. 数据表权限适用于一个给定数据表中的所有字段。这些权限存储在数据表____中。

8. 查看指定用户的权限信息可以使用_____语句查看，也可以使用 SELECT 语句查询_____数据表中各用户的权限。

9. 使用 GRANT 语句授予权限时，如果使用了_____子句，则表示 TO 子句中指定的所有用户都有把自身所拥有的权限授予其他用户的权限。

10. 授予过程权限时，权限类型只能取_____、_____和_____。

三、简答题

1. 简述 MySQL 保证数据安全的方法。

3. 刚创建的用户有什么权限？

4. 简述表权限、列权限、数据库权限和用户权限的不同之处。

5. 如何备份所有数据库？

第二篇
实训篇——社区书房管理系统

实训任务一 数据库的设计

一、实训目的

- 基本掌握数据库结构设计的整体流程。
- 理解实体、属性及联系等数据库概念模型的基本概念。
- 掌握绘制 E-R 图的方法。
- 学会将 E-R 图转换成关系模式,并且利用范式对关系模式进行规范化。
- 培养学生沟通、团结协作和自主学习的能力。

二、实训任务

书房管理是一项烦琐的工作,某社区书房要开发一个书房管理系统来辅助图书管理工作,以减少书房管理员的工作量、提高图书管理效率。请设计"社区书房管理系统"数据库,完成对"社区书房管理系统"数据库中表结构的设计。

1. "社区书房管理系统"数据库需求分析

根据对社区书房图书管理过程的调查、了解、分析及用户对"社区书房管理系统"的功能需求,绘制出系统所需处理的数据流程图。

2. "社区书房管理系统"数据库概念设计

在需求分析的基础上,设计出能满足需求的各种实体、实体所具有的属性及实体之间的联系,并且绘制出 E-R 图,具体步骤如下。

(1) "社区书房管理系统"数据库中有 3 个实体集:图书、_____ 和 _____。

(2) 各实体的属性如下。

图书:_____

_____:_____

_____:_____

(3) 实体之间的联系类型如下。

图书与读者之间是_____联系。

管理员与图书之间是_____联系。

管理员与读者之间是_____联系。

(4) 根据步骤(1)~(3)所得出的结果,绘制出"社区书房管理系统"数据库的局部和全局 E-R 图,并且在图上注明属性和联系类型。

3. "社区书房管理系统"数据库逻辑设计

将"社区书房管理系统"数据库的 E-R 图转换成关系模式,并且根据范式的规范对关系模式进行规范化,得到如下关系模式。

(1) 图书表(图书编号,类别号,书名,作者,出版社,出版日期,定价,登记日期,房藏总量，库存量，图书来源，备注），主键：图书编号；外键：类别号。

（2）读者表_____

（3）管理员表_____

（4）借阅表_____

（5）图书管理表_____

（6）读者管理表_____

（7）罚款表_____

（8）图书类别表_____

4. "社区书房管理系统"数据库物理设计

在关系模式的基础上，设计数据表结构，确定数据表中的字段及每个字段的名称、数据类型、长度、是否为空值，并且创建约束，以保证数据的完整性。

（1）book 表（图书表）用于存储图书的基本信息，其结构如表 1 所示。

表 1 book 表结构

字 段 名 称	数 据 类 型	长　　度	是否允许为空值	说　　明
图书编号	char	6	否	主键
类别号	char	2	否	外键
书名	varchar	50	否	
作者	char	8	是	
出版社	varchar	30	是	
出版日期	date		是	
定价	decimal(10,2)		是	≥0
登记日期	date		否	
房藏总量	int		是	
库存量	int		否	≥0
图书来源	char	4	是	
备注	varchar	40	是	

（2）reader 表（读者表）用于存储读者的基本信息。

（3）admin 表（管理员表）用于存储管理员的基本信息。

（4）borrow 表（借阅表）用于存储借还书信息。

（5）bookmanagement 表（图书管理表）用于存储管理员对图书进行管理的信息。

（6）readermanagement 表（读者管理表）用于存储管理员对读者进行管理的信息。

（7）penalty 表（罚款表）用于存储罚款信息。

（8）category 表（类别表）用于存储图书类别信息。

实训任务二　数据库和表的管理

一、实训目的

- 掌握使用 SQL 语句管理数据库的方法。
- 掌握使用 SQL 语句管理数据表的方法。
- 熟悉各种约束的定义及删除方法。

二、实训任务

1. 创建"社区书房管理系统"数据库 Library

默认字符集为 utf8mb4，排序规则为 utf8mb4_general_ci。

2. 根据数据表结构创建数据表并创建约束

在已创建的"社区书房管理系统"数据库 Library 的基础上，利用物理设计阶段设计的数据表结构在 Library 数据库中逐一完成数据表的创建并创建约束。

（1）创建 category 表（类别表），其结构如表 2 所示。

表 2　category 表结构

字段名称	数据类型	长度	是否允许为空值	说明
类别号	char	2	否	主键
图书类别	varchar	50	否	

（2）创建 book 表（图书表），其结构如表 3 所示。

表 3　book 表结构

字段名称	数据类型	长度	是否允许为空值	说明
图书编号	char	6	否	主键
类别号	char	2	否	
书名	varchar	50	否	
作者	char	8	是	
出版社	varchar	30	是	
出版日期	date		是	
定价	decimal(10,2)		是	
登记日期	date		否	
房藏总量	int		是	
库存量	int		否	
图书来源	char	4	是	
备注	varchar	40	是	

（3）创建 reader 表（读者表），其结构如表 4 所示。

表 4　reader 表结构

字 段 名 称	数 据 类 型	长　　度	是否允许为空值	说　　明
借书证号	char	6	否	主键
姓名	char	8	否	
性别	char	2	否	
联系电话	char	13	是	
联系地址	varchar	40	是	
借书限额	int		是	
借书量	int		是	

（4）创建 admin 表（管理员表），其结构如表 5 所示。

表 5　admin 表结构

字 段 名 称	数 据 类 型	长　　度	是否允许为空值	说　　明
员工号	char	6	否	主键
姓名	char	8	否	
密码	char	8	否	

（5）创建 borrow 表（借阅表），其结构如表 6 所示。

表 6　borrow 表结构

字 段 名 称	数 据 类 型	长　　度	是否允许为空值	说　　明
借书证号	char	6	否	主键
图书编号	char	6	否	主键
借阅日期	date		否	
应还日期	date		是	
实还日期	date		是	

（6）创建 bookmanagement 表（图书管理表），其结构如表 7 所示。

表 7　bookmanagement 表结构

字 段 名 称	数 据 类 型	长　　度	是否允许为空值	说　　明
图书编号	char	6	否	主键，外键
员工号	char	6	否	主键，外键
变更日期	date		否	
变更情况	text		是	

（7）创建 readermanagement 表（读者管理表），其结构如表 8 所示。

表 8 readermanagement 表结构

字 段 名 称	数 据 类 型	长 度	是否允许为空值	说 明
借书证号	char	6	否	主键，外键
员工号	char	6	否	主键，外键
办证日期	date		否	
使用期限	int		否	
注销日期	date		是	

（8）创建 penalty 表（罚款表），其结构如表 9 所示。

表 9 penalty 表结构

字 段 名 称	数 据 类 型	长 度	是否允许为空值	说 明
借书证号	char	6	否	主键
图书编号	char	6	否	主键
罚款日期	date		否	
罚款类型	char	8	是	
罚款金额	decimal(10,2)		是	

3. 使用 SQL 语句修改数据表

（1）为 book 表添加外键约束。"类别号"作为外键和 category 表中的"类别号"关联，约束名为 FK_book_cat。

（2）为 book 表添加检查约束。"库存量"大于或等于 0，约束名为 CK_bcount；"定价"大于或等于 0，约束名为 CK_price。

（3）为 borrow 表添加外键约束。"借书证号"作为外键和 reader 表中的"借书证号"关联，约束名为 FK_borrowrid；"图书编号"作为外键和 book 表中的"图书编号"关联，约束名为 FK_borrowbid。

（4）为 penalty 表添加外键约束。"借书证号"作为外键和 reader 表中的"借书证号"关联，约束名为 FK_penaltyrid；"图书编号"作为外键和 book 表中的"图书编号"关联，约束名为 FK_penaltybid。

（5）为 penalty 表添加检查约束。"罚款金额"大于 0，约束名为 CK_amount。

（6）为 category 表添加唯一性约束。"图书类别"应唯一，约束名为 UQ_category。

（7）删除 category 表中的约束 UQ_category。

4. 删除表

将 category 表删除。

实训任务三　表数据的更新

一、实训目的

- 掌握使用 SQL 语句插入数据的方法。
- 掌握使用 SQL 语句修改数据的方法。
- 掌握使用 SQL 语句删除数据的方法。

二、实训任务

1. 向数据表中插入记录

（1）向 category 表中插入如表 10 所示的记录。

表 10　category 表

类 别 号	图 书 类 别
I	文学
K	历史

（2）向 book 表中插入如表 11 所示的记录。

表 11　book 表

图书编号	类别号	书名	作者	出版社	出版日期	定价	登记日期	房藏总量	库存量	图书来源
I00001	I	城南旧事	林海音	中国青年出版社	2021-12-01	25	2022-09-01	5	5	捐赠
I00002	I	朝花夕拾	鲁迅	商务印书馆	2021-01-01	25	2022-12-01	5	5	捐赠
K00001	K	三国演义	罗贯中	西苑出版社	2021-04-01	39	2022-08-01	5	5	采购
K00002	K	红楼梦	曹雪芹	西苑出版社	2021-04-01	39	2022-08-01	5	5	采购

（3）向 reader 表中插入如表 12 所示的记录。

表 12　reader 表

借书证号	姓　　名	性　别	联系电话	联　系　地　址	借书限额	借　书　量
R00011	王小玉	女	13773740983	紫薇苑小区 10 幢 304	5	2
R00012	刘东	男	18923648022	兰苑小区 4 幢 106	5	2

（4）向 borrow 表中插入如表 13 所示的记录。

表 13　borrow 表

借书证号	图书编号	借阅日期	应还日期	实还日期
R00011	I00001	2022-10-01	2022-11-01	2022-10-20
R00011	I00002	2022-10-01	2022-11-01	2022-11-01
R00011	K00001	2022-10-25	2022-12-25	2022-11-20
R00011	K00002	2022-02-01	2022-03-01	2022-02-25
R00012	I00002	2022-04-11	2022-05-11	2022-04-30
R00012	K00001	2022-03-01	2022-04-01	2022-03-25

2. 修改数据表中的记录

（1）修改读者信息（reader 表中的记录）。

① 将借书证号为 R00011 的读者的联系电话修改为 051487654321。

② 将读者"刘东"的姓名修改为"刘冬"，性别修改为"女"。

（2）修改图书信息（book 表中的记录）。

① 将图书编号为 I00001 的图书来源修改为"采购"。

② 将书名为"三国演义"的图书的出版社修改为"电子工业出版社"，定价修改为 49 元。

（3）批量修改读者信息（reader 表中的记录），将所有读者的借书限额都加 1。

3. 删除数据表中的记录

（1）将 penalty 表中借书证号为 R00003、图书编号为 F00002 的罚款信息删除。

（2）将 borrow 表中借书证号为 R00012、图书编号为 I00002 的借阅信息删除。

（3）将 reader 表中借书证号为 R00012 的读者信息删除。

（4）将 book 表中图书编号为 K00002 的图书信息删除。

实训任务四　表数据的查询

一、实训目的

- 掌握 SELECT 语句的语法格式。
- 能够使用 SELECT 语句进行各种数据查询操作。
- 掌握对查询结果进行编辑的方法。

二、实训任务

根据前期需求分析可知,"社区书房管理系统"能够为读者提供图书基本信息查询和个人借书情况查询服务。为了便于管理,"社区书房管理系统"还能够为书房管理员提供各种信息查询统计服务。

1. 单表查询

（1）查询社区书房所有图书的图书信息。
（2）查询社区书房所有读者的读者信息。
（3）查询每个读者的借书证号、姓名和联系电话。
（4）查询社区书房所有图书的书名及出版社。
（5）查询姓名为"陈芳"的读者信息。
（6）查询《电子政务导论》的图书编号、书名、作者、房藏总量、出版社。
（7）查询图书编号为 D00006 的书名和作者。
（8）查询库存量为 6~10 本的图书的图书编号和书名。
（9）查询借书证号为 R00001 的读者所借的图书编号、借阅日期。
（10）查询尚未归还图书的借阅信息。
（11）查询已归还图书的借阅信息。
（12）用英文字段名列出社区书房中电子工业出版社出版的所有图书的书名（Bookname）、作者（Author）、出版社（Publisher）。
（13）查询所有女读者的读者信息。
（14）查询所有张姓读者的读者信息。
（15）查询紫薇苑小区所有读者的读者信息。
（16）查询兰苑小区所有田姓读者的读者信息。
（17）查询出版社名称中含有"人民"二字的所有图书的图书信息。
（18）查询书名以"计算机"开头的所有图书的图书编号、书名、作者。
（19）查询读者表中前 5 条记录。
（20）查询所有出版社的信息。
（21）查询电子工业出版社出版的所有图书的书名、定价,查询结果按定价降序排序。

2. 使用聚合函数查询

（1）统计查询社区书房所有图书的总数量。
（2）统计查询注册读者的总人数。
（3）统计查询社区书房图书的最高价、最低价。
（4）统计电子工业出版社出版的图书的最高价、最低价和平均价。
（5）统计不同出版社出版的图书的房藏总量。
（6）统计不同出版社出版的图书的最高价、最低价和平均价。
（7）统计出版的图书平均价高于 30 元的出版社的信息。
（8）统计男读者、女读者的人数。
（9）统计各小区读者的人数，要求输出小区名称和读者人数。
（10）统计各类图书的平均价及总库存量。
（11）统计尚未归还图书的总数量。
（12）统计借书证号为 R00001 的读者借书的数量。
（13）统计每本图书的借阅人数，要求输出图书编号、借阅人数，查询结果按借阅人数降序排序。
（14）统计被罚款的各读者的罚款总额、罚款次数。

3. 多表连接查询

（1）查询同名但不同作者编著的图书信息。
（2）查询所有借阅了图书的读者的姓名、联系电话、联系地址。
（3）查询所有借阅了图书的读者的姓名和所借图书的书名。
（4）查询借阅过电子工业出版社出版的图书的读者信息。
（5）查询王姓读者的借书证号、姓名、所借图书的书名和借阅日期。
（6）查询借阅了《动画设计》的读者人数。
（7）查询姓名为"王琴"的读者所借的《图像处理》的已借天数。
（8）查询姓名为"王琴"的读者所借图书的图书信息。
（9）查询姓名为"王琴"的读者在 2021-06-01 到 2022-06-01 的借阅信息。
（10）获得所有缴纳罚款的读者清单。
（11）查询社区书房所有图书的图书编号、图书类别、书名、作者、出版社。
（12）查询借阅了《动画设计》的所有读者的读者信息。
（13）查询定价高于 22 元且已借出的图书信息，查询结果按单价升序排序。
（14）查询同时借阅了图书编号为 T00004 和 T00006 的两本书的读者的借书证号。

4. 嵌套查询

（1）查询定价最低的图书编号和书名。
（2）查询定价比所有图书平均价高的图书信息。
（3）统计当前没有被读者借阅的图书信息。
（4）查询并列出尚未归还的图书清单。
（5）查询在 2021 年 10 月后借书的读者的借书证号、姓名和联系地址。
（6）查询与读者"王琴"同一天借书的读者的姓名、联系电话、借阅日期。
（7）查询在 2021 年 10 月后没有借书的读者的借书证号、姓名和联系电话。
（8）查询没有借书的读者的借书证号、姓名、联系电话。

（9）查询比电子工业出版社出版的所有图书定价高的图书信息。

（10）查询所有与《财务管理》或《图像处理》在同一出版社出版的图书的书名、作者、定价。

（11）查询读者"王琴"和读者"孙凯"都借阅了的图书的图书编号。

（12）查询所有陈姓读者所借图书的图书编号。

（13）查询尚未归还图书的读者信息。

（14）查询读者表中第6～10条记录。

实训任务五　索引的应用

一、实训目的

- 掌握使用 SQL 语句创建索引的方法。
- 掌握使用 SQL 语句重命名索引的方法。
- 掌握使用 SQL 语句删除索引的方法。

二、实训任务

完成下列各题。

1. 使用 CREATE INDEX 语句创建索引

（1）基于 book 表，为书名字段创建一个普通索引，索引名为 IN_book_name。

（2）基于 book 表，为出版社和出版时间字段创建复合索引，索引名为 IN_bp。

2. 使用 ALTER TABLE 语句添加索引

（1）基于 reader 表，在姓名字段上创建一个降序普通索引，索引名为 IN_reader_name。

（2）基于 borrow 表，为借书证号、图书编号两列创建一个普通索引 IN_b_jb。

（3）基于 category 表，为图书类别字段创建一个唯一性索引 IN_TS。

3. 查看 book 表中的索引。

4. 删除索引 IN_TS。

实训任务六　视图的应用

一、实训目的

- 掌握使用 SQL 语句创建视图的方法。
- 掌握使用 SQL 语句管理视图的方法。
- 能够通过视图管理基本表中的数据。

二、实训准备

- 认真阅读本实训内容。
- 认真复习视图的基础知识。
- 认真学习并掌握有关视图的创建和管理的知识。

三、实训任务

1. 创建视图

（1）使用 SQL 语句为读者创建一个电子工业出版社出版的图书视图，名为"电子工业 View"，包含电子工业出版社出版的图书编号、书名。

（2）使用 SQL 语句为管理员创建一个借阅统计视图，名为 CountView，包含读者的借书证号和借书量。

（3）使用 SQL 语句为管理员创建一个借阅清单视图，名为 BorrowView，包含读者的借书证号、姓名，以及所借图书的图书编号、书名、借阅日期、应还日期。

（4）使用 SQL 语句为管理员创建一个即将到期归还的图书清单视图，名为 ReturnView，包含即将到期归还图书的书名、借阅日期、应还日期。

（5）使用 SQL 语句为读者创建一个图书库存信息视图，名为 StockView，包含所有图书的书名、库存量。

（6）使用 SQL 语句为管理员创建一个读者联系视图，名为 PhoneView，包含所有读者的姓名、借书证号、联系电话。

2. 管理视图

（1）使用 SQL 语句查询视图 CountView 中的记录。

（2）使用 SQL 语句修改视图"电子工业 View"，要求包含图书的所有信息。

（3）使用 SQL 语句查看视图 PhoneView 的定义信息。

（4）使用 SQL 语句修改视图 ReturnView，要求包含借书证号、书名、借阅日期、应还日期，并且按应还日期升序排序。

（5）使用 SQL 语句将视图 StockView 重命名为 InventoryView。

（6）删除视图 PhoneView、InventoryView。

3. 通过视图管理表中数据

（1）通过视图 CountView 和 reader 表查询借书证号为 R00001 的读者的姓名、借书量。

（2）通过视图 BorrowView 查询读者"王琴"的图书借阅情况。

（3）通过视图"电子工业 View"向 book 表中插入一条图书记录（T00008，TP，SQL Server 2017 数据库应用技术项目化教程，卢扬，电子工业出版社，2019-12-01，55.00，2022-01-10，5，5，采购）。

（4）通过视图"电子工业 View"将图书编号为 T00008 的作者改为"王晔"，库存量改为 3。

（5）通过视图"电子工业 View"删除书名为"C 语言设计"的图书信息。

实训任务七　存储过程和存储函数的应用

一、实训目的

- 理解存储过程和存储函数的概念和作用。
- 掌握使用 SQL 语句创建存储过程和存储函数的方法。
- 掌握使用 SQL 语句调用存储过程和存储函数的方法。

二、实训任务

完成下列各题。

（1）创建存储过程 pro_reader1，查询借书证号为 R00003 的读者的借阅信息，然后调用该存储过程。

（2）创建存储过程 pro_reader2，查询读者"陈芳"的借阅信息，然后调用该存储过程。

（3）创建存储过程 pro_reader3，根据借书证号，查询读者的借阅信息，然后调用该存储过程。

（4）删除存储过程 pro_reader3。

（5）创建存储过程 pro_book，根据输入的书名，输出相应的图书信息，然后调用该存储过程。

（6）创建存储过程 pro_cj，统计并输出现有各种图书的册数和总金额。

（7）创建存储过程 pro_borrow，根据读者的借书证号，查询该读者是否有借阅图书的记录，如果有借阅图书的记录，则输出借阅图书的记录。

（8）创建一个带输入参数和输出参数的存储过程 pro_readernum，根据读者的借书证号，统计该读者的借书量，包括已还和未还数量，然后调用该存储过程。

（9）创建存储函数 fun_zz，输入某本书的书名，查询作者姓名。判断该作者是否姓"张"，如果该作者姓"张"，则返回出版时间，否则返回"不合要求"。

（10）创建存储函数 fun_price，查询所选图书的定价，根据所有图书的平均价给出所选图书的价格评价：定价为平均价的 10%左右，则显示"价格适中"，定价在平均价的 50%左右，则显示"价格偏高"，定价小于 20 元，则显示"价格便宜"。

实训任务八　触发器的应用

一、实训目的

- 理解触发器的概念和作用。
- 学会使用 SQL 语句创建和管理触发器。
- 掌握激活触发器的方法。

二、实训任务

完成下列各题。

（1）创建一个触发器 tri_book_insert，在 book 表中添加新书信息成功后，能自动显示新增加的图书信息记录。

（2）创建一个触发器 tri_reader_update，在 reader 表中修改读者信息时不能修改读者的借书证号和借书量。

（3）创建一个触发器 tri_borrow_delete，不允许删除借阅记录，并提示："你无权删除借阅记录"。

（4）创建一个触发器 tri_bj，在 borrow 表中添加一条借阅记录时，将 book 表中对应书的库存量减 1。

（5）创建一个触发器 tri_book，在发生借书操作时判断该书是否有库存，若无库存，则提示"无法进行借书操作"。

（6）创建一个触发器 tri_bh，在还书操作成功后，将 book 表中对应书的库存量加 1。

（7）删除触发器 tri_bh。

实训任务九 数据库的安全管理

一、实训目的

- 能够创建和管理数据库用户。
- 能够进行权限的设置。

二、实训任务

完成下列各题。

(1) 为 Library 数据库添加一个用户，名为 bk_user，密码为 123456。

(2) 使用 root 用户登录，授予 bk_user1 用户对 Library 数据库中所有数据表的查询、插入、修改和删除权限，要求加上 WITH GRANT OPTION 子句。

(3) 为 Library 数据库添加一个用户，名为"lb_user"，无密码。

(4) 使用 root 用户登录，将用户 lb_user 的密码修改为 abcdef。

(5) 以 bk_user 用户的身份登录，授予 lb_user 户对 Library 数据库中 book 表的查询、插入、修改和删除权限。

(6) 以 root 用户的身份登录，撤销 lb_user 用户对 Library 数据库中 book 表的查询、插入、修改和删除权限。

(7) 查看 lb_user 用户的权限。

(8) 以 root 用户的身份登录，撤销 bk_user 用户的所有权限。

(9) 删除 bk_user 用户和 lb_user 用户。

(10) 备份 Library 数据库中的 book 表。

(11) 备份 Library 数据库，要求在备份产生的脚本文件中自动包含创建该数据库的语句，备份后删除所有二进制日志。

(12) 使用备份的脚本文件还原数据库。